通信施工安全与管理规程

刘定智　王道乾　姚　勇　主编

西南交通大学出版社
·成都·

图书在版编目（CIP）数据

通信施工安全与管理规程 / 刘定智，王道乾，姚勇
主编. 一成都：西南交通大学出版社，2017.7
ISBN 978-7-5643-5575-3

Ⅰ. ①通… Ⅱ. ①刘… ②王… ③姚… Ⅲ. ①通信工
程 – 工程施工 – 安全管理 – 规程 Ⅳ. ①TN91-65

中国版本图书馆 CIP 数据核字（2017）第 166633 号

通信施工安全与管理规程

	责任编辑／张华敏
刘定智　王道乾　姚勇／主编	助理编辑／梁志敏
	封面设计／何东琳设计工作室

西南交通大学出版社出版发行

（四川省成都市金牛区二环路北一段 111 号西南交通大学创新大厦 21 楼　610031）
发行部电话：028-87600564
网址：http://www.xnjdcbs.com
印刷：成都蓉军广告印务有限责任公司

成品尺寸　185 mm×260 mm
印张　14　　字数　347 千
版次　2017 年 7 月第 1 版　　印次　2017 年 7 月第 1 次

书号　ISBN 978-7-5643-5575-3
定价　35.00 元

前　言

—————— *Preface* ——————

本书的编写基于工程技术人才的现代学徒制培养理念，针对高校网络、通信等电子信息类专业人才的实践技能培养，把网络通信一线工程企业多年积累的施工管理和安全经验进行提炼和总结，并编写成册，以满足广大工程施工人员的需求。

全书共分五个篇章，第一篇介绍了通信施工安全基础与工具器材，第二篇介绍了通信常用设备安装与安全方面的管理和操作经验，第三篇介绍了传输工程作业与安全的管理和操作经验，第四篇介绍了无线设备施工与安全管理和操作经验，第五篇介绍了通信工程企业管理办法管理和操作经验，本书还在附录中提供了相关的国家法律法规供读者学习查阅。

本书在编写过程中得到贵州职业技术学院和深圳讯方技术股份有限公司的大力支持。由于编写仓促，不足之处在所难免，敬请业界专家批评指正。

本书可作为电子信息类专业学生网络通信教材的配套教材，也适合从事电子信息工程的施工人员使用，是一本不可多得的专业实践指导书。

目 录
Contents ————

第一篇 通信施工安全基础与工具器材

第二篇　通信常用设备的安装与安全

第三篇 传输工程作业与安全

第四篇　无线设备的施工与安全

第五篇　通信工程企业管理办法

第一篇　通信施工安全基础与工具器材

1　总　　则

1. 为了牢固树立"以人为本、安全发展"的理念，贯彻"安全第一、预防为主、综合治理"的方针，进一步加强安全生产工作，有效防范通信施工生产的安全事故，保护人员和财产安全，确保通信系统的正常运行，促进通信建设事业发展，特制定本规程。

2. 本规程适用于各类通信建设施工项目的施工、监理、监督检查。

3. 移动通信公司通信建设项目的施工、监理、监督检查，除应符合本管规程外，尚应符合国家或通信行业现行有关标准的规定。

4. 本规程与国家有关标准（规范）相矛盾时，应按国家标准（规范）的相关规定办理。

5. 在特殊条件下，执行本规程中的个别条款有困难时，应充分论述理由，提出采取措施的报告，呈主管部门审批。

2　术语和符号

2.1　特种作业（Special Work）

特种作业是指容易发生人员伤亡事故，对操作者本人、他人及周围设施的安全可能造成重大危害的作业。国家安全生产监督管理总局于 2010 年 5 月发布的《特种作业人员安全技术培训考核管理规定》中规定了 11 个作业类别、51 个工种的特种作业，通信建设工程一般涉及电工作业、焊接与热切割作业、高处作业三类。

2.2　安全技术交底（Safety Technical Disclsure）

安全技术交底是指施工单位负责项目管理的技术人员在生产作业前对有关安全施工的技术要求向施工作业班组、作业人员作出详细说明，并由双方签字确认。

2.3　应急预案（Contingency Plan）

应急预案是指面对突发事件如自然灾害、重大事故、环境公害及人为破坏的应急管理、指挥、救援方案。

2.4　危险源（Dangerous Source）

危险源是指可能导致死亡、伤害、职业病、财产损失、工作环境破坏或这些情况组合的根源或状态。

2.5　消防通道（Fire Engine Access）

消防通道是指消防人员实施营救和被困人员疏散的通道。比如楼梯口、过道等，都安有消防指示灯。

2.6　紧线器（Tension Puller）

紧线器是指用来承受导线的机械张力，以便安装、检修导线或绝缘子的拉力装置。

2.7　隔离变压器（Isolating Transformer）

隔离变压器是指输入绕组与输出绕组在电气上彼此隔离的变压器，用以避免偶然同时触及带电体（或因绝缘损坏而可能带电的金属部件）和大地所带来的危险。

2.8　挡土板（Retaining Plank）

挡土板是指为了防止沟槽、基坑土方坍塌的一种临时性的挡土装置。

2.9　模板（Formwork）

模板是指混凝土结构或钢筋混凝土结构成型的模具，由面板和支撑系统组成。

2.10　钢塔架（Steel-framed Tower）

钢塔架是指自立式高耸钢构架。

2.11　单管塔（Single-pipe Tower）

单管塔是指单根大直径钢管和平台组成的自立式高耸钢结构。

2.12 拉线塔（Guyed Tower）

拉线塔是指由立柱和拉线构成的高耸钢结构。

2.13 接地（Ground Connection）

接地是指将导体连接到"地"，使之具有近似大地（或代替大地的导体）的电位，可以使地电流流入或流出大地（或代替大地的导体）。

2.14 接地体（Earth Lead）

接地体是指埋入地中并直接与大地接触的金属导体。

2.15 接地线（Ground Wire）

接地线是指连接设备金属结构和接地体的金属导体。

2.16 接地装置（Grounding Device）

接地装置是指接地体和接地线的总和。

2.17 接地电阻（Ground Resistance）

接地电阻是指接地装置的对地电阻。它是接地线电阻、接地体电阻、接地体与土壤之间的接触电阻和土壤中的散流电阻之和。

3 基本规定

3.1 一般规定

1. 所有的参建单位企业资质、安全生产许可证等应符合国家安全生产法律法规规定要求；各单位的主要负责人、工程项目负责人和专（兼）职安全生产管理人员必须经过建设行政主管部门或者通信行业主管部门安全生产考核合格后方可任职。特种作业人员必须按照国家有关规定经过专门的安全作业培训，并取得特种作业操作资格证书后，方可上岗作业。

2. 各参建单位必须建立健全安全生产责任制度和安全生产教育培训制度，制定安全生产规章制度和操作规程，保证本单位安全生产条件所需资金的投入，对所承担的建设工程进行定期和专项安全检查，并做好安全检查记录。

3. 施工单位项目负责人对所建设工程项目安全负全面管理职责，承担项目发生所有安全责任。落实安全生产责任制度、安全生产规章制度和操作规程，确保安全生产费用的有效使用，并根据工程的特点组织制定安全施工措施，消除安全事故隐患，及时、如实报告生产安全事故。

4. 各单位应当设立安全生产管理机构，配备专职安全生产管理人员。专职安全生产管理人员负责对安全生产进行现场监督检查，发现安全事故隐患必须及时向项目负责人和安全生产管理机构报告，对违章指挥、违章操作的，必须立即制止。

5. 在作业过程中，必须严格遵守移动公司及本单位的安全生产规章制度和操作规程，服从管理，正确佩戴和使用劳动保护用品，自觉接受安全生产教育和培训。当发现事故隐患或者其他不安全因素时，应立即向现场安全生产管理人员或本单位负责人报告，接到报告的人员必须及时予以处理。

6. 各参建单位有权了解作业场所和工作岗位存在的危险因素、防范措施及事故应急措施；有权对本单位的安全生产工作提出建议；有权对本单位安全生产工作中存在的问题提出批评、检举、控告；有权拒绝违章指挥和强令冒险作业。当发现直接危及人身安全的紧急情况时，有权停止作业或者在采取可能的应急措施后撤离作业场所。

7. 工程项目施工应实行安全技术交底制度，接受交底的人员应覆盖全体作业人员。安全技术交底应包括以下主要内容：

（1）工程项目的施工作业特点和危险因素。

（2）针对危险因素制定的具体预防措施。

（3）相应的安全生产操作规程和标准。

（4）在施工生产中应注意的安全事项。

（5）发生事故后应采取的应急措施。

8. 对于有割接工作的项目，割接前应制定割接方案，充分考虑安全因素，并同时制订应急预案，经有关部门批准后方可实施。

3.2　施工现场安全

1. 在公路、高速公路、铁路、桥梁、通航的河道等特殊地段和城镇交通繁忙、人员密集处施工时必须设置有关部门规定的警示标志，必要时派专人普戒看守。

2. 在城镇的下列地点作业时，应根据有关规定设立明显的安全警示标志、防护围栏等安全设施，并设置警戒人员，夜间应设置警示灯，施工人员应穿反光衣；必要时应架设临时便桥等设施，并设专人负责疏导车辆、行人或请交通管理部门协助管理，架设的便桥应满足行人、车辆通行安全，繁华地区的便桥左右应设置围栏和明显标志：

（1）街巷拐角、道路转弯处、交叉路口。

（2）有碍行人或车辆通行处。

（3）在跨越道路架线、放缆需要车辆临时限行处。

（4）架空光（电）缆接头处及两侧。

（5）挖掘的沟、洞、坑处。

（6）打开井盖的入（手）孔处。

（7）跨越十字路口或在直行道路中央施工区域两侧。

3. 施工现场的安全警示标志和防护设施应随工作地点的变动而转移，作业完毕应及时撤除、清理干净。

4. 施工需要阻断道路通行时，应报请当地有关单位和部门批准，并请求配合。

5. 施工人员应阻止非工作人员进入施工作业区，接近或触碰施工运行中的各种机具与设施。

6. 在城镇和居民区内施工有噪音扰民时，应采取防止或减轻噪音扰民的措施，并在相关部门规定时间内施工。需要在夜间或在禁止时间内施工的，应报请有关单位和部门批准。

7. 在通信机房作业时，应遵守通信机房的管理制度，按照指定地点设置施工的材料区、工器具区、剩余料区。钻孔、开凿墙洞应采取必要的防尘措施。需要动用正在运行设备的缆线、模块时，应经机房值班人员许可，严格按照施工组织方案实施，离开施工现场前应确认设备运行正常，并及时清理现场。

8. 施工现场有两个以上施工单位施工时，建设单位应明确各方的安全职责，对施工现场实行统一管理。

3.3　施工驻地安全

1. 临时搭建的员工宿舍、办公室等设施必须安全、牢固、符合消防安全规定，严禁使用易燃材料搭建临时设施。临时设施严禁靠近电力设施，与高压架空电线的水平距离必须符合相关规定。

2. 施工驻地应按规定配备消防设施，设置安全通道。

3. 宿舍应设置可开启式窗户，保证室内通风。宿舍夏季应有防暑降温措施，冬季应有取暖和防煤气中毒的措施。生活区应保持清洁，定期清扫和消毒。

4. 施工驻地临时食堂应有独立的操作间，配备必要的排风和消毒设施，严格执行食品卫生管理的有关规定，炊事人员应持有健康证，上岗时应穿戴洁净的工作服、工作帽，并保持个人卫生。

5. 食堂用液化气瓶不得靠近热源和暴晒，不得自行清倒残液，不得剧烈振动和撞击。

6. 施工单位应定期对住宿人员进行安全教育，包括交通、治安、消防、卫生防疫、环境保护等方面。

3.4　野外作业安全

1. 野外作业前应事先调查工作地区地理、环境等情况，辨识和分析危险源，制定相应的预防和安全控制措施，做好必要的安全防护准备。

2. 在炎热天气野外施工时应预防中暑，随身携带防暑降温药品。

3. 在寒冷、冰雪天气施工作业时，应采取防寒、防冻、防滑措施。当地面被积雪覆盖时，应用棍棒试探前行。在雪地施工时应戴有色防护镜。

4. 遇有强风、暴雨、大雾、雷电、冰雹、沙尘暴等恶劣天气时，应停止室外作业。雷雨天气不得在电杆、铁塔、大树、广告牌下躲避，不得手持金属物品在野外行走并应关闭手机。

5. 在水田、泥沼中施工作业时，应穿长筒胶靴，预防蚂蟥、血吸虫、毒蛇等叮咬，应配备必要的防毒用品及解毒药品。在有毒的动、植物区内施工时，应采取佩戴防护手套、眼镜、绑扎裹腿等防范措施。在野兽经常出没的地方行走和住宿时，应特别注意防止野兽的侵害，夜间出行应两人以上随同，并携带防护用具或请当地相关人员协助，不得触碰猎人设置的捕兽陷阱或器具。

6. 在滩涂、湿地及沼泽地带施工作业时，应注意有无陷入泥沙中的危险。在山岭上不得攀爬有裂缝、易松动的地方。

7. 严禁在有塌方、山洪、泥石流危害的地方搭建住房或搭设帐篷。

8. 在铁路沿线施工作业时应注意：

（1）不得在铁轨、桥梁上坐卧，不得在铁轨上或双轨中间行走。

（2）携带较长的工具、材料在铁路沿线行走时，所携带的工具、材料应与路轨平行，并注意避让。

（3）跨越铁路时，应注意铁路的信号灯和来往的火车。

9. 穿越江河、湖泊水面施工作业需要涉渡时，应以竹竿试探前进，不得泅渡过河；在未明确河水的深浅时，不得涉水过河。

10. 在江河、湖泊及水库等水面上作业时，必须携带必要的救生用具，作业人员必须穿好救生衣，听从统一指挥。

11. 在高原缺氧地区作业时应注意：

（1）施工人员应进行体查，不宜进入高原缺氧地区的人员不得进入施工。

（2）应预备氧气和防治急性高原病的药物，正确佩戴防紫外线辐射的防护用品。

（3）出现比较严重的高原反应症状时，应立即撤离到海拔较低的地方或去医院治疗。

3.5 施工交通安全

1. 施工人员应遵守交通法规，保证工程车辆、人身及财产安全。驾驶员驾驶车辆应注意交通标志、标线，保持安全行车距离，不强行超车、不超速行驶、不疲劳驾驶、不驾驶故障车辆，不得酒后驾驶、无证驾驶。车辆不得客货混装或超员。

2. 车辆行驶时，乘坐人员应注意沿途的电线、树枝及其他障碍物，不得将肢体露于车厢外。车辆停稳后方可上下车。

3. 若需租用车辆，应与车主签订租车协议，明确双方安全责任和义务。

4. 施工人员使用自行车和三轮车时，应经常检查车辆的状况，特别是刹车装置的完好情况。骑车时，不得肩扛、手提物品或携带梯子及较长的杆棍等物品。

5. 穿越公路时应注意查看过往车辆，确认安全后方能穿越。

3.6　施工现场防火

1. 施工单位应当在施工现场建立消防安全责任制度，并确定消防安全责任人，制定用火、用电、使用易燃易爆材料等各项消防安全管理制度和操作规程。

2. 施工现场应配备必要的消防器材。消防器材设置地点应合理，便于取用，使用方法应明示。

3. 施工现场配备的消防器材应完好无损且在有效期内。

4. 人员首次进入施工现场，应首先了解消防设施、器材的设置点，不得随意挪动。

5. 不得堵塞消防通道、遮挡消防设施。

6. 在光（电）缆进线室、水线房、机房、无（有）人站、木工场地、仓库、林区、草原等处施工时，严禁烟火。施工车辆进入禁火区必须加装排气管防火装置。

7. 在室内进行油漆作业时，应保持通风良好，不得有烟火，照明灯具应使用防爆灯。

8. 电缆等各种贯穿物穿越墙壁或楼板时，必须按要求用防火封堵材料封堵洞口。

9. 电气设备着火时，必须首先切断电源。

10. 机房失火时，应正确使用消防器材和灭火设施。

3.7　用电安全

1. 施工现场用电应采用三相五线制的供电方式。用电应符合三级配电结构，即由总配电箱经分配电箱到开关箱。每台用电设备应有各自专用的开关箱，实行"一机一箱一漏"制。

2. 施工现场用电线路应采用绝缘护套导线。

3. 安装、巡检、维修、移动或拆除临时用电设备和线路，应由电工完成，并应有人监护。

4. 检修各类配电箱、开关箱、电气设备和电力工具时，应切断电源，并在总配电箱或者分配电箱一侧悬挂"检修设备，请勿合闸"的警示标牌，必要时设专人看管。

5. 使用照明灯应满足以下要求：

（1）室外宜采用防水式灯具。在潮湿的沟、坑内应选用电压为 12 V 以下（含 12 V）的工作灯照明。用蓄电池作照明灯的电源时，蓄电池应放在入孔或沟坑以外。

（2）在管道沟、坑沿线设置普通照明灯或安全警示灯时，灯距地面的高度应大于 2 m。

（3）使用灯泡照明时，灯泡不得靠近可燃物。当使用 150 W 以上（含 150 W）的灯泡时，不得使用胶木灯具。

（4）灯具的相线应经过开关控制，不得直接引入灯具。

（5）用电设备的总功率不得超过供电负荷。

3.8　高处作业安全

1. 高处作业，应符合国家标准《高处作业分级》GB3608-93 规定的"凡在坠落高度基准面 2 m 以上（含 2 m）有可能坠落的高处进行的作业"的定义。

2. 高空作业必须正确系挂安全带，安全带须符合现行国家最新标准的要求，不能使用不合格的材料做的安全带，安全带每次使用前应按规定进行受力检查。严禁用一般绳索、电线等代替安全带。

3. 安全帽：在配戴安全帽时，应先检查安全帽外壳是否有破损，内部帽带是否齐全，无破损、发霉；帽扣是否有脱落、破坏；如发现以上情况，应及时更换安全帽，不得戴有"病"的安全帽进入现场进行工作。

4. 安全带（索）：

（1）安全带（索）应高挂低用，防止摆动和碰撞，安全带（索）上各种部件不得任意拆掉。

（2）安全带应经常性作重力试验，试验方法为：用 80 kg 的砂袋做自由落体试验，未出现破损，断裂者方可继续使用。若有轻微破损，都不得进入工地现场使用。

（3）安全带（索）若外观有破损和发现异味（发霉味）时，立即更换。

（4）安全带应在使用期限内使用，发现异常应提前报废。

（5）安全带应储藏在干燥、通风的仓库内，不得接触高温、明火、强酸和尖锐带刃的坚硬物体，不得雨淋、长期曝晒。

（6）不得将安全带的围绳打结使用。不得将挂钩直接挂在安全绳上使用，应挂在连接环上使用。更换新绳时应注意加绳套。

（7）安全带在使用前应严格检查，不得使用有折痕、弹簧扣不灵活或不能扣牢、腰带眼孔有裂缝、钩环和铁链等金属配件腐蚀变形或部件不齐全的安全带。

5. 高空作业人员要定期进行健康检查，必要时应随时检查，发现不宜登高的病症则不得登高作业，严禁酒后登高作业。

6. 高空作业人员必须衣着灵便，穿软底防滑鞋，而且禁止穿拖鞋、凉鞋、高跟鞋和其他易滑鞋。

7. 高空作业人员应认真做到"十不准"：一不准违章作业；二不准工作前和工作时间内喝酒；三不准在不安全的位置上休息；四不准随意往下面扔东西；五不准在严重睡眠不足时进行高处作业；六不准打赌斗气；七不准乱动机构、消防及危险用品用具；八不准违反规定要求使用安全用品、用具；九不准在高处作业区域追逐打闹；十不准随意拆卸、损坏安全用品、用具及设施。

8. 高空作业人员作业前必须认真检查机械设备、用具、安全帽、安全带等有无损坏，确保机械性能良好及各种用具无异常现象方能上岗操作。

9. 不得乘坐非乘人的升降设备上下，也不得跟随起吊件上下。

10. 尽量利用脚手架等安全设施进行高处作业，以减少悬空高处作业。必须进行悬空高处作业时，应设置安全网，操作人员要加倍小心，避免用力过猛，防止身体失稳。

11. 高处作业一定要有安全登高设施并布置合理，高处作业人员应从规定的梯道上下。

12. 涉及梯子、高登的高处作业安全参见第 4.3 条。

13. 高空作业所用材料要堆放平稳，工具应随手放入工具袋（套）内，上下传递物体禁止抛掷。

14. 高处作业人员思想要集中，严禁嘻哄打闹，禁止在防护栏杆、孔洞边缘坐、靠，不得在脚手架、屋面下休息。

15. 冬季登高作业必须及时清扫上下梯道等处冰、雪、霜冻，并采取防滑措施。

16. 施工现场的各种安全防护措施和安全标志任何人不得损坏和擅自移动、拆除。

17. 高处作业，人要站稳，校正吊装构件等作业时不宜用力过猛，以防身体失稳坠落。

18. 吊装构件就位未固定前，不得松钩，不准在未固定的构件上行走、操作。

19. 施工人员要坚持每天下班前清扫制度，做到工完料净场地清。

20. 尽量避免重叠作业，必须重叠作业时，要有可靠的隔离措施。

21. 在高处吊装施工时，密切注意、掌握季节气候变化，遇有暴雨，六级及以上大风，大雾等恶劣气候，应立即停止露天作业，并做好吊装构件、机械等稳固工作。

3.9　个人防护安全

1. 各单位开工前必须给各自施工、管理人员配备相关岗位的劳动防护保护用品，如安全带、安全帽、防滑鞋、反光衣、防毒面具、绝缘手套、工作服等。

2. 各单位应加强防护用品管理，要本着"确保安全、质量可靠、杜绝浪费、按需配备"的原则，按规定配备防护用品。

3. 配发的安全防护用品必须符合国家标准。严禁使用不符合国家或者行业标准的产品等替代。

4. 各单位必须购置、使用经国家劳动保护用品质检部门组织检验后确定的劳动保护用品，防止假冒伪劣的劳动保护用品进入生产场所。

5. 所有安全防护用品应在使用期限内使用，发现异常应提前报废。

6. 使用前应严格检查个人安全防护用品，在使用过程中严格按照安全防护用品说明进行使用，不得戴有"病"的安全防护用品进入现场进行工作。

7. 监理单位在现场监督检查过程中，发现施工作业人员未按照规定正确佩戴个人安全防护用品，应立即要求施工人员进行整改直至符合要求后方可继续进行施工。

3.10　现场安全围护警示

1. 室外施工现场作业区域应进行全封闭围护，并悬挂安全警示标示片，道路两旁施工围护夜间应悬挂反光或红色警示灯，以提醒行人、车辆注意，防止无关人员进入作业区域发生施工人员或无关人员伤亡事故。

2. 以塔基为圆心、塔高的 1.05 倍尺寸为半径的圆周范围为装塔作业施工区，现场应圈围、警示，非施工人员未经批准不得进入（经批准进入时也应佩戴安全帽）；以塔基为圆心、塔高的 20%为半径的圆周范围为施工禁区，施工时未经现场指挥人员同意并通知塔上人员暂停作业前任何人不得进入。

3. 外电施工现场围护蔽应符合要求，以线路投影线为基础的左右 3 m 范围为施工区，设置围栏，挂警示标志牌，非施工人员不得进入。

3.11　施工现场应急救援

1. 施工单位应根据施工现场情况编制现场应急预案。现场应急预案应在本单位制定的专项预案的基础上，结合工程实际，有针对性地编制。应急救援措施应具体、周密、细致、方便操作。施工现场应急预案编制后，应配备相应资源，必要时应组织培训和演练。

2. 施工现场应急预案应包括以下内容：

（1）对现场存在的重大危险源和潜在事故的危险性质进行的预测和评估。

（2）现场应急救援的组织机构及人员职责和分工。

（3）预防措施。

（4）报警及通信联络的电话、对象和步骤。

（5）应急响应时，现场员工和其他人员的行为规定。

3. 生产经营单位发生生产安全事故后，事故现场有关人员应当立即报告本单位负责人。单位负责人接到事故报告后，应当迅速采取有效措施，组织抢救，防止事故扩大，减少人员伤亡和财产损失，并按照国家有关规定立即如实报告当地负有安全生产监督管理职责的部门。

4. 事故发生后，有关单位和人员应当妥善保护事故现场以及相关证据，任何单位和个人不得破坏事故现场、毁灭相关证据。因抢救人员、防止事故扩大以及疏通交通等原因，需要移动事故现场物品的，应当做出标志，绘制现场简图并做出书面记录，妥善保存现场重要痕迹、物证。

5. 发生生产安全事故时，现场有关人员应立即抢救伤员，同时向单位负责人报告，并向相关部门报警。

6. 发生通信网络中断时，现场负责人应立即向建设单位和项目负责人报告，并按照应急预案要求尽快恢复。

4 工器具和仪表

4.1 一般规定

1. 工器具和仪表应符合国家及行业相关标准要求，并应有产品合格证和使用说明书。

2. 施工作业时应选择合适的工器具和仪表，并按照使用说明书的要求正确使用。

3. 工器具和仪表应定期检查、维修、保养，发现损坏应及时修理或更换。电动工具、动力设备及仪表的检查、维修、保养和管理应由具备专业技术知识的人员负责。

4. 用电工器具、仪表的电源线不应随意接长或拆换；插头、插座应符合国家相关标准，不得任意拆除或调换。

5. 施工工器具的安装应牢固，松紧适度，防止使用过程中脱落或断裂。

6. 作业时，施工作业人员不得将有锋刃的工具插入腰间或放在衣服口袋内。运输或存放这些工具应平放，锋刃口不可朝上或向外，放入工具袋时刃口应向下。

7. 长条形工具或较大的工具应平放。长条形工具不得靠墙、汽车或电杆倚立。

8. 传递工具时，不得上扔下掷。

9. 使用带有金属的工具时，应避免触碰电力线或带电物体。

4.2 简单工具

1. 使用手锤、榔头时不应戴手套，抡锤人对面不得站人。铁锤木柄应牢固，木柄与锤头连接处应用楔子固定牢固，防止锤头脱落。

2. 手持钢锯的锯条安装应松紧适度，使用时避免左右摆动。

3. 滑车、紧线器应定期进行注油保养，保持活动部位活动自如。使用时，不得以小代大或以大代小。紧线器手柄不得加装套管或接长。

4. 各种吊拉绳索在使用前应进行检查，如有磨损、断股、腐蚀、霉烂、碾压伤、烧伤现象之一者不得使用。在电力线下方或附近，不得使用钢丝绳、铁丝或潮湿的绳索进行牵、拉、吊等作业。

5. 使用铁锹、铁镐时，应与他人保持一定的安全距离。

6. 使用剖缆刀、壁纸刀等工具时，刀口应向下，用力均匀，不得向上挑拨。

7. 老虎钳应装在牢固的工作台上，使用台虎钳夹固工件时应夹固牢靠。

8. 使用砂轮机时，应站在砂轮侧面，佩戴防护眼镜，不得戴手套操作。固定工件的支架离砂轮不得大于 3 mm，安装应牢固。工件对砂轮的压力不得过大。不得利用砂轮侧面磨工件，不得在砂轮上磨铅、铜等软金属。

9. 使用喷灯应满足以下要求：

（1）喷灯应使用规定的油品，不得随意代用。存放时应远离火源。

（2）点燃或修理喷灯时应与易燃、可燃的物品保持安全距离。向高处传递喷灯应使用绳子吊运。

（3）不得使用漏油、漏气的喷灯，不得使用喷灯烧水、做饭，不得将燃烧的喷灯倒放，不得对燃烧的喷灯加油。

（4）喷灯使用完后，应及时关闭油门并放气，避免喷嘴堵塞。

（5）气体燃料喷灯应随用随点燃，不用时应立即关闭。

4.3 梯子和高凳

1. 选用的梯子应能满足承重要求，长度适当，方便操作。带电作业或在运行的设备附近作业时，应选择绝缘梯子。

2. 使用梯子前应确认梯子是否完好。梯子配件应齐全，各部位连接应牢固，梯梁与踏板无歪斜、折断、松弛、破裂、腐朽、扭曲、变形等缺陷。折叠梯、伸缩梯应活动自如。伸缩梯的绳索应无破损和断股现象。金属梯踏板应做防滑处理，梯脚应装防滑绝缘橡胶垫。

3. 移动超过 5 m 长的梯子，应由两个人抬，且不得在移动的梯子上摆放任何物品。上方有线缆或其他障碍物的地方，不得举梯移动。

4. 梯子应安置平稳可靠，放置基础及所搭靠的支撑物应稳固，并能承受梯上最大负荷，地面应平整、无杂物、不湿滑。当梯子靠在电杆上时，上端应绑扎 U 型铁线环或用绳子将梯子上端固定在电杆或吊线上。

5. 梯子放置的斜度要适当，梯子上端的接触点与下端支撑点之间的水平距离宜等于接触点和支撑点之间距离的 1/4 ~ 1/30。当梯子搭靠在吊线上时，梯子上端至少高出吊线 30 cm（梯子上端装铁钩的除外），但高出部分不得超过梯子高度的 1/30。

6. 在通道、走道使用梯子时，应有人监护或设置围栏，并贴置"勿碰撞"的警示标志；如果梯子靠放在门前，应锁闭房门。

7. 使用直梯或较高的人字梯时，应有专人扶梯。直梯不用时应随时平放。

8. 使用人字梯时，搭扣应扣牢。不得将人字梯合拢作为直梯使用。

9. 伸缩梯伸缩长度严禁超过其规定值。在电力线、电力设备下方或危险范围内，严禁使用金属伸缩梯。

10. 上下梯子时，应面向梯子，保持三点接触，不得携带笨重工具和材料。

11. 在梯子上工作应穿防滑鞋，不得两人或两人以上在同一梯子上工作或上下，不得斜着身子远探工作，不得单脚踏梯，不得用腿、脚移动梯子，不得坐在梯子上操作。使用直梯时应站在距离梯顶不少于 1 m 的梯蹬上。

12. 使用高凳前应检查高凳是否牢固平稳，凳脚、踏板材质应结实。上、下高凳时不得携带笨重材料或工具，一个人不得脚踩两只高凳作业。

13. 高凳上放置工具和器材时，人离开时应随手取下。搬移高凳时，应先检查、清理高凳上的工具和器材。

4.4 手动机具

1. 千斤顶不得超负荷使用。千斤顶旋升最大行程不得超过丝杠总长的 3/5。使用千斤顶支撑电缆盘时，应支放在平稳牢固的地面上。在汽车上支撑电缆盘时，应将千斤顶用拉线固定。

2. 使用手扳葫芦应符合以下要求：

（1）不得超载使用，手柄不得加长使用。

（2）手扳葫芦机件应完好无损，传动部分应润滑良好，空转情况应正常。起吊时吊钩悬挂应牢固，被吊物件捆绑应牢固。

（3）在起吊重物时，任何人不得在重物下工作、停留或行走。放下被吊物件时，应缓慢轻放，不得自由落下。

（4）在使用过程中，如果感觉手扳力过大时应立即停止，查明原因，排除故障。

3. 使用手拉葫芦应符合以下要求：

（1）不得超载使用，不得用人力以外的其他动力操作。

（2）手拉葫芦机件应完好无损，传动部分应润滑良好，空转情况应正常。起吊时吊钩悬挂应牢固，被吊物件捆绑应牢固。

（3）在起吊重物时，任何人不得在重物下工作、停留或行走。被吊物件在空中停留时间较长时，应将手拉链拴在起重链上。

（4）在起吊过程中，拽动手链条时，用力应均匀和缓，不得用力过猛；如果拉不动链条应立即停止，查明原因，排除故障。

（5）使用两个手拉葫芦同时起吊一个物件时，应设专人指挥，负荷应均匀负担，操作人员动作应协调一致。

4.5　用电工具

1. 用电工具使用前应进行检查，若有手柄破损、导线老化、导线裸露、短路、外壳漏电、绝缘不良、插头和插座破裂松动、零件螺丝松脱等不正常现象，不得使用。

2. 用电工具应使用带漏电保护器的插座，插头与插座应配套，不得将导线直接插入插座孔内使用。

3. 转移作业地点及上下传递用电工具时，应先切断电源，盘好电源线，手提手柄，不得用导线拉扯。

4. 在易燃、易爆场所，必须使用防爆式用电工具。

5. 在带电设备上使用用电工具，应使用隔离变压器。

6. 手电钻或电锤使用前，应进行空载试验，运转正常方可使用。使用中出现高热或异声，应立即停止使用。装卸钻头时，应先切断电源，待完全停止转动后再进行装卸。使用手电钻或电锤时，不得戴手套。

7. 移动式排风扇、电风扇的金属外壳及其支架应有接地保护措施，并应使用有漏电保护器的电源接线盒。

8. 未冷却的电烙铁、热风机不得放入工具箱、包内，也不得随意丢放。电烙铁暂时停用时应放在专用支架上，不得直接放在桌面上、机架上或易燃物旁。

9. 使用熔接机应符合以下要求：

（1）不得在易燃、易爆的场所使用熔接机。

（2）不得直接接触熔接机的高温部位（加热器或电极）。

（3）更换电极棒前应关闭电源并将电池取出或将电源插头拔下。

4.6　电气焊设备

1. 焊接现场必须有防火措施，严禁存放易燃、易爆物品及其他杂物。禁火区内严禁焊接、切割作业。需要焊接、切割时，必须把工件移到指定的安全区内进行。当必须在禁火区内焊接、切割作业时，必须报请有关部门批准，办理许可证，采取可靠防护措施后，方可作业。

2. 施焊点周围有其他人作业或在露天场所进行焊接或切割作业时，应设置防护挡板。5级以上大风时，不得露天焊接或切割。

3. 气焊或气割时，操作人员应保证气瓶距火源之间的距离在 1 m 以上。不得使用漏气焊把和胶管。

4. 电焊时，应穿电焊服装，戴电焊手套和电焊面罩，清除焊渣时应戴防护眼镜。

5. 焊接带电的设备时必须先断电。焊接贮存过易燃、易爆、有毒物质的容器或管道，必须清洗干净，并将所有孔口打开。严禁在带压力的容器或管道上施焊。

6. 使用电焊机应符合以下要求：

（1）电焊机摆放应平稳，机壳应有可靠的接地保护。电源线、焊钳、把线应绝缘良好。电源线不得被碾压。

（2）电焊机应单独设置控制开关，应按规定装设漏电保护装置。交流电焊机应配装防二次侧触电保护器。

（3）交流电焊机一次侧电源线长度不应大于 5 m；二次侧电源线应采用防水型橡皮护套铜芯软电缆，电缆长度不应大于 30 m；电源线应压接牢靠，并可靠安装防护罩。

（4）电焊机把线和回路零线应双线到位，不得借用金属管道、轨道等作回路地线。

（5）停机时，应先关闭电焊机，再拉闸断电。

（6）更换焊条时应戴手套，身体不准接触带电工件。

（7）移动电焊机位置前，应先关闭焊机，再切断电源；遇突然停电，应立即关闭电焊机。

（8）在潮湿处操作，操作人员应站在绝缘板上。在露天施焊时，应设置电焊机的防潮、防雨、防水设施。遇雷雨、大雾天气，不得在露天施焊。

7. 使用氧气瓶应符合以下要求：

（1）严禁接触或靠近油脂物和其他易燃品。严禁氧气瓶的瓶阀及其附件黏附油脂。手臂或手套上黏附油污后，严禁操作氧气瓶。

（2）严禁与乙炔等可燃气体的气瓶放在一起或同车运输。

（3）瓶体必须安装防震圈，轻装轻卸，严禁剧烈震动和撞击；储运时，瓶阀必须戴安全帽。

（4）严禁手掌满握手柄开启瓶阀，且开启速度应缓慢。开启瓶阀时，人应在瓶体一侧且人体和面部应避开出气口及减压气的表盘。

（5）严禁使用气压表指示不正常的氧气瓶。严禁氧气瓶内气体用尽。

（6）氧气瓶必须直立存放和使用。

（7）检查压缩气瓶有无漏气时，应用浓肥皂水，严禁使用明火。

（8）氧气瓶严禁靠近热源或在阳光下长时间曝晒。

8. 使用乙炔瓶应符合以下要求：

（1）检查有无漏气应用浓肥皂水，严禁使用明火。

（2）乙炔瓶必须直立存放和使用。

（3）焊接时，乙炔瓶 5 m 内严禁存放易燃、易爆物质。

4.7　动力机械设备

1. 严禁使用汽油、煤油洗刷空气压缩机曲轴箱、滤清器或空气通路的零部件。严禁曝晒、烧烤储气罐。

2. 使用气泵、空压机应符合以下要求：

（1）气压表、油压表、温度表、电流表应齐全完好，指示正常。指示值突然超过规定值或指示异常时，应立即停机检修。

（2）打开送气阀门前，应通知现场的有关人员，在出气口正面不得有人。送气时，应缓慢旋开阀门，不得猛开。开机后操作人员不得远离，停机时应先降低气压。

（3）输气管设置应防止急弯。空压机排气阀上连有外部管线或输气软管时，不得移动设备。连接或拆卸软管前应关闭空压机排气阀，确保软管中的压力完全排除。

3. 使用风镐、凿岩机应遵守下列要求：

（1）风镐、凿岩机各部位接头应紧固、不漏气。胶皮管不得缠绕打结，不得用折弯风管的办法作断气之用，不得将风管置于胯下。操作风镐的作业人员应戴防护眼镜。

（2）钢钎插入风镐、凿岩机后不得开机空钻。

（3）风镐、凿岩机的风管通过路面时，应将风管穿入钢管防护。

4. 严禁发电机的排气口直对易燃物品。严禁在发电机周围吸烟或使用明火。作业人员必须远离发电机排出的热废气。严禁在密闭环境下使用发电机。

5. 使用发电机应符合以下要求：

（1）电源线应绝缘良好，各接点应接线牢固。

（2）带电作业应做好绝缘防护措施，人体不得接触带电部位。

（3）发电机开启后，操作人员应监视发电机的运转情况，不得远离。

6. 使用水泵应符合以下要求：

（1）水泵的安装应牢固、平稳，有防雨、防冻措施，转动部分应有防护装置。多台水泵并列安装时，间距不得小于 0.8 m。管径较大的进出水管，应用支架支撑。

（2）用水泵排除入孔内积水时，水泵的排气管应放在入孔的下风方向。

（3）水泵运转时，人体不得接触机身，也不得在机身上跨越。

（4）水泵开启后，操作人员应监视其运转情况，不得远离。

7. 潜水泵保护接地及漏电保护装置必须完好。

8. 使用潜水泵应符合以下要求：

（1）潜水泵宜先装在坚固的篮筐里再放入水中，潜水泵应直立于水中。

（2）潜水泵放入水中或提出水面时，应切断电源，不得拉拽电线或出水管。

（3）不得在含泥沙成分较多的水中使用潜水泵。

（4）启动潜水泵前应认真检查。排水管接续绑扎应牢固，放水、放气、注油等螺塞应旋紧，叶轮和进水节无杂物，电缆绝缘良好。

（5）电源线不得与周围硬质物体摩擦。

9. 使用路面切割机应符合以下要求：

（1）金属外壳应做好保护接地。手柄上应有电源控制开关，并做绝缘保护。使用前应检查电源控制开关，并经试运转正常后方可使用。

（2）电源线长度不得超过 50 m，使用时应一人操作，一人随机整理电源线，电源线不得在地面上拖拉。操作及整理电源线人员，应戴绝缘手套，穿绝缘鞋。

（3）使用路面切割机应划定安全施工区域。

10. 搅拌机检修或清洗时，必须先切断电源，并把料斗固定好。进入滚筒内检查、清洗，必须设专人监护。

11. 使用搅拌机应符合以下要求：

（1）安装位置应坚实，应采用支架稳固。

（2）使用前应检查离合器和制动器是否灵敏有效，钢丝绳有无破损，是否与料斗拴牢，滚筒内有无异物。经空载试运行正常后方可使用。

（3）料斗在提升、降落时，任何人不得从料斗下面通过或停留。停止使用时应将料斗固定好。运转时，不得将木（铁）棍、扫把、铁锹等物伸进筒内。

（4）送入滚筒的搅和材料不得超过规定的容量。中途因故停机重新启动前，应把滚筒内的搅和材料倒出。

12. 使用砂轮切割机时，严禁在砂轮切割片侧面磨削。

13. 使用砂轮切割机应符合以下要求：

（1）砂轮切割机应放置平稳，固定牢固，不得晃动，金属外壳应接保护地线。电源线应采用耐气温变化的橡胶皮护套铜芯软电缆。

（2）砂轮切割机应安装有防护罩，切割机前面应设立 1.7 m 高的耐火挡砂板。

（3）开启后，应首先将切割片靠近物件，轻轻按下切割机手柄，使被切割物体受力均匀，不得用力过猛。

（4）砂轮切割片外径边缘残损时应更换。

14. 严禁用挖掘机运输器材。

15. 使用挖掘机应符合以下要求：

（1）挖掘机与沟沿应保持安全距离，防止机械落入沟、坑、洞内。

（2）操作中进铲不得过深，提斗不得过猛。铲斗回转半径内，不得有其他机械同时作业。

（3）行驶时，铲斗应离地面 1 m 左右；上下坡时，坡度不应超过 20°。

16. 使用翻斗车时，司机不得离开驾驶室。使用翻斗车运送砂浆或混凝土时，靠沟边的轮子应视土质情况与沟、坑、洞边保持一定距离，距沟、坑、洞边不宜小于 1.2 m。

17. 推土机在行驶和作业过程中严禁上下人，停车或在坡道上熄火时必须将刀铲落地。

18. 使用推土机应符合以下要求：

（1）推土前应了解地下设施和周边环境情况。

（2）作业中应有专人指挥，特别在倒车时应瞭望后面的人员和地面障碍物。

（3）上下坡时，坡度不应超过 35°；横坡行驶时，坡度不应超过 10°。不得在陡坡上转弯、倒车或停车。下坡时不得挂空档滑行。

19. 使用吊车吊装物件时，严禁有人在吊臂下停留或走动，严禁在吊具上或被吊物上站人，严禁用人在吊装物上配重、找平衡。严禁用吊车拖拉物件或车辆。严禁吊拉固定在地面或设备上的物件。

20. 使用吊车（起重机）应符合以下要求：

（1）工作场地应平坦坚实；停放位置应适当，离沟渠、基坑应有足够的安全距离；在土质松软的地方应采取措施，防止倾斜或下沉；起重机支腿应全部伸出，并在撑脚板下垫方木，支腿定位销应插好。

（2）作业前应检查起重机的发动机传动部分、制动部分、仪表、吊钩、钢丝绳以及液压传动等部分，确认正常后方可正式作业。

（3）钢丝绳在卷筒上应排列整齐，尾部应卡牢，作业时最少在卷筒上保留 3~5 圈钢丝绳。

（4）起吊物件应捆绑牢固，绳索经过有棱角、快口处应设衬垫。起吊物的重量不得超过吊车的负荷量。吊装物件应找准重心，垂直起吊。不得急剧起降或改变起吊方向。

（5）吊装物件时，应有专人指挥。收到停止信号，不论由何人发出都应立即停止。

（6）对起吊物重量不明时，应先试吊，确认可靠后才能起吊。

（7）遇有大风、雷雨、大雾等天气时应停止吊装作业。停止作业时，吊钩应固定牢靠，不得悬挂在半空；应刹住制动器，将操作杆放在空档，将操作室门锁上。

（8）在架空电力线附近工作时，应与其保持安全距离，允许与输电线路的最近距离如表1.1 所示。

表 1.1　起重机臂、被吊物件与电力线之间的最小允许距离

电压	1 kV 以下	6 kV～10 kV	35 kV～110 kV	220 kV 以下
距离（m）	1.5	2.0	4.0	6.0

4.8　仪表

1. 仪表使用人员应经过培训，熟悉仪表的使用方法，并应按规定进行操作和保管。

2. 仪表使用前应按额定工作电源电压的要求引接电源，电源插座应选用有防漏电保护的插座。仪表使用时应接地保护。

3. 使用直流电源供电的仪表时，电源的正负极性不得接反。直流电源供电仪表长期不使用时应及时从仪表中取出电池，不得将电池和金属物品一起存放。

4. 交／直流两用仪表在插入电源塞孔和引接电源时，不得将交／直流电源接错。

5. 使用仪表应防止日晒、雨淋或火烤，不得将水、金属等任何杂物掉入仪表内部。仪表内有异常声音、气味等现象时，应立即切断电源开关。

6. 使用带激光源的仪器时，不得将光源正对着眼睛。

7. 做过耐压和绝缘测试的电缆线应及时放电，然后才能再进行其他项目的测试。

8. 使用仪表应轻拿轻放。搬运仪表时，应使用专用的仪表箱。

5　器材储运

5.1　一般规定

1. 搬运通信设备、线缆等器材时，使用的杠、绳、链、撬棍、滚筒、滑车、挂钩、绞车（盘）、跳板等搬运工具应有足够的强度。不得使用有破损、腐蚀、腐朽现象的搬运工具。

2. 人工挑、抬、扛工作应采取适当的人身安全措施。

3. 在楼台上吊装设备时，应系尾绳，并应考虑平台的承重，吊装绳索应牢固。

4. 使用叉车进行搬运时，器材应叉牢，离地面高度以方便行驶为宜，不宜过高。

5. 采用滚筒搬运物体时应遵守以下要求：

（1）物体下面所垫滚筒（滚杠）应保持两根以上，如遇软土应垫木板或铁板。

（2）撬拉点应选取在合理的受力部位，移动时应保持左右平衡。

（3）上下坡时，应用绳索拉住物体缓慢移动，并用三角枕木等随时支垫物体。

（4）作业人员不得站在滚筒（滚杠）移动的方向。

6. 用坡度坑进行装卸时，坑位应选择在坚实的土质处，必要时上下位置应设挡土板，坡度坑的坡度应小于 30°。

7. 用跳板进行装卸时应遵守以下要求：

（1）普通跳板应选用厚度大于 60 mm、没有木结的坚实木板，放置坡度高长比宜为 1：3。如需装卸较重物品，跳板厚度应大于 150 mm，并在中间位置加垫支撑。

（2）跳板上端应用钩、绳固定。

（3）如遇雨、雪、冰或地滑时，应清除冰块等，并在木板上垫草垫。

8. 车辆运输工程器材时，长、宽、高不得违反相关规定。若需运载超限而不可解体的物品，应按照交通管理部门指定的时间、路线、速度行驶，并悬挂明显的警示标志。

9. 搬运易燃、易爆物及危险化学品时应按照国家相关标准规定执行。

5.2　杆材搬运

1. 用汽车装运电杆时，车上应设置专用支架，杆材重心应落在车厢中部，杆材不得超出车厢两侧；没有专用支架时，杆材应平放在车厢内，杆根向前，杆梢向后，杆材伸出车身尾部的长度应符合交通部门的规定。

2. 卸车时，应用木枕或石块稳住前后车轮，按顺序逐一进行松捆，不得全部松开；不得将电杆直接向地面抛掷。

3. 沿铁路抬运杆材时，不得将杆材放在轨道上或路基边道内；通过铁路桥时应取得驻守人员的同意。

4. 电杆应按顺序从堆放点高层向低层搬运。撬移电杆时，下落方向不得站人。从高处向低处移杆时用力不宜过猛，防止失控。

5. 人力肩扛电杆时，作业人员应用同侧肩膀。

6. 使用"抱杆车"运杆，电杆重心应适中，不得向一头倾斜，推拉速度应均匀，转弯和下坡前应提前控制速度。

7. 在往水田、山坡搬运电杆时应提前勘选路由，根据电杆重量和道路情况，备足搬运用具和充足人员，并有专人指挥。

8. 在无路的山坡地段采用人工沿坡面牵引电杆时，绳索强度应牢靠，并应避免牵引绳索在山石上摩擦，电杆后方不得站人。

5.3　盘式包装器材搬运

1. 装卸盘式包装器材宜采用吊车或叉车。

2. 人工装卸盘式包装器材，可选用有足够承受力的绳索绕在缆盘上或中心孔的铁轴上，用绞车、滑车或足够的人力控制缆盘均匀从跳板上滚下，不得将缆盘直接从车上推下。装卸时施工人员应远离跳板前方和两侧，应有专人指挥。

3. 盘式包装器材在地面上做短距离滚动时，应按光（电）缆、钢绞线或硅芯管的盘绕方向进行；若在软土上滚动，软土上应垫木板或铁板。

4. 光（电）缆盘搬运宜使用专用光（电）缆拖车，不宜在地面上做长距离滚动。

5. 用两轮光（电）缆拖车装卸光（电）缆时，无论用绞盘或人力控制，都需要用绳着力拉住拖车的拉端，缓慢拉下或撬上，不可猛然撬上或落下，不得站在拖车下面或后面。

6. 用四轮光（电）缆拖车装运时，两侧的起重绞盘提拉速度应一致，保持缆盘平稳上升落入槽内。

7. 使用光（电）缆拖车运输光（电）缆，应按规定设置标志。

5.4　大型设备搬运

1. 装卸大型设备宜采用吊车或叉车。搬运设备时应注意包装箱上的标志，不得倒置。

2. 人工搬运时，应有专人指挥，多人合作，步调一致；每人负重男工不得超过 40 kg，女工不得超过 20 kg；不得让患有不适于搬运工作疾病者参与搬运工作。

3. 人工搬运设备上下楼梯时，应按照身高、体力妥善安排位置，负重均匀；急拐弯处要慢行，前后人员应相互照应。

4. 使用电梯搬运设备上下楼时，宜使用货梯，电梯的大小和承重应满足搬运要求。

5. 手搬、肩扛没有包装的设备时，应搬、扛设备的牢固部位，不得抓碰布线、盒盖、零部件等不牢固、不能承重的部位。在搬运过程中不得直接将机柜在地面上拖拉、推动。

5.5　器材储存

1. 仓库的搭建应安全、牢固、符合消防安全规定，不得使用易燃材料搭建仓库。

2. 仓库及堆料场宜设在取水方便、消防车能驶到的地方。不得在高压输电线路下方搭设仓库或堆放物品。储量较大的易燃品仓库应有两个以上大门，并要和生活区、办公区保持规定距离。

3. 器材分屯堆放点应设在不妨碍行人、行车的位置；如需存放在路旁，应派专人值守。

4. 仓库及堆料场应制定防潮、防雨、防火、防盗措施，并指定专人负责。

5. 仓库内及堆料场不得使用碘钨灯，照明灯及其缆线与堆放物间应按规定保持足够的安全间距；物品堆放位置应合理布局，应设置安全通道。

6. 易燃、易爆化学危险品和压缩可燃气体容器等必须按其性质分类放置并保持安全距离。易燃、易爆物必须远离火源和高温。严禁将危险品存放在职工宿舍或办公室内。废弃的易燃、易爆化学危险品必须按照相关部门的有关规定及时清除。

7. 安放盘式包装器材时，应选择在地势平坦的位置，并在盘的两侧安放木枕。盘式包装器材不得平放。

8. 堆放杆材应使杆梢、杆根各在一端排列整齐平顺。杆堆底部两侧应用短木或石块挡堵，堆放完毕应用铁线捆牢。木杆堆放不得超过六层，水泥杆堆放不得超过两层。

第二篇　通信常用设备的安装与安全

1　机房设备安装环境要求

1.1　机房环境安全

1. 保障机房环境温度、相对湿度、洁净度、静电干扰、噪声、强电电磁干扰等要素符合该机房内通信设备的要求，保证通信设备的性能稳定、运行可靠、生产安全。保证全程全网通信畅通。

2. 空调排水要畅通，若空调器采用下送风、上回风，其活动地板下面离地应有 40 ~ 50 cm 的空间，在活动地板下面布放电缆时，应防止堵塞空调的送风通道和不影响其他探测设备。

3. 由电池放出的有害气体不得渗入通信机房，应排出室外。

4. 通信机房的门窗应严密，墙壁、地板、顶棚等凡与室内空气接触的表面必须做到不起尘。出入机房应随手关门，进入机房人员应更衣、换鞋。

1.2　机房防静电

1. 机房对静电要求较严格，机房内地板、工作台、通信设备、操作人员等静电电压（对地）绝对值应小于 200 V。

2. 地面防静电要求：

（1）当通信机房敷设静电活动地板时，防静电地板应符合 GB6650-86 规定的技术规范要求。其中表面电阻和系统电阻（地板表面至大地的电阻称为系统电阻）值均应在 1×10^5 ~ $1 \times 10^9 \, \Omega$。

（2）静电保护接地电阻应不大于 10 Ω。

1.3　设备安全操作规程

1. 设备运到现场后，需待机房防静电设施完善后才能开箱验收。

2. 机架（或印制电路板组件）上套的静电防护罩，待机架安装在固定位置连接好静电地线后，方可拆除。

3. 必须使用防静电工具。

4. 在机架上插拔印制电路板组件或连接电缆线时，应戴防静电手腕皮带。手腕带接地端插入机架上防静电塞孔内，腕带和皮肤应可靠接触。腕带的泄漏电阻值应该在 $1 \times 10^5 \sim 1 \times 10^9 \Omega$。

5. 备用印刷电路板组件和维护用的元器件必须在机架上或防静电屏蔽柜（袋）内存放。

6. 需要运回厂家或维护中心的待修印刷电路板组件，必须装入防静电屏蔽袋（箱）内，再加上外包装，并有防静电标注，才能运回。

7. 机房内的图纸、文件、资料、书籍必须存放在防静电屏蔽柜（袋）内，使用时，需远离静电敏感器件。

8. 外来人员（包括外来参观人员和管理人员）进入机房在未经允许或未戴防静电腕表的情况下，不得触摸和插拔印制电路板组件，也不得触摸其他元器件、备板备件等。

1.4　防强电与接地

1. 通信办公楼和天线应有性能良好的避雷装置，避雷装置的地线与设备、电源的地线按联合接地的要求进行连接。

2. 每年雷雨季节之前应对接地电阻及地线的引线进行检查，不合格的要及时整改。

3. 为防止外来高电压（强电）损坏局内设备，不论是用户线或中继互引入局内时均应经过保安器与局内设备连接，保安器应可靠接地。

4. 对通信机房防强电入侵的保安器要经常测试与检修，保安器受到损坏的，动作迟缓的要及时更换。

5. 通信机房的接地系统应采取工作接地和保护接地合一的接地方式，其接地电阻应符合机房接地规定。

6. 数字通信设备架（柜）保护接地，应从接地总汇集线或机房内分接地汇集线引入。

通信局站名称	接地电阻/Ω
程控交换机房	< 3
微波中继站、光缆中继站	< 10
无线通信机房	< 10

1.5　机房防火安全规程

1. 吊顶、隔墙、空调通风管道、门帘、窗帘等均采用阻燃烧材料制作。

2. 通信机房不准使用易燃材料装修。

3. 禁止携带食品进入机房，并定期灭鼠。

4. 空调通风管道穿越机房隔墙、楼底时、与垂直总风管交接的水平管道上应设防火阀门。通风管道的隔热材料，应使用硅酸铝、矿渣棉等阻燃材料。

5. 楼内电缆井、管道井应在每层的楼板处用阻燃材料（耐火等级不低于 1.5 h）作防火分隔，凡近期不使用的孔洞应用阻燃材料封堵。

6. 电缆通过楼板或墙体时，电缆与楼板间、电缆与墙体的缝隙均采用阻燃材料（例如防火泥）封隔。

7. 机房内严禁使用各种炉具、电热器具。禁止存放和使用易燃易爆物品，不准用汽油等擦地板。

8. 严格明火管理。明火作业（如电、气焊接、喷灯等）要经过主管部门批准、核发《动火证》，并制定安全防范措施。

1.6 电气防火

1. 通信机房禁止乱拉临时电源线，必须使用拖地的临时线时要采用双护套线。

2. 电源线与信号线应分别敷设，如必须并行敷设时，电源线应穿金属管或采用铠甲线，电源线、信号线不得穿越或穿入空调通风管道。

3. 通信机房的各类电源保险丝必须使用符合规定的保险丝，严禁使用铜、铁、铝线代替保险丝。

4. 通信机房严禁使用碘钨灯等高热灯具，灯具与易燃物距离应大于 0.5 m；有镇流器的灯具不能安装在易燃材料上，灯线的连接要采用固定的分路连接器。

5. 电池室应采用防爆型灯具，安装排风设备，电源开关应设在室外。

6. 长期使用的 UPS 不间断电源，应对其发热情况进行检查，避免发生火灾并落实防火措施。

7. 通信机房内使用的电力电缆，应是阻燃电缆。

1.7 无人值守机房环境安全要求

1. 无人值守机房包括无人值守机房的远端局和模块局交换机房（包括传输机房、空调、电力室、电池室、油机室及设备）。

2. 无人值守机房要加强安全保卫工作，应定期或不定期巡回检查。

3. 无人值守机房应具有良好的防御自然灾害的能力。

2 机房通用设备安装

2.1 基本规定

1. 设备开箱时应注意包装箱上的标志，不得倒置。开箱时应使用专用工具，不得猛力敲打包装箱。雨雪、潮湿天气不得在室外开箱。

2. 在已有运行设备的机房内作业时，应划定施工作业区域，作业人员不得随意触碰已有运行设备，不得随意触碰消防设施。

3. 严禁擅自关断运行设备的电源开关。

4. 不得将交流电源线挂在通信设备上。

5. 使用机房原有电源插座时应核实电源容量。

6. 不得脚踩铁架、机架、电缆走道、端子板及弹簧排。

7. 涉电作业应使用绝缘良好的工具，并由专业人员操作。在带电的设备、头柜、分支柜中操作时，不得佩戴金属饰物，并采取有效措施防止螺丝钉、垫片、金属屑等金属材料掉落。

8. 铁架、槽道、机架、人字梯上不得放置工具和器材。

9. 在运行设备顶部操作时，应对运行设备采取防护措施，避免工具、螺丝等金属物品落入机柜内。

10. 在通信设备的顶部或附近墙壁钻孔时，应采取遮盖措施，避免铁屑、灰尘落入设备内。对墙、天花板钻孔则应避开梁柱钢筋和内部管线。

11. 为了满足设备散热方面的要求，单个机架内安装的设备功耗总和应符合设计要求。机架内的设备安装间距、托板设置应不影响设备散热，架内设备与设备之间应留有足够的散热空间。

12. 机架内必须配置架内各层用电的分路空气开关，设备电源接入应直接接入空气开关。机架内应提供保护地线接线排。

13. 机架内严禁使用多功能电源插座。禁止设备跨集装架取电。

14. 若机架内的设备配置有 2 个负载分担或主备工作方式的电源模块，则机架应设计配置有 2 路电源分配模块，并分别从电源分配柜或头柜架引 2 路独立电源至机架内形成不同的供电回路，机架每路电源分配模块的负载能力应完全相同。架内设备的不同电源模块应分别接入架内不同的电源分配模块中。若架内设备的电源模块配置方式不同于上述描述，具体机架电源分配模块的设计和接法可参照工程设计要求执行。机架内不同电源分配模块总体上应保持负载大致相同。在机房具备条件时，机架内不同电源分配模块也可从机房内不同的电源分配柜引接。

15. 插拔机盘、模块时，必须佩戴接地良好的防静电手环，以防静电损坏设备；严禁触碰与操作部位无关的部件。插入机盘时注意对准槽位、力量适度，严格按照厂家安装规范要求进行相关操作，安装时如出现歪针现象，严禁用螺丝刀等工具进行矫正，必须严格按照相关规范进行。

16. 特种作业施工人员必须持证上岗，基站内不得使用明火；不准进行电焊和切割作业，避免引发安全隐患。

17. 基站设备拆除施工时，设备电源线拆下后必须用胶带包扎，避免短路事故，同时也可保证设备线缆利旧安装使用安全。设备拆除后，馈线头、光缆头，必须带上防尘帽或用胶带封堵。

18. 替换、割接施工时，对必须拆除的设备，需在新安装设备调测确认可以正常使用后才可对原设备做完全拆除，以保证割接不成功时可以回退保证电路安全。

19. 拆除基站设备时，不能随意触碰站内传输设备，拆除时必须通知传输专业人员到场配合，尤其是传输节点站。

2.2 铁件加工和安装

1. 加工铁件应在指定的区域操作。不得在已安装设备的机房内切割铁件。

2. 锯、锉铁件时，加工的铁件应在台虎钳或电锯平台上夹紧。在台虎钳上夹持固定槽钢、角钢、钢管时，应用木块在钳口处垫实、夹牢，不得松动，锯、锉点距钳口的距离不应过远，防止铁件振动损害机具。

3. 锯铁件时，锯条或砂轮与铁件的夹角要小，不宜超过 10°，松紧适度。锯槽钢、角钢时，不宜从顶角开始，宜从边角开始。当铁件快要锯断时，要降低手锯或电锯的速度，并有人扶住铁件的另一端，防止卡锯或铁件余料飞出。

4. 对铁件钻孔时，应用力均匀，铁件应夹紧，固定牢靠，不得左右摆动。如发生卡住钻头现象，应立即停机处理。

5. 管件攻丝、套丝时，管件在台虎钳上应固定牢靠。如两人操作时，动作应协调。攻、套丝时，应注意加注机油，及时清理铁屑，防止飞溅。

6. 铁件作弯时，应在台虎钳或作弯工具上夹紧。用锤敲击时，应防止振伤手臂。管件需加热做弯时，喷灯烘烤管件间距适当，操作人员不得面对管口。

7. 铁件去锈和喷刷漆时，作业人员应戴口罩、手套。喷刷后的余漆、废液应集中回收，统一处理，不得随意丢放。

8. 铁件安装工作中，不得抛掷铁件及工具。传递较长的铁件时，应注意周围人员、设备的安全。手扶铁件固定时，应固定牢靠后才能松手。

9. 走线架、吊挂、通风管道等应安装接地线，与机房接地排连接可靠。

2.3 机架安装和线缆布放

1. 设备在安装时（含自立式设备），应用膨胀螺栓对地加固。在需要抗震加固的地区，应按设计要求，对设备采取抗震加固措施。

2. 在已运行的设备旁安装机架时应防止碰撞原有设备。

3. 布放线缆时，不应强拉硬拽。在楼顶布放线缆时，不得站在窗台上作业。如必须站在窗台上作业时，应使用安全带。

4. 布放尾纤时，不得踩踏尾纤。在机房原有 ODF 架上布放尾纤时，不得将在用光纤拔出。

5. 电源线布放应符合本规范的规定。

2.4 设备加电测试

1. 设备在加电前应进行检查，设备内不得有金属碎屑，电源正负极不得接反和短路，设备保护地线应引接良好，各级电源熔断器和空气开关规格应符合设计和设备的技术要求。

2. 设备加电时，应逐级加电，逐级测量。

3. 插拔机盘、模块时应佩戴接地良好的防静电手环。

4. 测试仪表应接地，测量时仪表不得过载。

5. 插拔电源熔断器应使用专用工具，不得用其他工具代替。

3　机房电源及配套设备安装

3.1　交直流配电屏及整流设备的安装

3.1.1　施工前的检查及开箱检验

1. 电力室土建工程竣工后，地面应平整干燥通风，机房内必须有防尘措施，无腐蚀性物质和气体，机房内不能有水源、下水道等，机房最高温度不应超过 40℃，应配置空调。墙壁粉刷完整。

2. 应有保证机房照明和事故照明电源（大型机房设一般照明和局部照明）。

3. 预留洞孔、走线地槽、预埋进线钢管、上楼走线孔和走线架的位置应符合设计要求；预留的洞孔框架应方正平直整齐；地槽盖板应平整、油漆均匀。

4. 对多地震区，应有防震措施，对达不到要求的机房，应进行抗震加固。因电源设备相应较重，地面安装要求每平方米承重 450 kg 以上。电力设备机房应符合电力配电消防规定，布置的消防器材应符合电力配电消防安全（如挂置干粉灭火器等）。

5. 设备开箱检查应由施工单位和建设单位共同进行，检查结果应作详细记录并符合下列要求：

（1）设备、附件及主要材料的型号、规格应符合设计规定，并有出厂合格证。

（2）机件无弯曲变形、机器表面无损伤，油漆完整。

（3）闸刀、转换开关完好，无裂纹、无损伤。

（4）电压表、电流表、指示灯无碰损。

（5）机内原部件无震裂、损坏、锈蚀、脱落等。

（6）设备附件及技术资料齐全。

3.1.2　设备安装

1. 设备安装位置应符合设计规定，其偏差应不大于 10 mm。

2. 机架加固牢，加固方式应符合设计规定。一列机架的机面应平直，其偏差每米不小于 3 mm，全列偏差不大于 15 mm。机架顶面平齐，机架间相互并拢。

3. 机架安装应垂直，偏差应不大于 3 mm。

4. 机架接地电阻值应符合设计规定。

5. 分装的部件组装时，不得互换装错。

6. 设备与地板、设备与底座、底座与地面间应充分紧固，垂直偏差不大于 3 mm。

7. 整流模块及监控模块等一一插入机柜，用螺钉紧固，装上连线插头、交流输入插头。（有的模块因没有直流输出开关，先不要插上直流输出插头。）

8. 交流输入线、直流负载线及电池连接线直径符合设备的技术要求，交流线、电池线、负载线、用户线、信号线应分别走线，以避免电磁场影响。

9. 电池线、负载线应注明电源线的起止位置、线经长度、标签，标签的高度要求一致。正负极应有明显的颜色区分，一般正极宜用黑线或红线，负极宜用蓝线。

10. 布线工艺及位置应美观、可靠，用扎带绑扎后，剪平多余绑带头，不能有尖角、毛刺。

3.1.3 交直流配电屏的通电试验

1. 配电屏在通电前应检查以下项目：

（1）电压表、电流表表针指在零位，无卡阻或碰针现象。有条件的应用标准表检查配电屏的电压表、电流表的级别是否符合厂家说明书的规定。

（2）开关、闸刀应转换灵活，接触紧密。

（3）接触器与继电器的可动部分动作应灵活，无卡阻或松动现象，其接触表面应无金属碎屑或烧伤痕迹。

（4）接触器和闸刀的灭弧罩应完好。

（5）接线正确，无碰地、短路、假焊等情况。在相对湿度不大于80%时，用500 V兆欧表测试设备及机内布线的对地绝缘电阻应符合厂家说明书的规定。无规定时，应不小于1 MΩ。

（6）机架地线连接应牢固可靠。

（7）熔断器的容量规格应符合设计规定，标志准确。

2. 交流配电屏通电试验的项目和要求应符合厂家说明书的规定。无规定时，应符合下列要求：

（1）能自动（人工）接通或切断"市电"或"油机"三相交流电源。

（2）"市电"与"油机"电源具有灯光信号，"市电"电源停电与来电时具有音响信号。

（3）具有照明电源转换性能。交流电源停电时，自动接通事故照明电路，并能人工切断事故照明电源。

（4）仪表指示正常。

（5）有缺相保护的交流配电屏，任一相缺相时，应能自动切断三相交流电源并能发出信号指示。

3. 交直流配电屏通电前的试验项目和要求，应符合厂家说明书的规定。无规定时，应符合下列要求：

（1）电路布线与组装部件的连线应无接错、接触不良、碰地、短路、绝缘物无不良损伤等情况。

（2）在供电范围内，能自动进入均充、浮充状况。

（3）电压"过高"或"过低"时，具有音响、灯光信号。

（4）任一熔断器熔断后，应有音响、灯光信号。

（5）外来告警信号时，具有音响、灯光信号或只具有音响信号。

（6）直流配电屏并联使用时，"主、备用"动作应协调一致。

（7）屏内电压降应符合设计规定。

3.1.4 开关电源、变换设备通电前，应检查以下项目

1. 电路布线与组装部件接线应无错接、接触不良、碰地、短路，绝缘物损伤等情况。

2. 按钮、调节电位器使用灵活，接触良好。

3. 显示屏、模块的连线接触良好，显示清晰无损坏。内部连线绝缘良好，控制回路与保护回路的元件及插座应无碰地、短路、假焊、接触不良等现象。整机对地的绝缘电阻应符合厂家说明书的规定。

4. 防雷电及浪涌保护、接地的要求：采用联合接地，接地采用汇流铜排，严禁接至机壳或屏内地气排上，接地线不能复接。

5. 变换器通电试验的项目和要求应符合厂家说明书的规定。变换设备包括高频开关电源、UPS、变换器和逆变器。

3.1.5 安装中的注意事项

1. 开关电源模块工作时，其散热器温度较高，当要抽出正在工作的模块时，不要用手直接接触整流模块的散热器，以防将手烫伤。

2. 在电气连接前，将所有开关、熔断器等置于断开位置。

3. 电源线应采用整段的线料，不得在中间接头。负载电缆、信号线及用户电缆尽可能分开布放，以免互相影响。连接前，必须用载熔手柄拔下直流输出支路熔断器，或将空气开关打到断开位置。

4. 电源设备及电池安装完成后，其设备不应立即投入使用运行，应将连接电池的电缆与电池分离，以免设备在安装过程中造成短路损坏电池。

3.2 阀控密封蓄电池、防酸隔爆蓄电池的安装

3.2.1 施工前的检查及开箱检验

1. 安装蓄电池前应按照设计规定对蓄电池室的建筑情况进行详细检查，符合下列条件后方可施工：

（1）蓄电池室的房屋建筑已完工。

（2）按设计规定装好通风排酸等设备。

（3）冬季施工时，蓄电池室内应按照设计规定装好取暖设备，能保证室温在5℃以上。

（4）墙壁、天花板、门涂好耐酸油漆，室内通风、有排酸设施、地面平整。

（5）照明装置的安装符合设计规定，一切电器开关装于室外。

（6）预埋的穿线管、预留洞孔位置应符合设计规定。

2. 电池台加工尺寸应符合施工图纸的规定；电池台应平直；电池台的砖缝用耐酸材嵌合。

3. 配酸容器为耐酸耐热的硬塑料槽或双面涂釉的陶缸等，不得有砂眼、裂纹、脱皮掉釉等现象。

4. 设备开箱检查应由施工单位和建设单位共同进行，检查结果应作详细记录并符合下列要求：

（1）电池型号、规格、数量应符合设计规定，并有出厂合格证。

（2）出厂日期至安装日期的间隔时间应在贮存期以内。

（3）电池不得有损坏、列纹、砂眼等情况。

（4）电池塑料外壳不得沾有芳香烃、油类（如汽油、煤油）等有机溶剂。

（5）附件及技术资料齐全。

（6）免维护蓄电池、应无裂纹、无漏液，连接条及附件应齐全。

3.2.2 安装阀控密封蓄电池、防酸隔爆蓄电池

1. 清点待装电池及双层立架组件，应无裂缝、无漏液。

2. 察看安装使用蓄电池的环境条件（应干燥、清洁、通风、避免阳光直射）。

3. 安装蓄电池、蓄电池架应垂直、水平直线，连接点应紧固。

4. 电池台排列位置应符合设计规定，偏差不大于10 mm。

5. 电池台平整，保持水平，每米水平偏差不大于 3 mm，全长水平偏差不大于 15 mm。

6. 电池间隔应符合设计规定，偏差不大于 5 mm。

7. 一组免维护蓄电池、防酸隔爆蓄电池的连接条应平齐，连接螺丝应紧固，并在连接条与螺丝上涂一薄层中性凡士林。

8. 各组电池的正负极的出线应符合设计规定，电池组及电池均应有清晰明显的标签。

9. 安装蓄电池端电压监控器，并固定好。

10. 清理工作场地。

3.2.3 调配及灌注电液

1. 电液比重应符合厂家规定。

2. 蒸馏水应符合表 2.1 的标准。

表 2.1 铅蓄电池用蒸馏水标准

序号	杂质名称	最大允许量
1	悬浮物	微量
2	总固体	0.01%
3	钙、镁氧化物（CaO 及 MgO）	0.004%
4	铁（Fe）	0.000 5%
5	铵（NH4）	0.000 8%
6	有机物及挥发物	0.005%
7	硝酸盐（NO3）	0.001%
8	亚硝酸盐（NO2）	0.000 5%
9	氯（Cl）	0.000 5%

3. 铅蓄电池用的浓硫酸应符合表 2.2 的标准。

表 2.2 铅蓄电池用浓硫酸标准

序号	指标名称	一级品	二级品
1	硫酸含量	≥92%	≥92%
2	不挥发物	＞0.03%	＞0.05%
3	锰（Mn）	≤0.000 05%	≤0.000 1%
4	铁（Fe）	≤0.005%	≤0.012%
5	砷（As）	≤0.000 05%	≤0.000 1%
6	氯（Cl）	≤0.000 5%	≤0.001%
7	氮的氧化物（N2O3）	≤0.000 05%	≤0.000 1%
8	还原高锰酸钾的物质	≤4.5 ml	≤8.0 ml

4. 每组电池注液时间不得超过 2 h。

5. 防酸隔爆电池液面高度应在上、下刻度线之间，液面高度一致。无刻度时，液面高度应低于电池盖下沿 10~30 mm；开口式电池液面高度应高出极板 20 mm。

6. 电液注入电池后应按厂家规定时间静置。如厂家无规定时，应静置 4~6 h，但静置时间最多不得超过 12 h。

3.2.4　初充电

1. 充电开始前应选出电池组的标示电池（24 V 设 3 只，48 V 设 5 只），测量并记录每只电池的电流、电压、比重、温度。

2. 新装蓄电池应根据厂家说明书规定的方法进行。无规定时，可按下列方法进行初充电：

（1）充电过程中，每隔 2 h 对电池进行标测，每 4 h 进行全测，但在初充电开始的 24 h 内应每小时进行标测。

（2）初充电第一阶段用 10 小时率电流值充 50～70 h，第二阶段用 20 小时率电流值充 30～50 h，充入的电量为其额定容量的 7～10 倍。

（3）充电过程中应经常注意每个电池的电压、比重、温度、气泡、极板颜色等的变化。如发现其中有个别电池电压、比重低落，液温过高，极板弯曲或膨胀，电液变色，电池液渗漏，气泡不足等现象，应及时查明原因予以解决，无法修复者应由施工单位会同建设单位研究处理。

（4）充电过程中如发现液温高于 45 ℃时，应及时减小充电电流或采取降温措施，使其液温逐渐下降。若仍无效，可停止充电，待其液温降低后再恢复充电，但在充电的最初 24 h 内不得中断充电。

（5）充电终期，每只电池的电压为 2.5～2.75 V，电压、比重有 3 h 不再继续上升，此时电液沸腾、气泡盛足，即可认为已充足。但仍应以 20 小时率的电流值作为均衡充电，继续若干小时，调整各电池的比重应在 1.215±0.005（25 ℃）范围内，调整各电池的液面高低。地面冲洗干净，电池表面擦干。

3.2.5　放电试验

1. 放电试验应在电池初充电完毕，静置 1 h 后进行。

2. 放电开始前应对每只电池的电压、比重、温度进行测量并作记录，放电开始后每隔 1 h 进行标测，每隔 2 h 进行全测；但当电压下降至 1.9 V 以下时，应每半小时全部测量电压一次。

3. 初次放电的放电率应符合厂家说明书的规定。无规定时，应按 10 小时率放电。

4. 放电时应注意以下要求：

（1）初次放电终了时其电压及电液比重应符合厂家说明书的规定。无规定时，每只电池终至电压不应低于 1.8 V。

（2）放电容量应大于或等于额定容量的 70%。

（3）放电 3 h 用电压降法检查电池组的内阻应符合厂家的规定。

5. 初次放电完毕，应即以规定的 10 小时率进行二次充电，充至电液比重和电池电压在 5～8 h 内稳定不变，极板表面处剧烈冒气为止。放电完毕至二次充电的静止时间不得超过 3 h。

3.3　电源线布放

1. 在地槽内布放电源线时，应注意防潮。地槽内应无积水、渗水现象，并用防水胶垫垫底。

2. 截面在 10 mm^2，（含）以上的电源线终端应加装接线端子，尺寸应与导线线径相吻合。封闭式接线端子应用专用压接工具压接，开口式接线端子应用烙铁焊接，压接或焊接应牢固可靠。

3. 交流线、直流线、信号线应分开布放，不得绑扎在一起，如走在同一路由时，间距应符合工程验收规范要求。

4. 非同一级电力电缆不得穿放在同一管孔内。

5. 布放电源线时，电源线端头应作绝缘处理。连接电源线端头时应使用绝缘工具，操作时应防止工具打滑、脱落。

6. 电源线中间严禁有接头。

3.4 汇流排加工和安装

1. 汇流排（母线）接头处钻孔的孔径、螺栓、垫片应符合要求，汇流排（母线）接头处应镀锡。

2. 汇流排（母线）制作完毕，应喷（刷）绝缘漆。正极喷红色，负极喷蓝色。在汇流排（母线）接头处，不得喷（刷）绝缘漆。

3. 多片汇流排（母线）在同一路由安装时，接头点应错开 50 mm 以上，不得安装在同一处。

4. 汇流排（母线）在过墙体或楼层孔洞时，应采用"软母线"连接，"软母线"的两端接头应伸出墙体或楼板洞孔外，并在墙体外的两侧用支撑绝缘子固定。

3.5 发电机组安装

1. 油机室、油库应设置在与通信设备相对独立的位置，防火间距应符合设计或相关规范的要求。

2. 油机室和油库内必须有完善的消防设施，严禁烟火。

3. 发电机组的基础硅浇筑养护期和强度应达到要求后方可进行安装。

4. 机组搬运前，应对所有搬运工具进行全面检查，各搬运工具的安全系数应符合要求。

5. 机组在施工现场采用"滚筒法"作短距离移动时，指挥人员应在倒换的钢管就位、倒换人员手臂离开钢管壁后，方可指挥人员推动机组前进。

6. 需在地下室的储油罐引出管路时，应使用抽风机更换地下室及储油罐的空气后方可进入工作；若油罐已使用过，应经有关部门检测许可后，方可进入油罐内作业。

7. 油机管路安装应符合以下要求：

（1）安装的油机管件应无破损、裂缝。

（2）油机的排烟管路安装时，管路离地面的高度不应低于 2.5 m，吊装固定牢靠，排烟管在屋内侧应高于伸出墙外侧。排烟管口水平伸出室外时应加装防护网，如垂直伸出室外，则应加装防雨帽。

（3）油泵与输油管连接处应采用软管连接。

8. 发电机组的试机应符合以下要求：

（1）试机前，应清理机组周围障碍物。机组上、下、左、右不应有遗留的安装工具、金属、材料等物品。

（2）机组试机时，操作人员应注意观察机组运转情况。发现运转声响、转速、水温、水压、油温、油压、排气等异常时，应立即停机检查。

（3）当室温接近或低于 0 ℃ 时，试机后应将管路的冷却水放尽，并应加挂"已放水"的警示标志。

3.6　交、直流供电系统安装

1. 电力室交、直流供电设备和走线架等铁件安装应参照本规范部分相关规定执行。

2. 设备的防雷和保护接地线应安装牢固，接地电阻值应符合要求。

3. 设备的三相电源接线端子应连接正确、牢固可靠。设备安装完毕后，应进行清洁，彻底清除在安装时落入机内的碎金属丝片。

4. 交流配电屏的中性线应与机架绝缘。不得采用中性线做交流保护地线。

5. 供电前，交、直流配电屏和其他供电设备前后的地面应铺放绝缘橡胶垫。

6. 在交流配电室，如需向设备供电时，应首先检查有无人员在工作，确认安全后，方可供电，并挂上警示标志。

7. 电源熔断器及空气开关容量应符合设计要求，插拔电源熔断器应使用专用工具，不得用其他工具代替。

8. 设备加电时，操作人员应穿绝缘鞋，戴绝缘手套，并应有两人互相配合，采取逐级加电的方法进行。如发现异常，应立即切断电源开关，检查原因。

9. 设备测试时，应注意仪表的档位，不得用电流档位测量电压。测量整流设备输出杂音时，应在杂音计输入端串接一个隔离直流电流的 2 μF 电容，同时杂音计应接地良好。

3.7　蓄电池和太阳能电池安装

1. 在单独设置的电池室内，交流电源线应暗敷，室内不得安装电源开关、插座以及可能引起电火花的设备装置，室内应单独设置通风设备，照明系统应采用密封的灯具。

2. 人工搬运单体蓄电池，应有两人以上互相配合，轻搬轻放，防止砸伤手脚和损坏电池。

3. 蓄电池距离暖气片应大于 1 m。电池体不得倒置。蓄电池极性不得接反。

4. 开箱检查太阳能电池时，应用专用工具，不得用铁锤猛力敲打，避免损坏箱内太阳电池配件及太阳电池玻璃罩面。

5. 太阳能电池支撑架应与基础固定牢靠，应安装防雷接地线。太阳能电池应安置在接闪器的保护范围内。太阳能电池方阵在屋面上安装时，现场周围应有永久性的围栏设施。

3.8　接地装置安装和防雷

1. 接地装置的安装应遵守以下要求：

（1）人工用铁锤夯埋接地体时，手扶接地体者不得站在持锤者的正面。

（2）夯埋钢管接地体时，应在钢管的上端加装保护圈帽。

（3）接地体的连接应采取焊接或放热熔接，连接部位应做防腐处理。

（4）地下接地装置的引出（入）线不得布放在暖气地沟、污水沟内等处。如由于条件限制需裸露在地面时，应喷涂防锈漆及黄、绿相间的色漆，并采取防护措施。

2. 电力线宜埋地引入局（站），宜选用具有金属护套的电力电缆，无金属护套的电力线应穿钢管引入。埋入地下的电缆长度应符合设计要求，金属护套或钢管在入局处应就近接地，芯线应按规定安装避雷器。

3. 通信光（电）缆的出、入局（站）应符合以下要求：

（1）应采取埋地方式引入或引出，其埋入地下的长度应符合设计要求。

（2）光（电）缆的金属护套应在进线室作保护接地。

（3）由楼顶引入机房的光（电）缆应选用具有金属护套的光（电）缆，按要求采取相应的避雷措施后方可进入机房，同时应接入相应等级的避雷器件。

4. 严禁在接地线、交流中性线中加装开关或熔断器。

5. 严禁在接闪器、引下线及其支持件上悬挂信号线及电力线。

6. 机房内走线架、吊挂铁件、机架、金属通风管、馈线窗等不带电的金属构件均应接地。

7. 配线架与通信设备机架间不应通过走线架（槽）形成电气连通。

8. 局内设备的接地线应采用铜质绝缘导线，不得使用裸导线。

3.9 电源设备割接和更换

1. 操作人员应使用绝缘工具或进行过绝缘处理的工具。

2. 割接前，应对新设备电气性能进行详细测试和检查。应在临时通电后，加上假负载，经试运行可靠后，方可进行就位替换。

3. 新设备安装前应把新设备开关置"关"的位置，再就位安装。

4. 重新布放电源线或利用已有的电源线时，应注意电源的极性和直流电源线的颜色，设备电源的正负极性不得接反。

5. 新布放或待拆除的电源线端子在未连接到设备上时应用绝缘胶带包好。

6. 设备电源线有主、备用端子（双路供电）时，应先将新电源线正、负极分别割接到备用端子，并开通设备备用开关，用钳型电流表检测是否有电流（主、备电流基本均等）。用同样方法再割接主用电源线。

7. 设备单路供电又没有备用端子时，应复接临时电源线用钳型电流表检测是否有电流，确认后，再割接设备旧电源线。检查确认新布电源线有电流后，才能拆除临时电源线。

8. 拆除旧设备时应首先切断设备的电源开关，再在配电柜上切断电源开关或熔断器，然后拆除设备电源线，并用绝缘胶带对电源线头进行包缠。

3.10 安装走线架

1. 走线架、走线槽的安装，位置应符合施工图的规定，左右偏差不得超过 50 mm。

2. 安装平直走线架应符合下列规定：

（1）水平走线架应与列架保持水平或直角相交，水平度每米偏差不超过 2 mm。

（2）垂直走线架应与地面保持垂直且无倾斜现象，垂直度偏差不超过 3 mm。

（3）走线架吊挂的安装应整齐、牢固，保持垂直，无倾斜现象，吊挂间距、间隔应均匀。

3. 安装沿墙单边或双边走线架时，在墙上埋设的支撑物应牢固可靠，沿水平方向的间隔均匀。安装后的走线架应整齐一致，不得有起伏不平或歪斜现象。

4. 走线槽的安装应符合设计要求，满足整齐美观的要求。

4　机房空调及消防安装

4.1　空调安装

1. 关键工序存在的风险点及防范措施：

（1）空调设备安装前，应查验机房的荷载、消防、抗震和接地电阻值，其应符合相关规范的要求。2 匹以上的空调应采用专用的空气开关。

（2）检查支、吊架安装数量、牢固性、可靠性、防腐处理是否符合要求。其间距不小于 0.6 m。

（3）空调室外机需加装防盗网，同时托架的承载能力应不低于空调器机组自重的 4 倍，空调器室外机组安装架的承载能力应不低于 180 kg；在安装时应使用空调器生产厂配套的安装架。

（4）铜管与排水管敷设水平，并对铜管进行包裹保护，为了防止雨水顺着铜管流进机房，空调铜管孔穿墙孔必须从室内往外朝下 30°开孔，以防止雨水倒流。

2. 空调设备安装检查办法：

（1）机柜安装位置和设计图纸相符合。

（2）柜式空调必须保持空调机正前方空气循环的畅通，送风口及回风口前方不能有遮挡物，以免影响空调的制冷效果。并按照安装手册规定保留维修空间。

（3）挂式空调安装位置的正下方原则上不能有任何其他设备，防止空调出现结冷凝水影响设备。

（4）室内机的出风口不能有任何东西阻挡。空调应具有自启动功能且自身应确认固定良好。

（5）确定室外主机支架本身及其与主机连接牢固，支架应采用镀锌角钢和扁钢制作。

（6）租赁装修机房，空调主机的摆放位置首先应考虑安放在室内阳台，其次为天面，再次为其他位置。2 m 之内不能有遮挡物，以保证有良好的散热条件。电源线必须采用阻燃电缆，敷设必须穿管或走线槽，在规划敷设走向时要注意美观，应沿墙水平或垂直走管，管线敷设原则上不允许互相交叉，不允许出现电源线裸露现象，应选择同种规格的电源线槽或套管。

（7）主机和分机的铜管连接原则上应穿墙洞引出，打墙洞时必须以对外俯视 30°穿墙而出，确保墙洞口室内高度比室外高，利于通畅排水。

（8）铜管的走向必须注意美观，应沿墙水平或垂直走管。同时应特别注意铜管的走管应尽量考虑避免走在其他设备的正上方，以避免铜管有可能出现结冷凝水，影响其他设备。

（9）穿墙而出的部位，应及时封补墙洞，要求封补后的墙面与之前的应该一致。应用专用铜管夹将铜管固定牢固，尤其应固定好室外部分。铜管的保温层包扎匀称，排水管的布置必须注意美观，原则上应与铜管一起包扎加套管穿墙。排水管的连接部分必须使用标准水管附件，以确保连接口不漏水。

（10）室外机安装在室外时，应视原建筑物的安全状况，考虑空调室外机是否加装防盗。

4.2 消防安装

1. 消防、监控设备安装前，应查验机房的消防、监控现状，要求配置消防器材，严禁堆放易燃、易爆物品，严禁在机房内吸烟、饮水。

2. 应按照设计要求安装探头位置，调整合理角度，及时采集数据信息。告警信息能及时上报监控中心并处理。

3. 监控设备安装检查办法：

（1）监控设备的型号、规格应符合施工图设计要求。

（2）监控系统用电缆及电线的规格、型号应符合设计要求，布线必须规则，电缆、电线绑扎牢固、松紧适度、平直、端正、整齐。应尽量减少交叉，并使传输线远离干扰源。不应与强信号、高频信号线平行布放。

（3）监控系统用信号电缆和电源线宜分道布放，如只能走在同一道内，电源线必须铠装或穿金属管。

（4）监控设备必须有良好的接地系统。

第三篇　传输工程作业与安全

1　传输管道工程

1.1　一般安全要求

1. 工程项目施工前项目负责人、技术负责人、安全负责人要对工地进行勘察并编制安全技术施工方案。

2. 施工区内危险区域必须悬挂安全警示标志，设置围栏、挡板等防护设施，夜间应设置警示灯。

3. 开工前，项目负责人必须组织施工人员进行安全教育、安全技术交底，对施工现场进行安全检查验收合格后方可开工。

4. 工具和材料应放置在规定的位置，不得随意堆放在沟边或挖出的土坡上面，以免落入沟中伤人。

5. 在工地堆放器具、材料，应选择不妨碍交通，行人少、平整地面堆放，堆积不超过 1.5 m，必要时采取适当措施，以保证安全。

6. 在工地现场使用车辆搬运器材时，必须指定专人负责安全。

7. 在沟坑内工作时，应随时注意沟的侧壁有无裂痕、护土板的横撑是否稳固，起立或抬头时应注意横撑碰头。

8. 在未得到施工负责人同意前，严禁随意变动和拆除支撑。

9. 上下沟槽时必须使用梯子，不得攀登沟内外设备。

10. 作业人员进入施工现场必须戴合格的安全帽，系好下颚带，锁紧带扣，以保安全。

1.2　测量

1. 测量仪表的放置地点，以不妨碍交通为原则。支撑三脚架时，应拧紧螺丝，以免仪器倒下摔坏。

2. 在十字路口和公路上测量时，应注意行人和车辆，必要时与交警联系取得协助。测量动作应迅速，根据现场实际情况，可分段丈量，皮尺、钢卷尺横过公路或路口丈量时，切勿被车辆碾压。

3. 进行测量时，仪器由使用人员负责保护，观测者在任何情况下不得离开仪器，因故需要离开仪器时，应指定专人看守。测量仪器与工具不用时，应放置在安全地方，以防仪器损坏和丢失。

4. 沿管线所钉水平桩或中心桩，不得高出路面 1 cm 以上。

5. 水平仪、经纬仪在 500 米距离内可装在三脚架上迁站，迁站必须遵守下列规定：

（1）将所有加上的部件和吊锤取掉。

（2）将望远镜转到物镜向下。

（3）将所有制动螺旋固定。

（4）迁站时，需一手紧握仪器支架向前，一手抱住三脚架腿在后，不得肩扛三脚架腿。

6.物探作业必须遵守下列规定：

（1）电法作业人员必须懂得用电安全知识和掌握触电急救知识。

（2）进行电法作业时发电站必须在得到操作员的指令后，方可向测站供电。操作中检查供电线路时必须切断电源，严禁使电源正、负极短路。

（3）电法作业应遵守当测线接近或横穿架空输电线路下时，必须将导线固定在木桩上，并保证导线沿地表布设；联合剖面、充电等方法的远极导线不得沿输电线路敷设；电测导线必须与架空输电线保持足够的安全距离。安全距离规定见表 3.1。

表 3.1　塔尺、标杆顶端与输电线路最小距离

电路电压/kV	<1	1～35	110	220	330	500
最小允许距离/m	1.5	3.0	4.0	5.0	6.0	7.5

（4）当供电电压高于安全电压时，所有跑极人员必须戴绝缘手套。非操作人员不得乱动仪器和供电装置。

（5）电法作业，在供电前操作人员必须先检查线路，严防短路。供电时，操作人员必须随时与跑极人员联系。拆除线路时，应先拆除电源线。

（6）用断开电极的方法检查漏电时，跑极人员必须戴绝缘手套，不准直接用手断开或连接导线，操作人员必须随时与跑极人员联系，确认无误后再进行工作。

（7）电法测站应选择干燥处，如在潮湿地区工作时，操作人员脚下和仪器下应铺设绝缘胶板。

（8）雷雨天不得进行电法作业及收放导线。

（9）采用以爆炸作为震源的地震勘探方法时，爆炸作业应执行国标 GB6722《爆破安全规程》并符合 GB12950《地震勘探爆炸安全规程》。需爆炸激发时，所有人员必须先撤至安全地区，由持有爆破证的专业人员引爆。

（10）进行雷达探测作业，拖拽光缆时严禁用力过猛。

（11）进行测井类物探作业时，要确保钻孔井壁完整、无掉块。在井壁条件不好时应采用塑料护管，井下仪器的升降应平稳，严禁剧烈震动。

（12）进行测汞作业时，要严防汞液或汞蒸气溢出。现场操作时必须集中精力，发现异常现象应立即停止作业时，积极采取措施进行妥善处理。

（13）以放射源作激发源作业时，应严格按照有关规定使用、存放放射源。

7. 地下管线普查必须遵守下列规定：

（1）需要开井盖作井下探测时应按如下步骤作业。

① 打开井盖至少 5 min 以上才可探视井下情况。

②下井调查或施放探头、电极、导线前，必须进行有毒、有害及可燃气体的浓度测定，超标的管道必须采取安全生产防护措施后才能进行作业。

③进口必须有人看守并设置安全警示围栏。

④禁止在井内或管道内吸烟及使用明火。

⑤井下作业完毕应立即盖好井盖。

（2）严禁在氧气、煤气、乙炔气等易燃、易爆管道上进行充电法作业。需进行直接法工作时，要保证发射点与管道接触良好。

（3）夜间作业时，应有足够的照明。

（4）使用10 W以上的大功率仪器设备时，作业人员应具备安全用电和触电急救的常识。工作电压超过36 V时，作业人员应使用绝缘防护用品。接触电极附近应设置明显警示标志，并设专人看管。雷电天气严禁使用大功率仪器设备施工。下井作业的所有电器设备外壳必须接地良好。

（5）严禁使用金属杆直接仟插探测地下输电线和光缆。

（6）对地下管线进行开挖验证时，必须小心谨慎，防止损坏管线。

（7）对地下输电线路或在高压线下测量时，严禁使用金属标杆、塔尺。严禁雨天、雾天、雷电天气在高压线下作业。

8. 挖土前，测量人员应熟悉掌握图纸上地上、地下障碍物的具体位置，将障碍物的具体位置与土方挖掘的负责人进行现场交底，共同做好标识，施工中紧密配合，以免损坏地上、地下设备和发生人身安全事故。

1.3　土方

1. 施工前，按照正式批准的设计位置与有关部门办理挖掘手续，并与有关的居委会、工厂、学校、单位进行联系，做好施工安全宣传工作，劝告居民教育孩子不要在沟边和沟内玩耍。

2. 开挖沟槽时，须在两端明显位置设置警示标志（红旗、红灯或绳索等），以免发生危险。

3. 开凿旧路面必须遵守下列规定：

（1）旧路面开凿宜分段进行，对施工路段应围护封闭并设置警示和导向标志，以免妨碍交通。

（2）用镐开挖旧路面时，应并排前进，左右间距应不少于2 m，前后不少于3 m，不得面对面使镐。

（3）大锤砸碎旧路面时，周围不得有人站立或通行。锤击钢钎时，使锤人应站在扶钎人的侧面，使锤者不得戴手套，锤柄端头应有防滑措施。

（4）使用风动工具开凿旧路面，应遵守下列规定。

①各部管道接头必须紧固，不漏气。胶皮管不得缠绕打结，并不得用折弯风管的办法作断气之用，不得将风管置于胯下。

②风管通过过道（道路），须挖沟将风管下埋，其上侧作硬性防护，严防重型车辆压坏。

③风管连接风包后要试送气，检查风管内有无杂物堵塞。送气时，要缓慢旋开阀门，不得猛开。

④风镐操作人员应与空压机司机紧密配合，及时送气或闭气。

⑤ 钎子插入风动工具后不得空打。

（5）利用机械破碎旧路面时，必须设专人统一指挥，操作范围内不得有人，钢钎切入地面不宜过深，推力速度应缓慢。

4. 人工挖土时，相邻的工人须有 2 m 以上间隔。

5. 流沙、疏松土质在沟深超过 1 m 时，应装置护土板。结实土质，其侧壁与沟底面所成夹角小于 115°时须装置护土板。护土板装置的长度应视具体情况确定。

6. 如果挖出的土质是回填土或是房基土，而且填土不坚实者，必须装置护土板。

7. 挖沟时如果有坑道枯井等，应立即停止进行挖掘，并报上级处理。

8. 在斜坡地段挖沟，须防止松散的石块，悬垂的土层及其他可能坍塌的物体滚下，防止发生危险。

9. 挖沟时，对地下的电力线缆、供水管、排水管、煤气管道、热力管道、防空洞、通信电缆等，应做如下处理，确保人身和设备安全。

（1）在施工图上标有高程的地下物，当挖到近其 30 cm 时应用铁锹轻挖，禁用机械挖沟。

（2）没有标记明确位置高程的，但已知有地下物时，应指定有经验的工人探挖。

（3）在挖掘时突然发现地下物，如古坟和不能识别的地下物，应当即报告上级处理。不得将其损坏，严禁敲击和玩耍。

（4）挖出地下任何管线时，应与沟上横架足以负重的圆木或工字钢，进行适当的木板包托，用铁线吊起以防沉落。

（5）如遇有污水、雨水、管道漏水应予封堵，难以修复的应以塑料管做临时过渡流水槽，引至沟外下水道。在施工中臭味太大应戴口罩。

（6）如遇上水管漏水，煤气热力管道漏气，特别是有毒、易燃气体管道泄漏，施工人员应立即撤出，并及时请求有关单位配合修复。

（7）遇有电力和通信电缆出现意外故障，应立即请求有关单位配合修复。

（8）在以上各种管线障碍未修复前，工地负责人应指派专人守护现场，停止施工作业，防止中毒，触电等事故发生。待修复后，吊装牢固，方可复工。并加标记，防止其他人员乱动。

10. 由地坑沟内抛出土石于沟外时，应注意下列事项：

（1）使土石不致回落于沟内。

（2）不应堆积过高，并须有适当坡度。

（3）及时清运行人通道及妨碍交通的土石。

（4）注意周围情况，不得乱扔工具、石头、土块。

（5）从沟中向上掀土，应注意上边是否有人。沟坑深 1.5 m 以上者，须有专人在上面清土，堆放在距离沟、坑边沿 60 cm 以外。

（6）挖出的土石时不得堆在沟边的消火栓井、邮筒、上下水井，雨水口及各种盖上。

（7）挖掘土石方时应从上而下进行，禁止采用挖空底脚踏实的方法。在雨季施工时应该做好排水措施。

（8）在靠近建筑物挖土方时，应视挖掘深度做好必要的安全措施。如采用支撑办法无法解决时，应拆除容易倒塌的建筑物，回填前再修复建筑物。

11. 挖沟后，需要在道口、单位门口、住户门口等及时搭设板桥，并应事前检查板桥的牢固性。每日应由专人检查，搭设的板桥应符合下列要求：

（1）人行便桥木板厚度不得小于 3 cm，宽度不小于 60 cm。

（2）通行人力小车的便桥，板厚度不小于 5 cm，桥宽不小于 150 cm。

（3）通行机动车的便桥，板厚度不小于 10 cm，或用钢板，一般应在板下加设横支撑，必要时用铁钩或铁线连牢。

（4）各种便桥木板间隔不得大于 1 cm，沟槽两端均应延长 1 m 以上，如沟壁土质松软，应视具体需要加长木板，便桥木板应贴在地面上。

（5）繁华地区，便桥左右加设挡板和明显标志。

12. 掏挖隧洞时注意事项：

（1）根据地区不同，可采取不同的掏挖方法。当前均采用顶大口径水泥管，然后在大管内铺设电信管道办法。

（2）一般通过高级路面和穿越各种建筑物下铺设电信管道时，使用挖隧道办法铺设电信管道。

（3）挖隧道时，应随时注意上顶与两侧土质有无变化情况，如发现有松裂现象，施工人员不得将工具碰撞撑架及护土板。

（4）遇天气炎热时，挖洞人员应轮流在洞内洞外工作，班组长应注意掌握轮换频次。

（5）挖隧道时应有足够的照明设备和通风设备，须用低压电源高质量胶皮电缆的工作手灯和排风设备。

（6）在隧道将要贯通时，须通知对方挖洞人员留意，以防碰伤对方人员。

（7）隧洞内应保持通风，注意对有毒气体的检查，遇有可疑现象，应立即停止施工，并报告上级处理。

13. 每天开工前，或雨后复工时，必须检查沟坑帮是否有裂缝，撑木是否松动，如有此情况，应先加固，才能下沟坑作业。

14. 雨后沟坑内淤泥应先清挖干净，发现土质有裂缝，应及时加强支撑后才能作业。严禁施工人员在沟坑内或隧道中休息玩耍，以免发生危险。

15. 在旧有人孔处改建与增添新人孔和管道时，严禁损坏电缆。必要时，应加横杆悬吊或隔离保护。

16. 回填土的一般要求：

（1）回填土打夯时，注意平稳，用力均匀。电动打夯机，要用橡皮绝缘线，打夯机不得碰伤电源线。使用内燃打夯机，要防止喷出的气体及废油伤人。

（2）对原有的地下建筑物，回土时不得将其损坏。

（3）在隧洞内回土，应逐步地拆去护土板和撑架，并逐步垂直的层层夯实，不能夯实的地方用砖填实，不得一次将所有的护土板和撑木架拆去。

1.4　钢筋加工

1. 钢筋、料具及成品要堆放整齐，不得妨碍交通和施工。

2. 机械冷拉作业注意事项：

（1）必须检查卷扬机钢丝绳、地锚、钢筋夹具、电气设备等，确认安全可靠后方可作业。

（2）冷拉时，应设专人值守，操作人员必须位于安全地带，钢筋两侧 3 m 以内及冷拉线两端严禁站人，严禁跨越钢筋和钢丝绳，冷拉场地两端地锚以外应设置警戒区，装设防护挡板及警告标志。

（3）卷扬机运转时，严禁人员靠近冷拉钢筋和牵引钢筋的钢丝绳，运行中出现钢筋滑脱、绞断等情况时，应立即停机。

（4）冷拉速度不宜过快，在基本拉直时应稍停，检查夹具是否牢固可靠，严格按照安全技术交底要求控制伸长值。

3. 人工截钢筋、冷拉及锤拗钢筋时，掌钳人与掌锤人必须站成斜角，掌锤人要听掌钳人指挥，禁止非工作人员靠近，以免伤人。

4. 弯钢筋时，须将扳子口啃牢钢筋，以免脱掉伤人。

5. 钢筋除锈时须佩戴口罩和防护眼镜。

6. 编排钢筋时，应相互注意，以免工具和钢筋伤人，绑扎钢筋应牢固，并将扎好的铁丝头搁置下方，以免伤人。暂停绑扎时，应检查所绑扎的钢筋或骨架，确认连接牢固后方可离开现场。

1.5 木工作业

1. 木材与横板在安装和拆除前后应堆放整齐，不妨碍交通和施工。

2. 木工工地严禁烟火。按规定配备防火用具。

3. 木工场地的碎木、刨花、锯末等杂物应及时清扫。

4. 木料有断裂、死节不得使用。

5. 支撑护土板及撑木、模板必须装钉牢固平整。不得有钉子尖和铁丝头突出，以防伤人。

6. 预制入孔上覆支模板时应注意个人防护，不允许站在不稳固的支撑上或没有固定的木方上作业。

7. 搬运木料、板材和支柱体超重时，必须两人抬送，向下传送木模时，不得抛掷。

8. 使用手锯时，应站在安全可靠处，防止伤人。

9. 拆除的模板、横梁、撑木和碎板应放在沟边，带钉子尖的朝下放或将钉子除去，以免伤人。

10. 拆除护土板应视下列情况依次进行：

（1）如有塌方危险，应于回土时，先回一部分土，夯实后再拆除，必要时装好新木撑与垫板，再由下面往上拆除，逐渐回土，再将全部木撑及护土板拆除。

（2）在流沙或潮湿地区，护土板可能陷入泥土内，拆除比较困难，为确保人身安全，个别地方的木板，可留在填土内。

（3）拆除或移装护土板支撑木必须由熟悉操作方法的木工担任。

（4）沿着建筑物地基挖掘地沟时，若地基底部高于沟底，回土时护土板不应拆除。

1.6 混凝土作业

1. 搬运水泥、筛砂石及搅拌混凝土时应戴口罩，在沟内捣实时，拍浆人员应穿胶鞋。

2. 灰盘应平稳放置于入孔旁或沟边，沟内人员必须避让。

3. 在沟内吊放混凝土构件时，应先检查构件是否有裂缝，以免断裂伤人。吊放时应将构件系牢慢慢放下。

4. 搅拌机上料时，每次重量不得超过本机规定的负荷。

5. 搅拌机应平稳安放，并严格按照操作规程使用及维护。

6. 商品混凝土车要停在沟边土质坚硬的地方，放料时人与料斗要有一定的角度和距离；要使用专用机、器具将混凝土倒入沟槽内。

1.7 铺管和砖砌体作业

1. 管块、砖石料应堆放整齐不得妨碍交通和施工。

2. 管块不得放在土质松软的沟边，并不得斜放、立放或重叠于沟边。

3. 由沟上递管下沟时，可用结实绳索吊放，绳索每隔 40 cm 打一个结，待沟内人员接妥后，再松开绳索。必要时，可搭木板，但木板的厚度不小于 4 cm，移动木板时注意勿将石土等物带入沟内，以免砸伤沟内人员。

4. 铺管时，递管人员应劝阻行人观看，铺管与抹缝时应戴手套。

5. 回填土时先用细土回填管道两侧，并同时夯实，然后分层回填，逐层夯实。

6. 塑料管道在回填土时应根据设计要求，布放安全警示带，然后再逐层回填。

7. 使用打夯机回土夯实时手把上应装按钮开关，并包绝缘材料，操作应戴绝缘手套、穿绝缘鞋。电源电缆应完好无损。作业时严禁夯击电源电缆。严禁背着打夯机牵引操作。

8. 砌筑入孔时，砌筑高度超过 1.2 m 时，应搭设脚手架作业。

9. 脚手架使用前应检查脚手板是否有空隙、探头板，确认合格后使用；脚手架上堆料量（均布荷载每平方米不得超过 200 kg，集中荷载不超过 150 kg），码砖高度不得超过 3 层侧砖。同一块脚手板上不得超过二人，严禁用不稳固的工具或物体在架子上垫高操作。

10. 砌筑作业面下方不得有人，交叉作业必须设置可靠、安全的防护隔离层，挂线的坠物必须牢固。不得在墙顶行走、作业。

11. 向基坑内运送材料、砂浆时，严禁向下猛倒和抛掷。

12. 吊装入孔上覆应注意下列事项：

（1）起重机工作的场地应平坦坚实，保证在工作时不沉陷，不得在倾斜的地面作业，视土质情况，起重机作业位置应离沟渠、基坑有足够的安全距离。

（2）作业前应确认发动机传动部分、制动部分、仪表、钢丝绳以及液压传动等正常，方可正式作业。

（3）起重机支腿应全部伸出，在撑脚板下垫方木、调整机体、支腿。有定位销的必需插上。

（4）起重机变幅应平稳，严禁猛起猛落臂杆。吊运上覆时，要有专人指挥，其下方不得有人员停留或通过，禁止在吊起来的上覆下面进行作业。

（5）起重机在作业时不得靠近架空输电线路，应保持安全距离。

（6）遇有大雨、大雾或六级大风等恶劣天气时，应停止吊装作业。

13. 入孔口圈至少四人抬运，需有人指挥，以免力量不均匀，摔倒伤人。

14. 砌好人孔口圈后，必须盖好内盖，施工现场没有警示标志时，大盖也应盖好，以防发生事故。

15. 方型人孔盖、起和盖时要把边口摆好，以免落入人孔内，损坏设备和缆线。

16. 在完全回土的人孔内工作时，人孔周围应设警示围栏，并有专人看守，防止车辆行人落入人孔内。

17. 在施工现场安装、拆卸施工起重机械等自升式架设设施。必须由具有相应资质的单位承担。并符合以下规定：

（1）安装、拆卸施工起重机械等自升式架设设施，应当编制拆装方案、制定安全施工措施，并由专业技术人员现场监督。

（2）施工起重机械等自升式架设设施安装完毕，安装单位应当自检，出具自检合格证明，并向施工单位进行安全使用说明，办理验收手续并签字。

18. 施工起重机械等自升式架设设施的使用达到国家规定的检验检测期限的，必须经具有专业资质的检验检测机构检测。经检测不合格的，不得继续使用。

1.8　试通

1. 在准备试通的人孔边放置安全警示标志，以防过路行人误入人孔。

2. 大孔管道试通，使用试通管试通，放线时要直接进入管道的管孔，尽量不在马路上多停留，试通管的尾部必须有专人把握，以免影响行人、车辆安全。

3. 小孔管道试通，使用穿管器试通，穿管器架子应放在不影响交通的地方，应有专人看守，试通线穿入管孔或收线时，放线人要掌握好速度，以防速度过快线盘绞手。

4. 站在人孔内的人要戴手套，搜线的一方要听送线方的口令，以免速度不均匀造成伤手或试通线打背扣。

2　传输杆路工程

2.1　挖坑洞作业

1. 在确定电杆和拉线坑洞的位置时，应避开煤气管、输水管、供热管、排污管、电力电缆、光（电）缆及其他通信线路等地下设施。

2. 在土质松软或流沙地质，打长方形或 H 杆洞有坍塌危险时要采取防护措施。

3. 打石洞、土石方爆破注意事项：

（1）爆破要到当地公安部门办理手续。

（2）爆破必须由爆破专业部门进行，并对所有作业参与者进行爆破常识安全教育。

（3）打炮眼时，掌大锤的人一定要站在扶钢钎的人的左侧或右侧，严禁对面操作。操作人员要用力均匀，注意节奏，禁止疲劳作业，以防发生意外。有条件可以采用机械动力工具打眼。

（4）装药严禁使用铁器，装置带雷管的药包要轻塞，不能重击，不能边打眼边装药。

（5）放炮前要明确规定警戒时间、范围和信号。人员及车辆必须躲避到安全地带后，方能起爆。

（6）用电雷管起爆，应设专用线路，起爆装置要由接线人员负责管理；用火雷管起爆，要使用燃烧速度相同的导火索。注意发现是否有哑炮。

（7）遇有哑炮，严禁掏挖或在原炮眼内重装炸药爆破，应指派熟悉爆破的人员按操作规范进行专门处理。哑炮未处理完，其他人员禁止进入该危险区。

（8）炮眼上方应盖以篱笆或树枝等物，防止起爆后石块飞起伤人损物。

（9）大、中型爆破，实施前应编制方案，报经上级管理部门批准。

（10）炸药、雷管要办理严格的领出退还手续，严密保管，严防被盗和藏匿。

4. 在市区内或者居民区及行人车辆繁华地带，禁止使用爆破方法。在建筑物、电力线、通信线以及其他设施附近，一般不得使用爆破法。

2.2　立杆作业

1. 严禁非作业人员进入施工现场。

2. 立杆前应认真观察地形及周围环境，根据所立电杆的粗细、长短和重量合理配备作业人员，明确分工，专人指挥。

3. 立杆用具必须齐全且牢固可靠；作业人员必须使用防护用品。

4. 人工运杆作业应符合以下要求：

（1）电杆分屯点要设在不妨碍行人行车的位置；电杆堆放不宜过高，以防滚落。

（2）散开电杆应按顺序从高层向低层搬运，撬移杆时，下落方向禁止站人。从高处向低处移杆时用力不宜过猛，防止失控。

（3）使用"抱杆车"运杆，抱位要重心适中，防止向一头倾斜，推拉速度要均匀，转弯和下坡前要提前控制速度，防止失控发生冲撞事故，并注意行人、车辆与自身安全。

（4）往水田、坡地、山上搬运电杆要提前勘选路由，根据电杆重量和路险情况，备足牢靠用具和人员，要有专人观察指挥，防止抬杆人员脚踏深浅不一、陷入泥田、拌跌导致个别人不堪负荷而引起一系列危险反应发生事故。

（5）在无路可抬运的上山坡地段采用牵引方式时，绳索要足够牢靠，避免在石上摩擦发生断绳事故；要注意电杆的重心，避免侧倾；电杆下方向严禁站人，严防电杆坠落砸人事故发生。

5. 杆坑、马道必须符合规范标准，杆起上方无障碍物，地势应尽量平坦。

6. 人工立杆应遵守：

（1）立杆前，应在杆梢适当的位置系好定位绳索。如作业区有砖头、石块等应预先清理。

（2）在杆根下落处坑洞内竖起挡杆板，使杆根抵住挡杆板，并由专人负责压控杆根。

（3）作业人员抬杆要步调一致，肩扛时使用同侧肩膀。

（4）杆立起至 30°时应使用杆叉（夹杠）、牵引绳；拉牵引绳用力要均匀，面对杆操作，保持平稳，严禁作业人员背向杆拉牵引绳；杆叉操作者两根用力要均衡，配合发挥杆叉支撑、夹拉作用，防止左右摇摆、前栽后仰倒杆，应使杆保持平稳。

（5）杆立起后应按要求迅速校正杆根杆梢位置角度，并及时回填土、夯实，夯实要用圆打、扁打专用工具。

（6）夯实后方能撤除杆叉及上杆摘除牵引绳。

7. 使用吊车或立杆器立杆时，钢丝套应拴在电杆的适当位置，以防"打前沉"；吊车或立杆器位置应适当，并用绳索牵引方向，发现下沉或倾斜应暂停作业，调整后再继续作业；吊车臂下严禁站人；现场要有专人指挥；吊车操作人员必须是经过专门培训并取得"特殊工种操作证"的人员。

8. 严禁在电力线路下（尤其是高压线路下）立杆作业，附近有电力线立杆应适当调移杆位；如果经测量计算存在吊线与高压输电线不够安全净距，要修改设计，必要时可改为地下通过。

9. 在房屋附近进行立杆作业时，禁止非作业人员进入现场，立杆时防止触碰屋檐，以免砖、瓦、石块等下落伤人。

10. 洞未回填夯实前，严禁上杆作业。

2.3 安装拉线作业

1. 新放拉线必须在布放吊线之前安装进行。

2. 终端拉线用的钢绞线必须比吊线大一级，并保证拉距，地锚石与地锚杆要与钢绞线配套。地锚石埋深和地锚杆出土尺寸应达到设计规范要求，严禁使用非配套的小于规定要求的小地锚或小地锚杆，严禁拉线坑不够深度或者将地锚杆锯短或弯盘。

3. 拉线坑必须在回填时夯实。

4. 更换拉线要将新拉线安装完毕，并在新拉线的拉力已将旧拉线张力松懈后再拆除旧拉线。

5. 在原拉线位或拉线位附近做新拉线时，要先制作临时拉线，防止挖新拉线坑时将原有拉线地锚挖出导致抗拉力不足使地锚移动发生倒杆事故。

6. 安装拉线应尽量避开有碍行人的地方，并安装拉线护套。以防止拉线拦兜行人、自行车等，防止机动车撞伤拉线造成倒杆等连锁反应事故发生。

2.4 登高作业

1. 从事登高作业人员必须定期进行身体检查，患有心脏病、贫血、高血压、癫痫病、恐高症以及其他不适于高空作业的人员不得从事高空作业。登高作业人员必须持证上岗。

2. 上杆前必须认真检查杆根有无折断危险；如发现已折断腐烂的不牢固的电杆，在未加固前，切勿攀登；电杆周围是沥青路面，或因地面冻结，无法检查杆根时，可用力推杆有无变化；同时应观察周围附近上空有无电力线、电力设备或其他影响上杆及杆上作业的障碍物或其他情况。

3. 上杆切忌穿硬底鞋，以防上杆打滑；上杆前仔细检查脚扣、安全带是否完好。

4. 上杆时应注意向上观察杆上安装物及树枝，防止头、肩部突然碰撞分线设备、接头盒、广告牌、吊线、电缆线担等物发生事故。

5. 到达杆上作业位置后，安全带应兜挂在距杆梢 50 cm 以下的位置。

6. 利用上杆钉上杆时，必须检查上杆钉装设是否牢固。如有断裂、脱出危险不准蹬踩。

7. 用上杆钉或脚扣上下杆时不准二人以上同时上下杆。

8. 利用上杆钉或脚扣在杆上作业时，必须使用安全带，并扣好安全带保险环方可开始作业。作业前应检测吊线是否带有强电。对杆上不明用途、性质的线条，一律视为电力线。

9. 杆上有人作业时，杆下不许站人；必要时在杆周围设置护拦。

10. 高处作业，所用材料应放置稳妥，所用工具应随手装入工具袋内，防止坠落伤人。

11. 上杆时除个人配备的工具外，不准携带笨重工具、材料。在杆上或建筑物上与地面上人员之间不得抛扔工具和材料，应用绳索传递。

12. 在杆下用紧线器拉紧全程吊线时，杆上不准有人，待紧妥后再上杆拧紧夹板、终结作业。

13. 使用吊板时应注意：

（1）吊板上的挂钩已磨损掉四分之一时应不再使用，坐板及支架应固定牢固。

（2）坐吊板时，必须辅扎安全带，并将安全带拢在吊线上。

（3）不许有两人以上同时在一档内坐吊板工作。

（4）在 2.0/7 以下的吊线上不准使用吊板（不包括 2.0/7）。

（5）在杆与墙壁之间或墙壁与墙壁之间的吊线上，不准使用吊板。

（6）坐吊板过吊线接头时，必须使用梯子，经过电杆时，必须使用脚扣或梯子，严禁爬抱而过。

（7）坐吊板时，人上身超过原吊线高度和下垂时下身低于原吊线高度，要防止碰触上下的电力线等障碍物，不可避免时改为使用梯子等方式，必须注意与电力线尤其是高压线的安全距离。

（8）坐吊板作业地面应有人进行滑动牵引或控制保护。

（9）有大风等危险情况时应停止使用吊板作业。

14. 在楼房上装机引线时，如窗外无走廊阳台，勿立或蹲在窗台上作业；如必须站在窗台上作业时，须扎绑安全带进行保护。

15. 遇有恶劣气候（如风力在六级以上）影响施工安全时，应停止高处作业；遇有雨雪天气，禁止上杆作业，雨后或冰霜上杆必须小心，以防滑下。

16. 上建筑物作业时，必须检查建筑物是否牢固，不牢固不许登踏。

17. 在房上作业时必须注意安全。在屋顶上行走时，瓦房走尖，平房走边，石棉瓦走钉，机制水泥瓦走脊，楼顶内走棱。要防止踏坏屋瓦发生坠落事故。

18. 在室内天花板上作业，必须用行灯。并注意天花板是否牢固可靠。

19. 升高或降低吊线时，必须使用紧线器，尤其在吊档、顶档杆操作必须稳妥牢靠，不许肩扛推拉，小对数电缆可以用梯子支撑，并注意周围电力线。

20. 接续架空电缆时，地下一定范围内禁止站人或行人。

21. 凡在吊线上作业时，不论是用坐板或竹梯，必须先检查吊线，可用绳索跨挂于吊线上，以人的重量加于绳上，先做试验，确保吊线在作业时不致中断，同时两端电杆不致倾斜倒杆，吊线卡担不致松脱时，方可进行作业。

2.5 布放吊线

1. 布放无盘钢绞线必须使用放线盘，禁止无放线盘布放钢绞线，以防止产生背扣，紧线时崩断。

2. 人工布放钢绞线时，在牵引前端应使用麻绳并保证麻绳干燥，防止钢绞线头反弹伤人或发生触电事故。

3. 布放钢绞线前，应对沿途跨越的供电线路、公路、铁路、街道、河流、树枝等调查统计，在布放时采取必要措施，安全通过：

（1）在树枝间穿过时，不要使树枝挡压、撑托钢绞线，保证吊线高度，防止崩弹现象发生。

（2）通过供电线路、公路、铁路、街道要注意计算保证设计规范高度，确定钢绞线在杆上固定位置。

（3）牵引通过公路、铁路、街道前必须进行警示警戒，防止钢绞线兜拦行人或行车。

（4）在跨越铁路地点作业前，必须调查该地点火车通过的时间及间隔，以确定安全作业时间。必要时请求有关单位或部门协助和配合。

（5）过路单档作业安全措施：在有旧吊线的条件下，利用旧吊线多挂吊线滑轮的办法升高过公路、铁路、街道的钢绞线，以防止下垂拦挡行人及车辆；在新建杆路上跨越铁路、公路、街道时，采用单档临时辅助吊线以挂高吊线防止下垂拦挡行人及车辆；在吊线紧好后用梯子拆除吊线滑轮和临时辅助吊线，同时注意警戒，保证安全。

（6）防止钢绞线在行进过程中兜磨建筑物，必要时采取垫物等措施。

（7）在牵引全程钢绞线余量时，用力及速度要均匀，采取措施防止钢绞线张力反弹，在杆间跳弹触及电力线。

（8）由有经验的作业人员收紧钢绞线，其他人员配合观察终端杆、角杆、拉线、中间杆及钢绞线情况。吊线垂度以达到规范垂度为宜，防止钢绞线张力超过允许范围引起钢绞线崩断及倒杆等一系列连锁事故发生。

（9）剪断钢绞线前，剪点两端先人工固定，剪断后缓松，防止钢绞线反弹伤人。

（10）向室内架设引入线时，须装妥引入支架后方可架设，并用力收紧，避免线条下垂妨碍交通。如跨过低压电力线之上，必须另有人用绝缘棒托住引入线，切勿搁在电力线上拖拉。

（11）在收紧拉线或吊线时，扳动紧线器以二人为限，操作时作业人员必须在紧线器后的左右侧。

2.6 在供电线及高压输电线附近作业

1. 作业人员应了解供电线路的特点。高压输电线电杆较高，瓷瓶为茶褐色针式绝缘子，体积较大，高压架空线一般很少有分支线，并只有 3 根导线；低压输电线的瓷瓶为白色绝缘子，且体积较小，低压架空线一般由变压器低侧引出，分支或引向用户。导线为 4 根（380 V 三相加一根零线）或 2 根（220 V 火线加零线）。

2. 在电力线下或附近作业时，必须严防人员及设备与电力线接触，在高压线附近进行架线及做拉线等作业时，离开高压线最小空距应保证：35 kV 以下线路为 2.5 m；35 kV 以上线路为 4 m。

3. 通信线路附近有其他线缆时，在没有辩明清楚该线缆使用性质前，一律按电力线处理，防止意外触电。

4. 在通过供电线路作业时，不得将供电线擅自剪断，应事先通知电力部门派人到现场停止送电，并经检查确实停电后，才能开始作业，但仍需佩戴绝缘手套，穿绝缘鞋及使用绝缘工具。在结束作业后方可恢复送电。停送电必须有专人值守，在开关处应悬挂停电标示，禁止擅自送电。

5. 在原有杆路作业，上杆前应用竹梯上去，用试电笔检查该电杆上附挂的线缆、电缆、吊线，确认没有带电后再上杆作业。作业中如发现有电现象，应立即下杆，沿线检查与供电线路接触之处，并妥善处理。

6. 在三电（电灯、电车、电话）合用的水泥杆上作业时，必须注意电力线、电灯、接户线、电车馈电线、变压器及刀闸等电力设备保持一定的安全距离。

7. 如需在供电线（220 V、380 V）上方架线时，切不可用石头或工具等系于线的一端经供电线上面抛过，必须用"环系渡线法"牵引线条。其方法是在跨越两杆各装滑车一个，以干燥绳索做成环形（绳索距电力线至少 2 m），再将应挂线条缚于绳上，牵动绳环，将线条徐徐通过。在牵动线条时，切勿过松，避免下垂至触及电力线（应挂线条的杆档过大时，除将应挂线缚于绳环外，可在引渡时每隔相当距离用细绳在绳环上系一小绳圈，套入线条，以免线条下垂触碰电力线）。也可在跨越电力线处做安全保护架子，将电力线罩住，施工完毕后再拆除。作业中，放线车和吊线均应良好接地。如果是布放吊线，先跨越电力线的线条应做单档临时辅助吊线，待吊线沿其通过并全程安装完毕后再稳妥拆除。

8. 遇有电力线在线杆顶上交越的特殊情况时，作业人员的头部不得超过杆顶。所用的工具与材料不得接触电力线及其附属设备。

9. 当通信线与电力线接触或电力线落在地上时，除指定专人采取措施排除事故外，其他人员必须立即停止一切有关作业，保护现场，禁止行人走入危险地带，不可用工具触动线条或电力线，并立即报告施工负责人设法解决。事故未排除前，不得恢复作业。

10. 在吊线周围 70 cm 以内有供电线（非高压线）时，不得使用吊板。

11. 在光（电）缆与电力电缆交叉平行埋设的地区进行施工时，必须反复核对位置，确定无误方可进行作业。采用机械挖沟必须保证距离，在接近电力线一定距离时，应采用人工开挖。

12. 在有金属顶棚的建筑物上作业前，用试电笔检查确认无电方可作业，并接临时地线，作业完毕拆除。

13. 在高压线下穿线条时，应将线条采用绳索固定在线担上（不捆死），特别是在通信吊档放线或紧线时，防止线条跳起碰到高压线发生触电事故。

14. 在电力线下架设的吊线应及时按设计规定给予保护。

15. 在施工现场必须有安全警示标志，并在高压线下采用红色标杆标示出安全施工净空高度；重视个人自我防护，进入工地按规定佩戴安全帽，进入高压线下施工现场的，必须戴好安全帽、穿戴绝缘手套、穿防护鞋、绝缘衣服才能进行施工；严禁穿拖鞋进入施工现场。在高压线下立警戒杆，标杆顶以下为安全作业空间。高压线下进行挖装作业时，必须有专人进行指挥，施工高度不得高于安全作业空间，防止施工机械碰触高压线。

16. 在 500 kV 高压线下施工，高压线距离地面高度为 12.4 m，高压线下施工最小安全距离为 8.5 m，为了保证高压线下安全施工，所有范围内施工机械必须接地，接地点不少于 2 处，接地电阻不大于 1 Ω，电工要全过程跟踪施工机械静电检测，发现问题及时汇报处理。

17. 吊装作业时，起重设备操作人员、指挥人员及其他各种工作人员必须是取得操作合格证。起重设备顶部必须安装绝缘套，且其作业半径与架空线路边线的最小安全距离不小于 8.5 m，吊装作业过程中，必须有专人进行指挥；起重设备操作人员、打桩机操作人员、电工在施工期间必须配备绝缘手套、绝缘鞋及高压绝缘垫，并按安全防护用品使用规定穿戴，严禁无防护设施进行施工。

18. 阴雨、雪、雾天及大风等恶劣性天气停止高压线下及附近施工，防止感应电伤人，禁止高压线疲劳作业。电表及电敏感性仪器在高压线下施工时尽量远离高压线，必须放置在高压线下时，必须加设防护罩，以免仪器损坏。施工现场在明显处设立警示牌，写明高压线电压、安全操作距离，防护措施及注意事项。施工期间发现异常或者检测出机械感应电集中现象，应立即停止作业并上报，必须由专业人员进行解决，不得自行处理。

3 传输光缆线路工程

3.1 布放架空光（电）缆线路

1. 布放架空光（电）缆在通过电力线、铁路、公路、街道、树枝等特殊地段时，安全措施参照以上布放吊线相关内容要求。

2. 在跨越电力线、铁路、公路杆档挂光（电）缆挂钩和拆除吊线滑轮严禁使用吊线坐板方法。应采用梯子、绝缘棒推拉方法。

3. 光（电）缆在吊线挂钩前，一端应固定，另一端应将余量拽回，剪断前应先固定，防止剪断时因张力作用缆头脱落后杆间光（电）缆因重力作用溜跑而使吊线滑轮间余缆过多，垂度过大。

4. 在挂缆过程中，应注意杆间余缆的积累不宜过多，余缆需及时拽向一端并固定，防止余缆跨越电力线、铁路、公路、街道等特殊杆档发生事故。

5. 过河飞线作业安全要求：

（1）在通航河流上架设飞线时，应在施工前先与航务管理部门进行联系，在施工地段内所有水上交通应暂时停驶，必要时登报公告，并请水上公安机关派专人至上下游配合施工，并以旗语、喇叭通知来往船只。

（2）架设过河飞线，宜在汛前水浅时施工；如在汛期内施工，须注意水位涨落或水流速度，避免发生危险。

（3）使用工具前，须详细检查与配置，注意绳、滑车、绞车等之粗细、大小、拉力、载重等是否满足需要、安全可靠。

（4）过河飞线应雇用轮船或汽艇作业，如无轮船或汽艇，为了不使线缆沉到河底，应雇用适当数量的木船。在水流湍急的河流架设飞线时，须配备救生设备。

（5）船上作业人员应站在线条张力的反侧，以免线缆收紧时被兜入水中。

（6）过冰封河流时，应试验冰的强度，保证作业安全。

（7）在改建过河飞线撤线时，应用大绳从线担上绕过，拴住紧线器尾巴，钳口夹住线条，杆下拉紧大绳，使终端松劲后再剪断，徐徐松绳使线条落地。

（8）雷雨、雾、雪、大风天气禁止过河飞线施工。

6. 桥梁体侧悬空作业安全要求：

（1）桥梁体侧施工首先应报交通管理部门批准，并按指定的位置进行打眼固定铁架、钢管、塑料管或光（电）缆；严禁擅自改变位置伤其桥体"钢筋"。

（2）桥梁体侧施工时，作业区周围必须设置安全警示标志，圈定作业区，并设专人看守，严禁非作业人员及车辆进入桥梁作业区。

（3）桥侧作业宜选用"特制随车作业平台"，以避免或减少拆装、人员上下，保证作业轻松安全。如无"特制随车作业平台"，作业人员必须使用吊篮，吊篮各部件必须连接牢固，同时使用安全带。

（4）吊篮和安全带必须兜挂于牢靠处，并设专人监护。吊篮内的作业人员必须扣好安全带。

（5）工具及材料要装在工具袋内，用绳索吊上放下，严禁在吊篮内和桥上抛掷工具、材料。

（6）从桥上给桥侧传递大件材料（钢管）时，要有专人指挥，两点拴绳缓慢送下，待固定后再撤回绳索；防止材料倾斜滑落砸伤作业人员、吊篮、平台等。

（7）在桥侧钢管接力点拉送光（电）缆时，拉送幅度不宜过大，防止手随着线缆带入钢管。

（8）采用机械吊臂敷设线缆时，应先检查吊臂和作业人员使用的安全保护装置（吊挂椅、板、安全绳、安全带等）是否安全。作业人员在吊臂器中应系安全带，并与现场指挥人员采用对讲机联系。

（9）在水深浪急的桥侧作业，作业人员应穿救生衣，桥上人员应穿道路施工专用服。

（10）作业车辆要设施工随时停车标志。

3.2　布放直埋线路

1. 布放光（电）缆时，必须做到：

（1）布放光（电）缆要统一指挥，按规定的旗语和号令行动布放光（电）缆。

（2）光（电）缆入沟时严禁抛甩，应组织人员从起始端逐段放落，防止腾空或积余现象；对穿过障碍点及低洼点的悬空缆，不得强行踩落。

（3）如用机械（电缆敷设机）敷设光（电）缆，必须事先清除光（电）缆路由上有碍机械作业的障碍物，主机上、缆盘工作区周围必须设活动（可拆卸）式安全保护架，防止人员摔下，并在牵引机之后敷设主机之前设不碍工作视线的花孔挡板，以防牵引钢丝绳断脱伤人。

（4）布放光（电）缆完毕后（电缆要复查气闭性后），立即回填 30 cm 细土，不使光（电）缆暴露在外，检查对地绝缘后方可将沟填平。在有要求布放排流线的地段，在规定深度布放排流线后再填平。

（5）对有碍行人及车辆的农村土路一般采用预埋管处理，必要时应设临时便桥。

2．布放排流线应做到：

（1）布放排流线要使用"放线车"，使排流线自然倒开，防止产生"波浪"，保证埋设位置及深度。

（2）防止端头脱落反弹伤人。

（3）布放时在行人、自行车、机动车道口设立警示标志并看守，严防兜人、兜车造成安全事故。宜采用在预埋管的土路预埋排流线，分段布放后再焊接的方式，保证安全。

（4）避免在雷雨天进行布放排流线作业。

（5）挖、埋制作排流线地线要注意避开及保护地下原有设施。

3.3 布放管道光（电）缆线路

1．人孔、地下室内作业安全常识：

（1）遵守建设单位维护部门地下室进出、人孔开启封闭规定。

（2）进入地下室、管道人孔前，必须进行气体检测，确认无易燃、有毒有害气体后，通风后进入。作业时，地下室、人孔要保持通风。通风一般采用排风扇或排风布，使用排风布通风时排风布在井口上下各不小于 1 m，并将布面设在迎风方向。尤其要保证"高井脖"人孔通风效果。

（3）在地下室、人孔内作业期间，作业人员若感觉呼吸困难或身体不适，应立即呼救，并迅速离开地下室或人孔。查明原因排除危险源后方可恢复作业。

（4）作业时发现易燃易爆或有毒有害气体时，禁止开关电器、动用明火，人员撤离并必须立即采取措施排除隐患。

（5）严禁将易燃易爆物品带入地下室或人孔。严禁在地下室吸烟和燃火取暖。地下室、入孔照明应采用防爆灯具。

（6）严禁在地下室、人孔内预热、点燃喷灯，使用喷灯时要注意保持通风良好，防止缺氧。

（7）在地下室、入孔内作业时，一般要有两人以上，入孔内单人作业时，入孔外要有巡视看护人员，上下入孔的梯子不准撤走。

（8）地下室、人孔内若有积水，应先抽干再作业，并做到如下要求。

① 作业人员要穿胶靴或水裤并适当防潮。

② 遇有长流水的地下室或入孔，要采用不间断抽水或定时抽水，防止水深对人员和工具仪表造成伤害。

③ 使用电力潜水泵抽水时，水泵绝缘性能必须良好；严禁边抽水，边在地下室或人孔内作业，以防发生触电事故。

④ 在入孔抽水或使用发电机时，排气管不得靠近人孔口，应放在人孔的下风方向。

⑤ 人孔抽水要直接排入下水道，保护环境，防止冬季路面结冰。

（9）地下室出局管孔必须封堵严实，打开的管孔暂停或结束作业时必须及时恢复。

（10）凿掏孔壁、石质地面或水泥地面墙面时应佩带保护眼镜。

2．开启入孔及作业时应遵守：

（1）启闭入孔盖应使用专用钥匙，防止手脚受伤。

（2）雪、雨天作业注意防滑，入孔周围可用砂土或草包铺垫。

（3）在有行人的地段施工，开启孔盖前，入孔周围应设置明显的安全警示标志和围栏，晚上作业必须设置警示灯，作业完毕确认孔盖盖好再撤除。

（4）上下入孔时必须使用梯子，放置牢固，不准把梯子搭在入孔内线缆上，严禁作业人员蹬踏线缆或线缆托架。

（5）传递工具、用具时，必须用绳索拴牢传送。

（6）作业时遇暴风雨，必须在入孔上方设置帐篷，若在低洼地段，还应在入孔周围用沙袋等筑起防水墙。

3. 敷设管道光（电）缆应注意：

（1）清刷管道时，穿管器的前进方向的入孔要有作业人员提前到位，以便使穿管器顺利进入设计规定占位的管眼，防止无人操作而使穿管器在入孔内盘团伤及入孔内原有光（电）缆。

（2）入孔内作业人员不得面对或背对正在穿刷的管眼，必须站在管眼的侧旁，严禁用眼看、手伸进管眼摸或耳听判断穿管器到来的距离。

（3）清刷管道使用工具要齐全，尤其是要使用标准"拉棒"，以检验管道质量是否符合光（电）缆布放要求，防止在敷设电缆时错位管眼等突然卡住光（电）缆，导致牵引绳中断造成事故而使电缆进退两难。

（4）牵引电缆使用规定的油丝绳，应定期保养，有破损要及时更换。

（5）牵引管道电缆要用专用牵引车或绞盘车，牵引力设定在需要的适当范围内，牵引时起始速度要缓慢，正常牵引时速度要适当、均匀，防止牵引力超出牵引绳的强度造成事故。严禁使用汽车或拖拉机直接牵引。

（6）牵引前要检验井底预埋的 V 型拉环的抗拉强度。

（7）井底滑轮的抗拉强度和拴套绳索要符合要求，安放位置要控制在牵引时滑轮水平切线与管眼同一水平线的位置。

（8）井口滑轮及安放框架强度要符合要求，纵向尺寸要与井口尺寸匹配。

（9）牵引时，入缆端作业人员手要注意远离管眼，严防跟入管眼造成伤害。

（10）牵引端作业人员要穿戴防护用品，站位要躲避井口滑轮、井底滑轮、牵引绳可能伤及之外的安全地点，手及其他部位不要触及牵引绳。

（11）牵引绳与电缆端头之间要使用"转环"。

（12）电缆到达预定入孔后的余量牵引应格外注意，严防克服电缆全程的最大静摩擦力时发生事故。

（13）敷设管道电（光）缆要有统一作业方案，专人指挥，入缆端、中间及牵引端入孔必须有专人注视联络发令，牵引端、中间、入缆端入孔内的作业人员必须有工作经验，注意力集中，必须对电缆动向、位置和号令做出瞬间反应、前后呼应。严防缆头撞击井底滑轮。

（14）指挥联络方式要用对话机、旗语、口喊相结合的方式，指令语言要规范。在牵引敷设时，不准用对讲机讲与作业指令无关的言语。

3.4 气流敷设光缆

1. 气流敷设要指定专人负责，作业人员必须服从指挥，协调一致。作业人员必须穿防护服，戴安全帽。

2. 在车辆通行处应设置作业警示标志，在人口密集区要设置隔离栏挡线或围栏，必要时应安排专人看守，禁止非作业人员进入吹缆作业区域。

3. 吹缆设备必须进行定期和日常检查维护，尤其是吹缆设备上的泥沙一定要清洗干净，使其处于良好的运行状态。

4. 吹缆作业前必须固定光缆盘，接好硅芯塑料管。

5. 吹缆时，非设备操作人员应远离吹缆设备和入孔，防止硅芯塑料管爆裂，缆头回弹伤人。作业人员不得站在光缆张力方向的区域。

6. 如遇有硅芯管道障碍需要修复时，要停止吹缆作业，必须待修复完毕后方可恢复吹缆作业，不得在无联络的情况下擅自"试吹"。

7. 吹缆时出缆的末端入孔内严禁站人，入孔外作业人员应站在气流方向的侧面，防止硅芯管内的高压气流和沙石溅伤。

8. 吹缆作业人员不得站立于松软的地面上。吹缆作业时，手应远离驱动部位。

9. 使用吹缆机、涡轮式空压机及液压设备应遵守：

（1）吹缆机操作人员必须佩戴护目镜、耳套（耳塞）等劳动保护用品。

（2）严禁将吹缆设备放在高低不平的地面上。

（3）严禁作业人员在密闭的空间操作设备，必须远离设备排出的热废气。

（4）应保持液压动力与建筑物和其他障碍物的间距在 1 m 以上，严禁设备的排气口直对易燃物品。

（5）软管发现破损老化应及时更换，并连接牢固。

（6）空压机排气阀上连有外部管线或软管时，不准移动设备，连接或拆卸软管前必须关闭缩压机排气阀，确保软管中的压力完全排除。经常检查减压阀。

（7）不要在水中或靠近水的地方操作，电器控制部件和电源包应放置在干燥的地方，防止淋湿。

（8）液压设备加压前拧紧所有接头，连接或拆管前应释放其内的压力。

（9）空气压力不要超过子管所允许承受的压力范围。

（10）在液压动力机附近不要使用可燃性溶剂、液体、气体。

（11）当汽油等异味较浓时不要使用机器，应检查燃料是否溢出和泄漏。

（12）检查机械部分的泄漏时要使用卡纸板，禁止用手直接检查。

（13）吹缆机、空压机、液压设备要严格按说明书操作和检查维护。

3.5 布放水底光（电）缆

1. 在通航河流敷设水底光（电）缆之前，应与航务管理部门洽商敷设时间、封航或部分封航办法，并取得水上公安机关的协助，根据河道运输繁忙情况在敷设地点的上下游派船只警戒，其指挥信号应用高音喇叭和水上交通规定的旗语。

2. 水底光（电）缆敷设，根据不同的施工方法和光（电）缆的粗细、重量，选用吨位、面积合适、船体牢固的船只。

3. 扎绑船只所用绳索和木杆（钢管）应符合最大乘受力要求，扎绑支垫要牢固可靠，工作面铺板应平坦，无钉露出，无杂物，船缘要设安全保护围栏。

4. 准备作业或结束作业时，靠岸的作业地点，应选择平慢坡便于停船的非港口繁忙区。

5. 关注天气信息，内河五级以上大风及大雨或起雾时，不得敷设水底光（电）缆。

6. 敷设水底光（电）缆前，必须对所有水上用具、绳索、绞车、吊架、倒链、滑车、水龙带和所有机械设备进行严格的检查，确保安全可靠。

7. 所有绞车或卷扬机都应可靠固定在船上，作业区域的钢丝绳、缆绳应摆放整齐，防止绞入船桨船舵或造成船只和人身伤害。

8. 水缆敷设前，工作船上应按水上航行规定设立各种标志，船上作业人员应选择适宜水上操作者，并穿救生衣。敷设前必须制定敷设方案，装设指挥联系用的扩音器，并用旗语统一指挥，先进行试敷设，确有把握后，才能进行快速放缆，船速要均匀，并且要有一定数量的备用人员，以便应急替换。掌握刹车人员应随时控制光（电）缆下水速度。

9. 敷设水底光（电）缆线人员应戴手套，一般每人负载不超过 50 kg，如遇电缆接头必须两人抬送，采用快放法时，船上盘缆位置离龙门架不得小于 1.5 m。

10. 水底光（电）缆敷设后，两岸应按规定立即设置标志牌和标志灯。

11. 潜水冲槽注意事项：

（1）潜水员必须是经培训上岗合格的专业人员。

（2）潜水员下水前，必须仔细检查潜水衣和附属设备是否齐全、完好（潜水衣导气管是否有破、漏现象，头盔是否严密），没有问题方能下水。

（3）潜水员的联络电话应保证可靠。

（4）潜水员必须系安全绳，以防万一。

（5）打气设备必须保持良好，潜水员穿好潜水衣必须试验联络电话和打气情况，方可顺梯下水。

（6）水流速大于 1.2 m/s，水深超出 8 m 时，潜水员不宜下水冲槽。

（7）潜水冲槽船上要设专人指挥，并经常与水下人员保持联系，以免发生意外事故。

12. 使用冲放器埋设水底光（电）缆注意事项：

（1）选择能安全控制船体张力的锚。

（2）各种钢丝绳要有足够的安全系数，有毛刺或锈蚀的钢丝绳不能使用。

（3）作业船各锚绳要时时控制船体，不可压挤冲放器。

（4）作业前，必须检查冲放器进出水孔道是否堵塞，（光）电缆入水滑槽是否疏通，各连接头是否密闭牢固，发现问题排出以后再开始工作。

（5）水泵、油机等由专人操作，压力要在安全负荷以内，调压不可过猛。

（6）动力机械附近不能堆放杂物。

（7）在靠近海边的河道内工作时，要调查了解潮水涨落的规律和时间，以免涨、退潮时发生海水倒流，防控不及而造成事故。

13. 人工截流注意事项：

（1）人工截流一般适用于水浅的非通航河流。

（2）截流前先制定施工方案，需人员充足，备齐材料及水泥砂浆袋、挡板、桩柱、盖板、水缆等工机具和抽水设备，人员要穿水靴或水裤等，人员分工明确并有备用替换人员，全过程必须由专人观察指挥，防止事故发生。

（3）在路由指定位置，一般于河流宽度一半进行截堵围挡作业，作业区宽度在 10 m 以上，然后在作业区内进行挖掘。

（4）挖掘时要及时抽掏作业区的渗水。

（5）河底挖沟宽度要根据沟深和大型盖板而定，应操作方便，便于避险。

（6）在挖至 0.5 m 时应开始采用防塌措施。

（7）沟内要设置一定数量的安全通道用具，以备紧急情况攀爬撤离。

（8）设专人观察指挥，在有截堵冲垮、坍塌前兆时应提前采取加强措施，并组织挖沟作业人员撤至安全地带，排除危险后再恢复挖掘。

（9）人工截流宜采用不间断施工方式，施工人员换班交替作业，一旦停止作业可能造成渗水、塌垮前功尽弃，晚上施工时要有充足照明，同时做好后勤保障工作。

（10）沟挖好后要及时组织水底光（电）缆布放，布放时速度要均匀，防止人员滑跌。

（11）在搬拉水泥盖板时要步调一致，防止滑跌及砸伤。

（12）在拆除防塌挡板支撑时要小心操作，人员要位于安全位置。

（13）该段施工作业完毕后，要将工具、材料、水缆等进行转移安置，方可按顺序拆除截堵用品，对另一半进行截流施工。

（14）水底光（电）线布放完毕，河流两端要及时设置水线标识及宣传警示牌。

4　线路迁改工程

4.1　拆换电杆和杆线作业

1. 进行拆换电杆和杆线作业必须统一指挥，确保安全。

2. 线路迁改前必须制定线路迁改方案及安全控制要点。

3. 拆除线缆前，检查电杆根部的牢固程度，对于发生松动的电杆，用临时拉线或杆叉支撑稳妥后上杆施工。

4. 自下而上松绑拆除线缆，并用绳索系牢慢慢放下。如发现电杆或杆路出现异常，应立即下杆，采取措施后再施工。

5. 剪断吊线施工应先将杆路上的吊线夹松开，防止张力过大引起倒杆。在路口和跨越电力线等特殊地点剪断吊线，应设置施工区安全警示标志，并设专人看守。

6. 拆除吊线时按照规范操作，禁止抛甩，以免钢线卷缩伤人。

7. 施工人员站在线缆盘两侧，用力均匀滚动缆盘收线缆。

8. 不在原位置更换新电杆，应将新旧杆捆扎在一起，再按照拆移旧杆上的线缆及附属设备的操作规范施工。

9. 利用旧杆吊换新杆应先检查旧杆的牢固程度，必要时应设置临时拉线或支撑物。

10. 上杆拆除线缆和线担前，应先检查电杆根部是否牢固；如发现有腐朽、断裂危险时，必须用临时拉线或杆叉支稳后方可上杆作业。

11. 放倒旧杆时用绳索系牢旧杆上部，再将绳索环绕新杆一圈，以控制倒杆速度及方向的操作规范施工，同时杆下禁止站人。

12. 使用吊车拆换杆时将钢丝套系牢在电杆的适当位置，防止电杆失去平衡。吊车位置应适当，发现下沉或倾斜立即采取措施。

13. 拆除角杆时，施工人员必须站在电杆转向角的背面。

14. 拆除电杆时，必须首先拆移杆上线条，再拆除拉线，最后才能拆除电杆。

15. 拆除线缆时，必须自下而上、左右对称均衡松脱，并用绳索系牢慢慢放下，切勿将任何线条扣于身上，以免被线条拖跌。如发现电杆或杆路出现异常时，应立即下杆，采取措施后再恢复上杆作业。

16. 剪断吊线前，应将杆路上的吊线夹松开，防止张力过大引起倒杆。

17. 松脱剪断拆除，不得一次将一边的线缆全部松脱剪断。在拆除最后的线缆之前必须注意中间杆、终端杆本身有无变化。

18. 在路口和跨越电力线、公路、铁路、街道、河流等特殊地点时，应在本档间实施采取绳索牵拉后方可剪断吊线，并设专人看守。

19. 拆除吊线时禁止抛甩，以免钢绞线卷缩伤人。

20. 使用吊车拔杆时，应先试拔，如有问题，应挖开检查有无横木或卡盘障碍，如有，应挖掘露出后再拔。作业范围内严禁非工作人员入场，起重臂下严禁站人。

21. 拆除作业必须检查场地环境，恢复路面，及时清理废线、铁件和挂钩等拆旧物品。

22. 拆除拉线前必须首先检查旧杆安全情况，按顺序拆除杆上原有的光（电）缆、吊线后进行。

23. 拆除埋式光（电）缆或硅芯管、塑料管等所需掘土及回土、制作入孔等工作的安全注意事项参照"通信管道"部分内容的相关规定，所涉及石方爆破作业、桥侧作业、过河飞线安全注意事项参照"架空线路"部分的有关规定。

4.2　高压线下施工的防护与安全措施

1. 在施工现场必须有安全警示标志，并在高压线下采用红色标杆标示出安全施工净空高度。重视个人自我防护，进入工地按规定佩戴安全帽，进入高压线下施工现场的，必须戴好安全帽、穿戴绝缘手套、穿防护鞋、绝缘衣服才能进行施工。严禁穿拖鞋进入施工现场。在高压线下立警戒杆，标杆顶以下为安全作业空间。高压线下进行挖装作业时，必须有专人进行指挥，施工高度不得高于安全作业空间，防止施工机械碰触高压线。

2. 在 500 kV 高压线下施工，高压线距离地面高度为 12.4 m，高压线下施工最小安全距离为 8.5 m，为了保证高压线下安全施工，所有范围内施工机械必须接地，接地点不少于 2 处，接地电阻不大于 1 Ω，电工要全过程跟踪施工机械静电检测，发现问题及时汇报处理。

3. 吊装作业时，起重设备操作人员、指挥人员及其他各种工作人员必须取得操作合格证。起重设备顶部必须安装绝缘套，且其作业半径与架空线路边线的最小安全距离不小于 8.5 m。

吊装作业过程中，必须有专人进行指挥，起重设备操作人员、打桩机操作人员、电工在施工期间必须配备绝缘手套、绝缘鞋及高压绝缘垫，并按安全防护用品使用规定穿戴，严禁无防护设施进行施工。

4. 阴雨、雪、雾天及大风等恶劣性天气停止高压线下及附近施工，防止感应电伤人，禁止高压线疲劳作业。电表及电敏感性仪器在高压线下施工时尽量远离高压线，必须放置在高压线下时，必须加设防护罩，以免仪器损坏。施工现场在明显处设立警示牌，写明高压线电压、安全操作距离、防护措施及注意事项。施工期间发现异常或者检测出机械感应电集中现象，应立即停止作业并上报，必须由专业人员进行解决，不得自行处理。

5 传输汇聚点工程

5.1 土方开挖施工安全要求

1. 特种设备操作作业人员应具备特种作业上岗证。

2. 基坑工程施工必须做好基坑防护（放坡开挖、做护坡或挡土墙）。

3. 要求施工单位做好必要的围护，包括各种必要的警示标志。

4. 工人入场前必须进行三级教育，经考试合格后，方可进入施工现场。

5. 所有人员进入施工现场必须戴合格安全帽，系好下颚带，锁好带扣。

6. 土方开挖必须严格按照施工组织设计和土方开挖方案进行。

7. 开挖深度超过 1.5 m，应设人员上下坡道和爬梯，以免发生坠落，开挖深度超过 2 m 的，必须在边沿设两道 1.2 ~ 1.5 m 高护身栏杆，危险处，夜间应设红色标志灯。

8. 基坑上口周边必须用细石砼做挡水台和排水沟，确保排水畅通，保证边坡稳定。

9. 夜间挖土时，施工场地应有足够的照明。

10. 土方施工中，施工人员要经常注意边坡是否有裂缝，一旦发现，立即停止一切作业，待处理和加固后，才能进行施工。

11. 开挖土方时，应有专人指挥，防止机械伤人或坠土伤人，挖土机的工作范围内，不准进行其他工作。

12. 基坑边 1 m 以内不得堆土、堆料、停置机具。

13. 基坑开挖时，两人操作间距应大于 2.5 m。多台机械开挖，挖土机间距应大于 10 m。在挖土机工作范围内，不许进行其他作业。

14. 挖土应自上而下，逐层进行，严禁先挖坡脚或逆坡挖土。

15. 基坑开挖应严格按要求放坡，操作时应随时注意土壁的变动情况，如发现有裂纹或部分坍塌现象，应及时放坡或支撑处理，并注意支撑、防护的稳固和土壁的变化，确定安全后，方可进行下道工作，有护坡桩和护坡墙的基坑在开挖时，定人定时对边坡进行监测。

16. 重物距边坡应有一定距离，汽车不小于 3 m，起重机不小于 4 m，土方堆放不小于 1 m，堆土高度部不超过 1.5 m，材料堆放应不小于 1 m。

17. 坑上人员不得向坑内扔抛物品，避免物体打击事故。

18. 土方开挖时，禁止酒后作业，严禁嬉戏打闹，禁止操作与自己无关的机械设备。

5.2 钢筋制作与安装安全要求

1. 焊接作业人员应具备特种作业上岗证。

2. 场作业人员佩戴安全帽，并正确使用。

3. 必须正确规范引接临时用电，禁止乱搭乱接，且必须配有三级配电箱。

4. 在施工焊接前，对焊接周围做好安全围蔽，并配置灭火器材。

5. 钢材、半成品等应按规格、品种分别堆放整齐，制作场地要平整，工作台要稳固，照明灯具必须要加网罩。

6. 拉直钢筋，卡头要卡牢，防止回弹，切断时要先用脚踩紧。地锚要坚实牢固，拉筋占线区禁止行人。

7. 人工断料，工具必须牢固，切断小于 30 cm 的短钢筋，应用钳子夹牢，禁止用手扶。

8. 多人合运钢筋，起、落、转、停动作要一致，人工上下传送不得在同一垂直线上，钢筋堆放要分散、稳当，防止倾倒和塌落。

9. 绑扎立柱、墙体钢筋不得站在钢筋骨架上和攀登骨架上下，柱筋在 4 m 以内，重量不大，可在地面或楼面上绑扎，整体竖起。柱筋在 4 m 以上应搭设工作台，柱梁骨架应用临时支撑拉牢，以防倾倒。

10. 绑扎基础钢筋时，应按施工组织设计规定摆放钢筋支架或马凳架起上部钢筋，不得任意减少支架或马凳。

11. 起吊钢筋骨架下方禁止站人，必须待骨架降落至离地 1 m 以下方可靠近，就位支撑可靠方可卸钩。

12. 使用的钢筋机械，要运转正常后方可操作，禁止超过机械的负载使用。

13. 钢筋机械上不准堆放物体，以防机械振动落入机体。

5.3 混凝土浇筑施工安全要求

1. 检查搅和机安置位置的完整性和坚实性，用支架或者支脚筒做支撑结构。在有条件的情况下，尽量采用商品混凝土。

2. 外露的齿轮等传动部分应设防护装置，保证电动机接地两用。

3. 搅和机运转时，严禁将工具伸入搅拌筒，严禁向旋转部分加油，严禁进行清扫、机修等工作。

4. 现场检修拌和机时，应固定好料斗，切断电源，进入搅拌筒工作时，外面应有人监护。

5.4 回填作业安全要求

1. 要求施工单位做好必要的围护，包括各种必要的警示标志。

2. 大型机械等特种作业人员必须持证上岗，否则禁止开工。

3. 槽边必须设专人看护，防止高空坠落、防止物体打击（必要时设其他防护）防止重型机械靠近坑槽边。

5.5　砌体施工安全要求

1. 墙身砌体高度超过地坪 1.2 m 以上，必须及时搭设好脚手架，不准用不稳定的工具或物体在脚手板面上垫高工作。高处操作时要挂好安全带，安全带挂靠地点牢固。

2. 垂直运输的吊笼、滑车、绳索、刹车等，必须满足荷载要求，吊运时不得超荷，使用过程中要经常检查，若发现不符合规定者，要及时修理或更换。

3. 进入施工现场，要正确穿戴安全防护用品。

4. 施工现场严禁吸烟，不得酒后作业。

5. 从砖垛上取砖时，先取高处后取低处，防止垛倒砸人。

5.6　机房装修施工安全要求

1. 墙面抹灰的高度超过 1.5 m 时，要搭设脚手架或操作平台，大面积墙抹灰时，要搭设脚手架，高处作业人员要系挂安全带。

2. 施工作业中要尽可能避免交叉作业，抹灰人员不要在同一垂直面上工作。

3. 作业人员要分散开，每个人保证有足够的工作面，使用的工具灰铲、刮杠等不要乱丢乱放乱扔。

4. 所有上架人员必须佩带安全帽，不准穿硬底鞋和拖鞋。

5. 油漆等易燃易爆物品应存放在专用库房内，不允许和其他材料混堆。对挥发性油料必须存于密闭容器内，并设专人保管。

6. 使用煤油、汽油、松香水、丙酮等易燃物调配油漆时，操作人员应佩戴好防护用品，不准吸烟。

7. 在涂刷油漆时，操作人员要注意防止铅中毒，作业时要戴口罩。

8. 刷涂耐酸、耐腐蚀的过碌乙烯漆时，由于气味较大，有毒性，在刷漆时应戴上防毒口罩，每隔 1 h 应到室外换气一次，同时还应保持工作场所通风良好。

9. 涂刷作业过程中，操作人员如感头痛、恶心、心闷或心悸时，应立即停止作业到户外呼吸新鲜空气。

6　传输设备工程

6.1　一般安全要求

1. 设备开箱时应注意包装箱上的标志，不得倒置。开箱时应使用专用工具，不得猛力敲打包装箱。雨雪、潮湿天气不得在室外开箱。

2. 在已有运行设备的机房内作业时，应划定施工作业区域，作业人员不得随意触碰已有运行设备，不得随意触碰消防设施。

3. 严禁擅自关断运行设备的电源开关。

4. 不得将交流电源线挂在通信设备上。

5. 使用机房原有电源插座时应核实电源容量。

6. 不得脚踩铁架、机架、电缆走道、端子板及弹簧排。

7. 涉电作业应使用绝缘良好的工具，并由专业人员操作。在带电的设备、头柜、分支柜中操作时，不得佩戴金属饰物，并采取有效措施防止螺丝钉、垫片、金属屑等金属材料掉落。

8. 铁架、槽道、机架、人字梯上不得放置工具和器材。

9. 在运行设备顶部操作时，应对运行设备采取防护措施，避免工具、螺丝等金属物品落入机柜内。

10. 在通信设备的顶部或附近墙壁钻孔时，应采取遮盖措施，避免铁屑、灰尘落入设备内。对墙、天花板钻孔则应避开梁柱钢筋和内部管线。

11. 拆防火封堵布放线缆时，应在线缆布放完成后，及时通知专业人员恢复防火封堵。

6.2 设备安装测试及线缆布放

1. 设备在安装时（含自立式设备），应用膨胀螺栓对地加固。在需要抗震加固的地区，应按设计要求，对设备采取抗震加固措施。

2. 钻孔、开凿墙洞时采取必要的防尘措施。

3. 在已运行的设备旁安装机架时应防止碰撞原有设备。

4. 布放线缆时，不应强拉硬拽，不得站在窗台上作业。如必须站在窗台上作业时，应使用安全带。

5. 布放尾纤时，不得踩踏尾纤。在机房原有 ODF 架上布放尾纤时，不得将在用光纤拔出。

6.3 加电作业

1. 交流线、直流线、信号线需分开布放；如走在同一路由时，应保持一定的安全间距。

2. 布放电源线时，端头必须作绝缘处理，电源线不允许有接头。

3. 设备在加电前应进行检查，设备内不得有金属碎屑，电源正负极不得接反和短路，设备保护地线应引接良好，各级电源熔断器和空气开关规格应符合设计和设备的技术要求。

4. 设备加电时，应逐级加电，逐级测量。

5. 测试仪表应接地，测量时仪表不得过载。

6. 插拔电源熔断器应使用专用工具，不得用其他工具代替。

7 家庭宽带工程

7.1 一般安全要求

1. 勘察、复测线路路由时，应对沿线地理、环境等情况进行综合调查，将线路路由上所遇到的河流、铁路、公路及其他线路等情况进行详细记录，熟悉沿线环境，辨识和分析危险源，制定相应的预防和控制措施，并在施工前向作业人员做详细交底。

2. 布放光（电）缆时应遵守以下要求：

（1）合理调配作业人员的间距，统一指挥，步调一致，按规定的旗语和号令行动。

（2）使用专用电缆拖车或千斤顶支撑缆盘。缆盘支撑高度以光（电）缆盘能自由旋转为宜。缆盘应保持水平，防止转动时向一端偏移。

（3）布放光（电）缆前，缆盘两侧内外壁上的钩钉应清除干净，从缆盘上拆下的护板、铁钉应妥善处置。

（4）控制缆盘转动的人员应站在缆盘的两侧，不得在缆盘的前转方向背向站立；缆盘的出缆速度应与布放速度一致，缆的张力不宜过大。缆盘不转动时，不得突然用力猛拉。牵引停止时应迅速控制缆盘转速，防止余缆折弯损伤。缆盘控制人员如发现缆盘前倾、侧倾等异常情况，应立即指挥放缆人员暂停，待妥善处理后再恢复布放。

（5）光（电）缆盘"8"字时，"8"字中间重叠点应分散，不得堆放过高，上层不得套住下层，操作人员不得站在"8"字缆圈内。

（6）缆线不得打背扣，不得将缆线在地面或树枝上摩擦、拖拉。

3. 光缆接续、测试时，光纤不得正对眼睛。线路测试或抢修时，应先断开外缆与设备的连接。

7.2 布放墙壁光（电）缆

1. 严禁非作业人员进入墙壁线缆作业区域，在人员密集区应设安全警示标志，必要时安排人员值守。

2. 在梯上作业时，禁止将梯子架放在住户门口。

3. 墙壁线缆在跨越街巷、院内通道等处，其线缆的最低点距地面高度不小于 4.5 m。

4. 在墙上及室内钻孔布放光（电）缆，如遇与电力线平行或穿越，必须先停电后作业。

5. 墙壁线缆与电力线的平行间距不小于 15 cm，交越间距不小于 5 cm。对有接触摩擦危险隐患的地点，要对墙壁吊线加以保护。

6. 在墙壁上打孔应注意用力均匀。铁件对墙加固要牢固。

7. 收紧墙壁吊线时，必须有专人扶梯且轻收慢紧，严禁突然用力而导致梯子侧滑摔落，收紧后应及时固定，做完吊线终端和中间支架的吊线夹板，严禁将紧线器留在吊线上代替吊线终端。

8. 在跨越街巷、院内通道地段挂光（电）缆挂钩时要用梯子，并有专人扶守搬移，作业区周围做好安全防护工作，确保施工人员及行人的安全，严禁使用吊线板方式在墙壁间的吊线上作业。

7.3　室外宽带设备安装

1. 现场施工时必须佩戴安全帽、绝缘鞋、工具包等安全防护用品。
2. 严禁徒手攀登和翻越上、下交接箱、ODF架、用户房顶等现象。
3. 安装设备、铺放光缆等隐蔽工程时必须有监理在场。
4. 严禁在小区宽带施工期间内吸烟、使用明火等现象
5. 在小区通信间内施工期间严禁乱触摸机房设备。
6. 安装分纤箱（分线盒）应注意：
（1）安装杆上、墙壁上的分纤箱（分线盒）时，安全注意事项参照墙壁光（电）缆安全施工的相关内容。
（2）分纤箱（分线盒）安装完毕，应及时盖好扣牢，盒盖不得坠落。
7. 安装架空式交接箱应注意：
（1）必须首先检查"H杆"是否牢固，如有损坏应换杆。
（2）采用滑轮绳索牵引、吊装交接箱应拴牢，并用尾绳控制交接箱上升时不左右晃荡。严禁直接用人扛抬举的方式移置交接箱至平台。
（3）上下交接箱平台时，应使用专置的上杆梯、上杆钉或登高梯。如采用脚扣上杆，应注意脚扣固定位置和杆上铁架。不得徒手攀登和翻越上、下交接箱。
（4）安装架空式交接箱和平台时，必须在施工现场围栏。
（5）走线架上严禁站人或攀踏。
（6）临时用电应经机房人员允许，使用机房维护人员指定的电源和插座。

7.4　小区宽带管道光缆施工

1. 施工人员应佩戴安全帽、工具包等安全防护用品
2. 在进入地下电缆室或无人工作站作业时，必须预先通风，防止有害气体中毒。
3. 在进行地下管道作业时，应避开煤气管、自来水管、电力电缆、其他通信线路等设施。
4. 靠近墙根挖坑洞时，必须采取加固措施，避免引起墙壁倒塌。

8　政企专线工程

8.1　一般安全要求

1. 出入机房必须要有相关依据，禁止任何人员在机房、仓库、施工现场等地吸烟，吃零

食。施工完毕后必须清理施工现场，做到日结日清。

2. 不得堵塞消防通道、遮挡消防设施。

3. 现场必须悬挂相应的安全标识，特别要加强一些危险作业现场的标识管理。

4. 施工现场强噪声设备的使用应安排好作业时间，并应采取降低噪声措施。确需在夜间进行超过噪声标准施工的，施工前应向有关部门提出申请，经批准后方可进行夜间施工。

5. 运输材料的车辆进入施工现场，严禁鸣笛，装卸材料应做到轻拿轻放。

6. 严禁在客户施工现场吸烟、玩游戏和乱动其他厂家设备。

7. 安装、巡检、维修、移动或拆除临时用电设备和线路，应由电工完成，并应有人监护。

8. 施工过程中必须确认现网设备位置及安全，保证现网运行的安全。

9. 主要出入口出应当悬挂现场平面布置图、公示公告有关情况的标牌。

10. 夜间有人经过的坑洞等处应设红灯警示。

11. 经核准更换的，更换后的人员的资质和业绩相关条件不得低于项目负责人的条件。

8.2　槽道（桥架）、设备安装和布线

8.2.1　槽道（桥架）和穿线管安装

1. 预埋穿线管、线槽时，必须与土建单位的施工人员密切配合。在施工中需使用冲击钻或电锤等电器工具时，必须首先认真检查冲击钻或电锤是否漏电，保证其完好，其次，必须按要求接地，在确认符合使用要求后，方可使用。严禁使用不符合安全要求的工具，以免造成安全事故。

2. 施工人员进入建筑工地，配合预埋穿线管（槽）和预留孔洞时，必须在建筑工地安全人员和技术人员的带领下进入工地。进入工地时，必须戴安全帽，穿工作服、工作鞋。要注意建筑洞口、脚手架、障碍物及其他危险源的位置。夜间或光照不充足时，不得进入工地。如需在危险源地带配合施工时，必须采取有效的预防措施。

3. 安装走线槽（桥架）时，如遇楼层较高，需吊装走线槽（桥架）时，必须把定滑轮、绳索等吊装工具安装牢固，吊装用绳索必须可靠，安全系数应大于10倍。用绳索吊装走线槽（桥架）等部件时，在部件稍离开地面之际，要再次检查，确认吊装的部件安全时再起吊。

4. 在高处作业时，所有参加施工的人员必须戴安全帽、手套和穿工作服、工作鞋，禁止穿拖鞋、硬底鞋或赤脚作业。并应有防止从高处滑脱，伤害人身的措施。身体有病，不适合高处作业或前一天、当天饮过酒的人，不得在高处作业。

5. 高处作业时，使用升降梯或搭建工作平台时，其支撑架四角必须包扎防滑的绝缘橡胶垫。

6. 在安装走线槽（桥架）的工作现场，应清理地面的障碍物，对建筑物的预留孔洞，应覆盖牢固或围栏，防止发生意外。

7. 需要开凿墙洞（孔）时，不得损害承重墙的结构。使用冲击钻钻孔时，不得损害建筑物承重的主钢筋。

8. 安装槽道或走线过桥架时，应在节与节之间增设电气连接线，保证槽道或走线过桥架互相连通，接触良好，每隔一定距离（按设计要求）应就近做地接连接。

9. 槽道或走线桥架穿越墙体或楼层后，为了防止发生火灾的蔓延，应用阻燃材料堵塞孔

洞，禁止楼层之间、房间之间相通。

10. 需要在桥架等高处电焊时，焊接人员必须穿绝缘鞋、带防护眼镜和手套，着专用劳保用品。不得随身携带电焊软电缆、焊枪或气焊软管等工具登高。焊接工具必须在无电源或气源的情况下吊送。电焊机外壳应接地牢靠。除有关人员外，其他人都应远离焊接处，凡焊渣飘到的地方，决不允许人员通过。电焊前应将作业点及周边的易燃易爆物品清除干净。电焊完毕后，必须清理现场，防止可能发生燃烧等意外事故。

11. 使用的工具、铁件严禁从高处扔下，大小件工具必须用工具袋吊送。

8.2.2　设备的安装

1. 在抗震设防烈度为 7 度及以上地区，必须采取抗震加固措施。

2. 机架、设备、金属槽或钢管等都必须安装接地线，接地电阻应符合要求。其中，金属槽或钢管等还应安装等电位线，与接地线连通。所有与接地线连接点应使用接地垫圈，垫圈尖齿对应铁件，刺破涂层，拧紧锣帽。尖齿垫片只允许一次使用，不得重复使用，以保证接地回路的通畅。

8.2.3　连接件和信息插座的安装

1. 信息插座应与暗管布线系统配合，采用暗装方式。安装在地面下的信息插座，其盖板应与地面平齐并可以开启，注意严密防水、防尘。信息插座的安装位置不得影响人们正常活动，插座不使用时，面板应合上。

2. 所有信息插座规格、型号、质量应符合要求。安装时外壳必须接地，并应有明显的标志，不致混淆。

8.2.4　布线的安全要求

1. 缆线不得布放在电梯或供水、供气、供暖管道的竖井中，也不得布放在强电电缆的竖井中，必须布放在弱电信号电缆竖井中。如条件限制，主干缆线须明敷时，距地面高度不得低于 2.5 m。

2. 所有缆线外护套应完整无损，绝缘性能符合要求，两端必须制作永久性的标志。

8.2.5　缆线成端

1. 缆线成端，剥除缆线端头时，应采取专用工具。缆线成端连接时，应按缆线色谱顺序进行焊（压、卡）接。焊（压、卡）接完毕后，应清除多余的线头，保证焊（压、卡）接牢固，不得虚焊（压、卡）。

2. 缆线的屏蔽层在两个端头必须接地。

8.3　消防系统的布线

1. 在高层建筑和智能化大厦中，穿放消防线路的金属管道应暗敷在非燃烧的建筑结构内，其混凝土保护厚度不应小于 3 cm。如果条件限制，金属管须明敷时，应选择在隐蔽安全、不易接近的地方，在其周围采取阻燃措施，并不得安装在潮湿的场所，穿放线后，管口应密封。

2. 消防传输线路应采取独立的金属管穿放保护，不得采用明敷或不加保护的布线方式。金属管应作等电位连接，并与接地线相连接。

3. 消防传输线路应尽量减少与其他管路交越的次数。

4. 消防信号系统传输缆线必须为阻燃线缆。

5. 为了保证消防通信系统正常运行，建筑物内不同系统、不同电压等级和不同防火分区的线路不应在同一管孔内或线槽内布放。

6. 在专用线槽或桥架内分层排列敷设缆线时，上下电缆之间应设耐火材料制成的隔板，其耐火板极限不应低于 0.5 h。

7. 有绝缘层的导线或电缆在管中敷设时，其总截面积不超过管孔内截面积的 40%，在封闭式线槽内敷设时，其总截面积不大于线槽内空间净截面积的 50%。

8. 消防、防盗等通信用电缆除标有醒目的标志外，还应用防火材料予以妥善保护。

第四篇　无线设备的施工与安全

1　基站机房土建项目安全操作要求

1.1　土方开挖施工安全要求

1. 特种写作业操作人员应具备特种作业操作证书。

2. 基坑工程施工必须做好基坑防护（放坡开挖、做护坡或挡土墙）。

3. 要求施工单位现场做好必要的安全围护，设置必要的安全警示标志。

4. 施工工人入场前必须进行安全教育合格后，方可进入施工现场。

5. 所有人员进入施工现场必须戴合格安全帽，系好下颚带，锁好带扣。

6. 土方开挖必须严格按照施工组织设计和土方开挖方案进行。

7. 开挖深度超过 1.5 m，应设人员上下坡道和爬梯，以免发生坠落，开挖深度超过 2 m 的，必须在边沿设两道 1.2～1.5 m 高护身栏杆，危险处，夜间应设红色标志灯。

8. 基坑上口周边必须用细石砼做挡水台和排水沟，确保排水畅通，保证边坡稳定。

9. 夜间挖土时，施工场地应有足够的照明。

10. 开挖土方时，应有专人指挥，防止机械伤人或坠土伤人，挖土机的工作范围内，不准进行其他工作。

11. 基坑边 1 m 以内不得堆土、堆料、停置机具。

12. 基坑开挖时，两人操作间距应大于 2.5 m。多台机械开挖，挖土机间距应大于 10m。在挖土机工作范围内，不许进行其他作业。

13. 挖土应自上而下，逐层进行，严禁先挖坡脚或逆坡挖土。

14. 基坑开挖应严格按要求放坡，操作时应随时注意土壁的变动情况，如发现有裂纹或部分坍塌现象，应及时放坡或支撑处理，并注意支撑、防护的稳固和土壁的变化，确定安全后，方可进行下道工作，有护坡桩和护坡墙的基坑在开挖时，定人定时对边坡进行监测。

15. 重物距边坡应有一定距离，汽车不小于 3 m，起重机不小于 4 m，土方堆放距离基坑边缘不小于 1 m，堆土高度部不超过 1.5 m，材料堆放应不小于 1 m。

16. 坑上人员不得向坑内扔抛物品，避免物体打击事故。

17. 土方开挖时，禁止酒后作业，严禁嬉戏打闹，禁止操作与自己无关的机械设备。

1.2　模板制作与安装施工安全要求

1. 模板安装操作人员应严格按模板工程设计的材质，施工方案和工序进行施工，模板没有固定前不得进行下道工序施工。

2. 模板工程作业高度在 2 m 和 2 m 以上时，要根据高空作业安全技术规范的要求进行操作和防护，要有可靠安全的操作架子，4 m 以上或二层及二层以上，周围应设安全网和防护栏杆。

3. 临街及交通要道地区施工应设警示牌，避免伤及行人。

4. 操作人员不许攀登模板，不许站在墙顶、独立梁及在其他狭窄而无防护栏的模板面上行走。

5. 高处作业架子和平台上一般不宜堆放模板。工人所用工具，模板零件应放在工具袋内，以免坠落伤人。

6. 雨季施工，高耸结构的模板作业，要安装避雷设施，其接地电阻不得大于 40 Ω。

7. 木模板应远离火源堆放。在架空输电线路下面进行模板施工，如果不能停电作业，应采取隔离防护措施。

8. 模板支撑不能固定在脚手架或门窗上，避免发生倒塌或模板位移。

9. 模板拆除时，混凝土强度必须达到《混凝土结构工程施工及验收规范》的规定。

10. 承重模板，梁板等现浇结构拆模时所需混凝土强度见表 4.1。

表 4.1　模板、梁板拆模时所需混凝土强度表

序号	结构类型	结构跨度	按达到设计混凝土强度标准值的百分率计（%）
1	板	≤2 m	50
2		>2 m，≤8 m	75
3		>8 m	100
4	梁	≤8 m	75
5		>8 m	100
6	悬臂构件	≤2 m	75
7		>2 m	100

11. 在拆模过程中，如发现实际结构混凝土强度并未达到要求，应暂停拆模，经妥当处理，实际强度达到要求后，方可继续拆除。

12. 拆模的顺序和方法应根据模板设计的规定进行，如果模板设计无规定时，应严格遵守从上而下的原则，先拆除非承重模板，后拆承重模板。

13. 拆模人应站一侧，不得站在拆模下方，几个人同时拆模应注意相互间的安全距离，禁止抛掷模板。

14. 拆模时严禁猛撬、硬砸或大面积撬落或拉倒，停工前不得留下松动和悬挂的模板，拆下的模板应及时运送到指定的地点集中堆放或清理归垛。

1.3　钢筋制作与安装安全要求

1. 焊接作业人员应具备特种作业操作证书。

2. 现场作业人员应佩戴安全帽，并正确使用。

3. 必须正确规范引接临时用电，禁止乱搭乱接，且必须配有三级配电箱。

4. 在施工焊接前，对焊接周围做好安全围护，并配置灭火器材。

5. 钢材、半成品等应按规格、品种分别堆放整齐，制作场地要平整，工作台要稳固，照明灯具必须要加网罩。

6. 拉直钢筋，卡头要卡牢，防止回弹，切断时要先用脚踩紧。地锚要坚实牢固，拉筋占线区禁止行人。

7. 人工断料，工具必须牢固，切断小于 30 cm 的短钢筋，应用钳子夹牢，禁止用手扶。

8. 多人合运钢筋，起、落、转、停动作要一致，人工上下传送不得在同一垂直线上，钢筋堆放要分散、稳当，防止倾倒和塌落。

9. 绑扎立柱、墙体钢筋不得站在钢筋骨架上和攀登骨架上下，柱筋在 4 m 以内且重量不大，可在地面或楼面上绑扎，整体竖起。柱筋在 4 m 以上应搭设工作台，柱梁骨架应用临时支撑拉牢，以防倾倒。

10. 绑扎基础钢筋时，应按施工组织设计规定摆放钢筋支架或马凳架起上部钢筋，不得任意减少支架或马凳。

11. 使用的钢筋机械，须运转正常后方可操作，禁止超过机械的负载使用。

12. 钢筋机械上不准堆放物体，以防机械振动落入机体。

1.4　混凝土浇筑施工安全要求

1.4.1 混凝土输送的安全要求

1. 临时架设混凝土运输用的桥道的宽度，应能容两部手推车来往通过并有余地为准，一般不小于 5 m。架设要牢固，桥板接头要平顺。

2. 两部手推车碰头时，空车应预先放慢停靠一侧让重车通过。车子向料斗卸料，应有挡车措施，不得用力过猛或撒把。

3. 用输送泵输送混凝土，管道接头、安全闸必须完好，管道的架子必须牢固且能承受输送过程中所产生的水平推力。输送前必须试送，检修必须卸压。

4. 用手推车运料、运送混凝土时，装运混凝土量应低于车厢 5～10 cm。

5. 用铁桶向上传递混凝土时，人员应站在安全牢固且传递方便的位置上。铁桶交接时，精神要集中，双方要配合好，传要准，接要稳。

6. 使用吊斗浇筑混凝土时，应设专人指挥。要经常检查吊斗、钢丝绳和卡具，发现隐患应及时处理。

7. 禁止在混凝土初凝后、终凝前在其上面行走手推手（此时也不宜铺设桥道行走），以防震动影响混凝土的质量。当混凝土的强度达到 1.2 MPa 以后，才允许上料具等。运输通道上应铺设桥道，料具要分散放置，不得过于集中。

1.4.2　混凝土浇筑和振捣的安全要求

1. 浇筑作业必须设专人指挥，分工明确。

2. 浇筑深基础混凝土前和在施工过程中，应检查基坑边坡土质有无崩裂倾倒的危险，如发现危险现象，应及时排除。同时，工具、材料不应堆置在基坑边沿。

3. 浇筑混凝土使用溜槽及串桶时，节间应连接牢固。操作部位应有护身栏杆，不准直接站在溜槽上操作。

4. 混凝土振捣器使用前必须经电工检查确认合格后方可使用，开关箱内必须装置保护器，插座插头应完好无损，电源线不得破皮漏电。操作者必须穿绝缘鞋，戴绝缘手套。

5. 夜间浇筑混凝土时，应有足够的照明设备。

6. 使用振捣器时，湿手不得接触开关，电源线不得有破皮漏电。开关箱内应设防溅的漏电保护器，漏电保护器其额定漏电动作电流应不大于 30 V，额定漏电动作应不小于 0.1 s。

7. 浇灌 2 m 以上框架柱、梁混凝土应站在脚手架或平台上作业。不得直接站在模板或支撑上操作。浇灌人员不得直接在钢筋上踩踏、行走。

8. 向模板内灌注混凝土时，作业人员应协调配合，灌注人员应听从振捣人员的指挥。

1.4.3 混凝土养护的安全要求

1. 已浇完的混凝土，应加以覆盖和浇水。使混凝土在规定的养护期内，始终能保持足够的湿润状态。

2. 使用覆盖物养护混凝土时，预留孔洞必须按照规定设安全标志，加盖或设围栏，不得随意挪动安全标志及防护设施。

3. 使用软水管浇水养护时，应将水管接头连接牢固，移动水管不得用力过猛，不得倒行拉移胶管。

4. 养护人员，不得在混凝土养护坑（池）边沿站立或行走，应注意脚下孔洞与磕绊物。

5. 物养护材料使用完毕后，应及时清理并存放到指定地点，摆放整齐。

1.5 回填作业安全要求

1. 要求施工单位做好必要的安全围护，设置必要的安全警示标志。

2. 大型机械等特种作业人员必须持证上岗，否则禁止开工。

3. 槽边必须设专人看护，防止高空坠落、防止物体打击（必要时设其他防护）防止重型机械靠近坑槽边。

1.6 砌体施工安全要求

1. 墙身砌体高度超过地坪 1.2 m 以上，必须及时搭设脚手架，禁止用不稳定的工具或物体在脚手架板面上垫高工作。高处操作时要挂好安全带，安全带挂靠地点牢固。

2. 垂直运输的吊笼、滑车、绳索、刹车等，必须满足荷载要求，吊运时不得超荷，使用过程中要经常检查，若发现不符合规定者，要及时修理或更换。

3. 进入施工现场，要正确穿戴安全防护用品。

4. 施工现场严禁吸烟，不得酒后作业。

5. 从砖垛上取砖时，先取高处后取低处，防止垛倒砸人。

1.7 机房装修施工安全要求

1. 墙面抹灰的高度超过 1.5 m 时，要搭设脚手架或操作平台，大面积墙抹灰时，要搭设脚手架，高处作业人员要系挂安全带。

2. 施工作业中要尽可能避免交叉作业，抹灰人员不要在同一垂直面上工作。

3. 作业人员要分散开，每个人保证有足够的工作面，使用的工具灰铲、刮杠等不要乱丢乱放乱扔。

4. 所有上架人员必须佩带安全帽，不准穿硬底鞋和拖鞋。

5. 油漆等易燃易爆物品应存放在专用库房内，不允许和其他材料混堆。对挥发性油料必须存于密闭容器内，并设专人保管。

6. 使用煤油、汽油、松香水、丙酮等易燃物调配油漆时，操作人员应佩戴好防护用品，不准吸烟。

7. 在涂刷油漆时，操作人员要注意防止铅中毒，作业时要戴口罩

8. 在刷漆时应戴上防毒口罩，每隔 1 h 应到室外换气一次，同时还应保持工作场所通风良好。

9. 涂刷作业过程中，操作人员如感头痛、恶心、心闷或心悸时，应立即停止作业到户外呼吸新鲜空气。

2　铁塔建设项目安全操作要求

2.1　铁塔基础施工安全要求

2.1.1　大开挖（独立）基础

1. 做好现场安全技术交底工作，明确现场安全员，现场做好安全围护措施并且派专人进行监护，施工人员必须按规范佩戴安全帽等劳动防护用品。

2. 现场施工临时用电应采用三相五线制，"三级配电两级保护"，实行一机一闸一漏电，设备的照明线分开关安装，遇有紧急情况可随手拉闸。

3. 深基坑工程需编制专项施工方案，严格按照批准的专项施工方案实施，现场配备专职安全员，基坑土随挖随运，临时堆土必须符合规范要求，基坑开挖完毕后尽快浇筑垫层，避免水泡基坑，导致基坑坍塌。

4. 大开挖独立基础施工安全要求参照 5.1、5.2、5.3、5.4、5.5 条规定进行操作。

2.1.2　人工挖孔桩基础

1. 人工挖孔桩工程需编制专项施工方案，孔深超过 10 m 时需设置井下送风设备，施工过程必须密切留意开挖面土质以及护壁情况，同时地下水位应保持低于开挖面 0.5 m 以下。

2. 人工挖掘桩孔的人员必须经过技术与安全操作知识培训，考试合格后，持证上岗。下孔作业前，应排除孔内有害气体。并向孔内输送新鲜空气或氧气。

3. 在施工前应由施工负责人向施工人员进行技术和安全交底，明确分工。每日作业前应检查桩孔及施工工具，如钻孔和挖掘桩孔施工所使用的电气设备，必须装有漏电保护装置，孔下照明必须使用 36 V 安全电压灯具，提土工具、装土容器应符合轻、柔、软，并有防坠落措施。

4. 挖掘桩孔施工现场应配有急救用品（氧气等）。遇有异常情况，如地下水、有害气体等，应立即停止作业，撤离危险区，不得擅自处理，严禁冒险作业。

5. 人工挖孔桩孔口上应设置悬挂"安全绳"并随桩孔深度放绳，以备意外情况时有关人员能顺利上下，正常情况下，操作人员上下孔通过软梯上下，不得攀爬护壁。

6. 每班作业前要打开孔盖进行通风。深度超过 5 m 或遇有黑色土、深色土层时，要进行强制通风。每个施工现场应配有害气体检测器，发现有毒、有害气体必须采取防范措施，下班（完工）必须将孔口盖严、盖牢。

7. 人工挖孔必须采用混凝土护壁，其首层护壁应根据土质情况做成沿口护圈，护圈混凝土强度达到要求以后，方可进行下层土方的开挖。必须边挖、边打混凝土护壁（挖一节、打一节），严禁一次挖完，然后补打护壁的冒险作业。

8. 挖出的土方，应随出随运，暂不运走的，应堆放在孔口边沿1 m以外，高度不超过1 m。容器装土不得过满，孔口边不准堆放零散杂物，孔上任何人严禁向孔内投扔任何物料。

9. 凡孔内有人作业时，孔上必须有专人监护，并随时与孔内人员保持联系，不得擅自撤离岗位。孔上人员应随时监护孔壁变化及孔底作业情况，发现异常，应立即协助孔内人员撤离，并向领导报告。

2.1.3 机械钻孔灌注桩基础

1. 现场人员必须佩戴安全帽，并扣好帽带，电焊工工作时必须佩戴眼镜。

2. 泥浆池周围必须设有防护设施。成孔后，暂时不进行下道工序的孔必须设有安全防护设施，并有人看守。

3. 导管安装及砼浇注前，井口必须设有导管卡，搭设工作平台（留出导管位置），并且要求能保证人员的安全。

4. 配电箱以及其他供电设备不得置于水中或者泥浆中，电线接头要牢固，并且要绝缘，输电线路必须设有漏电开关。

5. 挖掘机及吊车工作时，必须有专人指挥，并且在其工作范围内不得站人。

6. 矿料运输车进出场必须慢速行驶，入场后倒车必须设设专人指挥。

7. 吊车及钻机工作之前必须进行机械安全检查，不允许带病作业。

8. 施工作业平台必须规整平顺，杂物必须清除干净，防止拆除导管时将工作人员绊倒造成事故。

9. 现场卸料前，必须检查卸料方向是否有人，以避免将人员砸伤。

10. 特种作业（电焊、电工、挖掘机及钻机操作等）人员严禁无证操作。

11. 钻孔过程中，非相关人员距离钻机不得太近，防止机械伤人。

12. 钢筋笼安装过程中必须注意：焊接或者机械连接完毕，必须检查脚是否缩回，防止钢筋笼下放时将脚扭伤甚至将人带入孔中的事故发生。

13. 导管安装注意：导管对接必须注意手的位置，防止手被导管夹伤。

14. 砼浇注过程中，砼搅拌运输车倒车时，指挥员必须站在司机能够看到的固定位置，防止指挥员走动过程中栽倒而发生机械伤人事故。轮胎下必须垫有枕木。倒车过程中，车后不得有人。同时，吊车提升拆除导管过程中，各现场人员必须注意吊钩位置，以免将头砸伤。

2.2　铁塔安装施工安全要求

1. 铁塔安装作业为登高作业，所有塔上作业人员必须持有登高证。施工单位应根据场地条件、设备条件、施工人员、施工季节编制高处施工安全技术措施和施工现场临时用电方案，经审批后认真执行。

2. 铁塔安装作业的每道工序应指定施工负责人，在施工前应由施工负责人向施工人员进行技术和安全交底，明确分工。

3. 铁塔安装人员配置要求：

（1）单管塔：

① 人工安装人员最低配置 10 人：架子工 1 人、安装工（或架设工）6 人、电焊工 1 人、卷扬机司机 1 人、起重司索 1 人。人员均须有特种作业操作证书。

② 吊车安装人员最低配置 6 人：起重司机 1 人、起重司索 1 人安装工（或架设工）3 人、电焊工 1 人。人员均须有特种作业操作证书。

（2）三管塔：

人员最低配置 6 人：卷扬机司机 1 人、起重司索 1 人、安装工（或架设工）2 人、电焊工 1 人、辅助工 1 人。除辅助工外其他人均须有特种作业操作证书。

（3）角钢塔：

人员最低配置 7 人：卷扬机司机 1 人、起重司索 1 人、安装工（或架设工）3 人、电焊工 1 人、辅助工 1 人。除辅助工外其他人均须有特种作业操作证书。

4. 在塔上有作业人员工作期间，指挥人员不得离开现场。应密切观察塔上作业人员的作业情况，发现违章行为，应及时制止。

5. 以塔基为圆心、塔高的 1.05 倍为半径的范围，为施工区，应进行圈围，未经现场指挥人员同意，严禁非施工人员进入施工区。以塔基为圆心，塔高的 20% 为半径的范围为施工禁区，在起吊和塔上有人作业时，严禁任何人进入施工禁区。

6. 在起吊塔上有人作业时，塔下严禁有人。

7. 施工现场应无障碍物。如有沟渠、建筑物、悬崖、陡坎等应采取有效的安全措施后方可施工。

8. 施工区内有输电线路通过时，作业前应先联系停电，并配有专人在停电现场监督，直到恢复供电后方可离开。

9. 施工机具在使用前应进行检查，应根据其负荷大小、结构重量、安装方法等选择不同的安全系数。常见机具的安全系数应符合表 4.2 的规定。

表 4.2　常见机具的安全系数规定

机具名称	手摇绞车	电动卷扬机	扒杆、吊杆	滑轮	钢丝绳
安全系数	≥3	≥5	≥3	≥3	≥10

10. 遇到下列气候环境条件时不得上塔施工作业：

（1）气温超过 40 ℃ 或低于 -10 ℃ 时。

（2）六级风及以上。

（3）沙尘、浓雾或能见度低。

（4）雨雪天气。

（5）杆塔上有冰冻、霜雪尚未融化前。

（6）附近地区有雷雨。

11. 经医生检查身体有病不适宜上塔的人员严禁上塔作业。酒后严禁上塔作业。

12. 各工序的工作人员应使用相应的劳动防护用品,不得穿拖鞋、硬底鞋或赤脚上塔作业。

13. 塔上作业时,必须将安全带固定在铁塔的主体结构上。

14. 塔上作业人员不得在同一垂直面同时作业。上、下塔时必须按规定路由攀登,人与人之间距离应不小于 3 m,行动速度宜慢不宜快。上下时手中不得拿物件,并必须从指定的路线上下。

15. 塔上作业人员踩踏塔体部件时,应确认安全后方可踩踏。

16. 塔上作业应背有工具袋,暂时不用的工具及小型材料应放在工具袋内,工具袋随用随封口。所用工具应系有绳环,使用时套在手上。塔上使用的大小件工具都应使用工具袋吊送,焊接工具应在无电源或气源的情况下吊送。不得在高空投掷材料或工具等物。不得将易滚易滑的工具、材料随意放置塔上。作业完毕应及时将易坠落物件清理干净,以防止落下伤人。

17. 在塔体上电焊时,除有关人员外,其他人都应下塔并远离塔体。凡焊渣飘到的地方,人员不得通过。电焊前应将作业点周边的易燃、易爆物品清除干净。电焊完毕后,应清理现场的焊渣等火种。焊接人员必须穿绝缘鞋,带防护眼镜和手套,电焊机外壳应接地。雨、雾、霜天严禁露天进行焊接。

18. 上下大型物件应采用可靠的起吊机具。吊装物件时,必须系好物件的尾绳,严格控制物件上升的轨迹,不得碰撞塔体。牵拉尾绳的作业人员应密切注意指挥人员的口令,松绳、放绳应平稳。在地面起吊物件时,应在物体稍离地面时对钢丝绳、吊钩、吊装固定方式等再作一次详细的安全检查。

19. 电动卷扬机、手摇绞车的稳装位置应设在施工区外。卷扬机等各种升降设备不得载人上下。卷扬机司机听到异常或没有听清楚口令不得开车。

20. 通信塔应有防雷与接地设施,塔体连接点应保持良好的电气连通。

21. 通信塔应按航空部门的有关规定涂刷标志油漆、设置航空障碍灯。

22. 铁塔工程所用材料的规格、型号应符合设计要求,不经相关部门审批不得随意替换。铁塔主要受力构件之间的连接螺栓,应使用双螺母或采取其他能防止螺母松动的有效措施,地脚锚栓应采用双螺母防松动。建于野外的无人值守基站的铁塔的连接螺栓宜采取防拆卸措施。

23. 安装钢塔架时,若采用扩大拼装,对容易变形的构件应做强度和稳定性验算,必要时应采取加固措施。若采用综合安装方法,每一单元的全部构件安装完毕后,均应具有足够的空间刚度和可靠的稳定性。若采用整体起板安装方法,应经设计复算同意,对辅助设施及设备应有完整的计算。需要利用已安装好的结构吊装其他构件和设备时,应征得设计单位同意,并对相关构件做强度和稳定性验算,采取可靠措施,防止损坏钢结构或发生安全事故。

24. 安装钢塔架的主要构件时,应吊装在设计位置上,在松开吊钩前应初步校正并固牢。每吊完一层构件后,应按规定进行校正后方可安装上一层。当落地塔段安装并校正后,应将全部地脚螺母安装并拧紧。整个塔体安装完毕后应进行螺栓紧固检查。

25. 安装塔桅落地段时，应及时把已装结构和地网可靠连接；安装全塔至设计高度时应立即按设计要求安装避雷针和引下线，并与地网可靠焊接。引下线应固定牢靠。

26. 未经设计单位同意，不得在塔桅钢结构的主要受力杆件上焊接悬挂物和卡具，不得在已经施加预应力的杆件上和与其有受力关系的构件上施焊或加热。

27. 安装单管塔时，下面一段塔体吊装就位后，应紧固螺栓并进行校正，然后才能吊装上面一段塔体；整个塔体安装完毕后应进行螺栓紧固检查。

28. 架设拉线塔时，拉线没有卡好之前，施工人员不得上塔作业。

2.3　铁塔搬迁施工安全要求

1. 铁塔搬迁应设计单位对搬迁铁塔进行设计，核实原铁塔的竣工资料和相关使用年限，并组织参建单位进行设计会审工作。

2. 施工前要求施工单位制定详细的搬迁施工方案，相应的安全保护及应急救援保障措施得当的情况下方可审批同意搬迁。严禁在安全生产条件不具备、隐患未排除、安全措施不到位的情况下组织铁塔搬迁安装。

3. 严禁不具备国家规定资质和安全生产保障能力的铁塔安装单位进行铁塔安装，坚决杜绝使用无资质、假冒资质、借用资质的承包商和分包商，杜绝层层转包、以包代管、包而不管的现象；严禁不具备规定的特种作业资格的人员从事特种作业；严禁违章指挥违章作业；严禁使用未经检验合格无安全保障的特种设备。

4. 铁塔拆除分人工拆除及汽车起重吊机拆除两种不同方式，具体拆除人员数量要求需满足最低安装人数要求。

5. 拆除施工作业开工前，施工队伍负责人应根据本塔场地条件、结构复杂情况，根据已经批准的施工组织设计或施工方案向全体人员进行技术交底和安全交底。

6. 拆除施工作业人员须按国家劳保规定佩戴相应的劳保用品，包括安全带、安全帽、绝缘鞋及必要的工作服等。

7. 以塔基为圆心、塔高的 1.05 倍尺寸为半径的圆周范围为装塔作业施工区，现场应圈围、警示，非施工人员未经批准不得进入（经批准进入时也应佩戴安全帽）。以塔基为圆心、塔高的 20% 为半径的圆周范围为施工禁区，施工时未经现场指挥人员同意并通知塔上人员暂停作业前任何人不得进入。

8. 起重设备（汽车吊、电动卷扬机、人力绞磨等）必须定期维护并附有设备保养完好记录，进入工地安装就位应开机试运行检查，确定运行良好方可作业。

9. 进入工地的全部工器具，包括起重抱杆、滑轮、钢丝绳、索具、工具（扳手、过冲等）其品种、规格、数量必须符合施工组织设计的要求，其质量应符合相关技术标准，施工前必须认真检查现状，发现损伤予以更换，不准带病使用。

10. 施工前要保证汽吊操作人员与施工人员无语言和手势沟通障碍。

11. 拆除前，首先将绞磨可靠固定，固定方式一般为现场打桩，然后运行测试，测试过程中，应检查桩的牢固程度，确定牢固后方可使用。

12. 利用塔身主体升起通天扒杆，打上浪风绳，浪风绳必须用 4 根钢丝绳，分 4 个方向（90°一方）与地面 4 个打桩点，用 1 t 葫芦连接（接点必须用线夹紧固）通天扒杆每间隔 5 m 与塔身捆绑一次。

13. 利用扒杆将天馈系统与支架等附件全部拆除。

14. 附件拆除完成后。进入主体拆除方面，首先用 1 根钢丝绳（规格 14）从塔段 2 栓到塔脚地脚螺栓，用葫芦紧固拆第一段。

15. 拆除时要时刻注意绞磨的制动系统。

16. 现场指挥人员、起吊机械操作人员、塔上及地面作业人员必须精力高度集中，时刻监视塔件吊起情况，听从指挥、按规定操作，令行禁止，严禁打盹。

17. 第 1 段拆完时。需要在主扒杆上起吊 2 段的高度，用 4 根钢丝绳，分 4 个方向（90°一方）与地面 4 个打桩点用 1 t 葫芦连接、紧固，然后拆除第一层浪风绳，再利用小扒杆升降主扒杆，主扒杆降到第 2 段起吊高度时方可拆除（依次拆除）。

18. 铁塔拆除后安装时安全施工要求详见第 4.2 铁塔安装施工要求规范执行。

3　外电引入项目安全操作要求

1. 施工前应进行现场勘查。包括具体施工场地、线路走向、电源点及施工前的协调。对于有难度、有争议的施工，施工前应作充分的论证，尽量多地考虑各种有利于施工的情况。

2. 室外作业，常遇到高空、带电、吊车装运、立杆等危险作业，各种作业必须依照其相应的操作规程，并综合现场因素，对现场发生的问题进行实际分析，灵活处理。

3. 现场需要指派一名有施工管理经验的技术人员作为现场负责人，现场负责人是保证工程施工顺利进行的必要条件。由于受到条件限制通常将工作许可人和工作负责人职责合并到现场负责人的职责范围内（关于工作许可人和工作负责人具体职责请参阅《电业安全工作规程》）。现场负责人根据现场施工的特点制定出适合本次施工安全的组织措施和技术措施，并作施工人员现场调配以达到控制施工进程、施工安全等目的。

4. 参与外电引入工程项目的作业人员，必须经过专业培训，并且还应按国家相关规定定期进行健康检查，应在作业前对其进行必要的安全教育。每次作业前都应向每一个在现场的施工人员做好安全技术交底。

5. 施工前应检查工具是否完好，所购置的材料是否满足要求。

6. 现场难免会有意外的事情发生，如提前做好了预想和应急预案，则可以尽量避免或降低人身设备的事故。因此施工前现场负责人应指定详细的突发事件处理预案，并做好应急措施的准备。

7. 施工单位应根据场地条件、设备条件、施工人员、施工季节编制施工安全技术措施，作为施工组织设计的一部分，经审核后必须认真执行。

8. 进场施工应做到有序、有条理地进行，码放材料应整齐，如遇现场要码放较多、较重的材料，码放时应派专人管理，且要保证有 2 个及其以上的人员在场。

9. 现场负责人及其他人员应随时观察作业人员的身体、心理状况是否适合本次施工，如果发现作业人员有异常，应立即报告负责人，负责人依据实际情况可以停止该人员的作业其至整个作业现场的工作。如因为环境的变化（雷雨风等自然天气）影响，负责人可以停止局部或者整个工程。

10. 施工时遵守移动公司进出机房的相关规定，并积极配合机房管理人员做好现场工作。

11. 为保证整个通信系统不受影响和保护国家财产，遇室内带电作业、搭火等事项必须注意机房内设备的电气安全。

12. 基站用电应通过用电申请程序向国家电网申请，严禁未经过国家电力局允许私拉乱接电源线，对电网造成严重损失的单位和个人要追究相应的法律责任。

13. 各工序的工作人员必须使用相应的劳动保护用品，严禁穿拖鞋、硬底鞋或赤脚上塔作业。

14. 安全带必须经过检验部门的拉力试验并有相应的合格证书。安全带的腰带、钩环、铁链都必须正常，用完后必须单独存放，不得与其他杂物放在一起。施工人员的安全帽必须符合国家安全标准。

15. 以线路投影线为基础的左右 3 m 范围为施工区，非施工人员不得进入；工作地点要设围栏，挂标志牌，工具和材料不得随意堆放在沟边或挖出的土坡上，以免落入地沟伤害人体。沟边应留有走道。

16. 施工现场应无障碍物。如有沟渠、建筑物、悬崖、陡坎等必须采取有效的安全措施后方可施工。

17. 在工地堆放器材，应选择不妨碍交通、行人较少、平整的地面堆放，远离交通路口、消火栓，不宜堆积太高，应采取有效的防火、防盗等安全措施，并加设护栏以保材料安全。

18. 在工地现场用车辆搬运器材时，必须指定专人负责安全，在公路上行车必须遵守交通规则。

19. 在有挡土板的沟坑中作业时，应随时注意挡土板的支撑是否稳固，以免碰伤人员。不得随便更动和拆除挡板和撑木。

20. 在沟深 1 m 以上的沟坑内工作时，必须头戴安全帽，以保安全。

21. 手摇绞车、电动卷扬机、扒杆、吊杆、滑轮、钢丝绳等施工机具的安全系数必须符合国家相关安全规定，电动转扬机、手摇绞车的稳装位置必须设在施工围栏区外。

22. 遇到下列气候环境条件时严禁野外施工作业：

（1）地面气温超过 40 ℃ 或低于-10 ℃。

（2）六级风及以上。

（3）沙尘、云雾或能见度低。

（4）雨雪天气。

（5）杆塔上有冰冻、霜雪尚未融化前。

（6）附近地区有雷雨。

23. 经医生检查身体有病不适应上塔的人员不得勉强上岗作业。前一天或当天饮过酒的人员，不得上岗作业。

24. 高空作业人员上杆前必须检查安全帽和安全带各个部位有无伤痕，如发现问题严禁使用。杆上作业时，必须将安全带固定在主体结构上，严防滑脱。扣好安全带后，应进行试拉，确认安全后，方可施工。如身体靠近杆身，安全带松弛，应随时检查挂钩是否正常，确认正常后再工作。

25. 敷设电缆时，应有专人统一指挥。电缆走动时，严禁用手搬动滑轮，以防压伤。移动电缆接头盒一般应停电进行。如带电移动时，应先调查该电缆的历史记录，由敷设电缆有经验的人员，在专人统一指挥下，平正移动，防止绝缘损伤短路发生爆炸。

26. 放电缆时，不得硬拉并设人看管缆盘，防止盘倒伤人。

27. 开剖电缆时，不要用力过猛，剖刀进行时，应避免刀划伤手。

28. 封焊线缆使用喷灯应遵守：

（1）使用喷灯前应仔细检查，确保喷灯不漏气、漏油，加油不可太满，气压不可过高。

（2）不准在任何易燃物附近预热、点燃和修理喷灯，不准把喷灯放在火炉上加热。

（3）燃烧着的喷灯不准加油。加油时必须将火焰熄灭，待冷却后才能加油。

（4）喷灯应使用规定的油料，禁止随意替代。

（5）不准用喷灯烧水、烧饭等。

（6）喷灯用完后，必须及时放气，并开关一次油门，避免喷灯堵塞。

（7）使用卡式气体和灌气式喷灯时，必须仔细检查储气瓶，确保不漏气。严禁将储气瓶靠近火源或暴晒。

29. 沿墙铺设电缆应注意：

（1）严禁非作业人员进入墙壁线缆作业区域。在人员密集区应设安全警示标志，必要时应安排人员值守。

（2）在梯上作业时，要遵守梯上作业的相关规定，禁止将梯子架放在住户门口中。

（3）墙壁线缆在跨越街巷、院内通道等处，其线缆的最低点距地面高度应不小于 4.5 m。

（4）在墙上及室内钻孔布线时，如遇与电力线平行或穿越，必须先停电、后作业。墙壁线缆与电力线的平行间距不小于 15 cm，交越间距不小于 5 cm。

（5）在墙壁上打孔应注意用力均匀。

（6）收紧墙壁吊线时，必须有专人扶梯且轻收慢紧，严禁突然用力，收紧后应及时固定。

30. 启闭入孔盖应遵守：

（1）启闭入孔盖应用钥匙，防止受伤。

（2）雪、雨天作业注意防滑，入孔周围可用砂土或草包铺垫。

（3）开启孔盖前，入孔周围应设置明显的安全警示标志和围栏，作业完毕，确认孔盖盖好后再撤除。

31. 下入孔作业应遵守：

（1）必须排除井内浊气，送入新鲜空气，确认无易燃、有毒有害气体后再下孔作业。作业人员必须戴好安全帽，穿防水裤和胶靴。

（2）入孔内如有积水，必须先抽干。抽水时必须使用绝缘性能良好的水泵，排水管不得靠近孔口，应放在入孔外的下风处。在水泵未撤除前禁止进入入孔内作业，不能一边抽水一边作业。

（3）在孔内作业，孔外应有专人看守，随时观察孔内人员情况。

（4）作业期间应保持不间断的通风，并使用仪器对孔内气体进行适时检测。作业人员若感觉不适应立即呼救，并迅速离开入孔，待采取措施后再作业。

（5）严禁在孔内预热，点燃喷灯、吸烟和取暖，燃烧着的喷灯不准对人。

（6）在孔内需要照明时，必须使用带有漏电保护装置的行灯或带有空气开关的防爆灯。

（7）凿掏孔壁、石质地面或水泥地时，必须佩戴防护眼镜。

（8）传递工具、用具时，必须用绳索拴牢，小心传送。

（9）作业时遇暴风雨，必须在入孔上方设置帐篷，若在低洼地段，还应在入孔周围用沙袋筑起防水墙。

（10）上、下入孔时必须使用梯子，放置牢固．不准把梯子搭在孔内线缆上，严禁作业人员蹬踏线缆或线缆托架。

32. 管道线缆敷设应遵守：

（1）作业前，必须检查使用的各种机具，确保齐备完好；作业时，工具不准随意替代。

（2）线缆盘上拆除的护板和护板上的钉子必须砸倒，妥善堆放。缆盘两侧内外壁上的钩钉应拔掉。

（3）千斤顶须放平稳，其活动丝杆顶心露出部分，不准超出全丝杆的3/5；若不够高，可垫置专用木块或木板；有坡度的地方，底座下应铲平或垫平。

（4）在管道内使用引线或钢丝绳牵引线缆时，应戴手套。

（5）放缆时，使用的滑车（滑轮）、钩链应严格检查，防止断脱。孔内作业人员不得靠近管口。

（6）人工、机具牵引线缆时，速度应均匀。

33. 敷设埋式线缆应遵守：

（1）敷设埋式线缆时应统一指挥。

（2）线缆入沟时，严禁抛甩，应逐段敷设，穿过障碍或悬空时不准强行蹬踩落地。

（3）用机械敷设线缆，必须先清除路面上的障碍物，并在牵引机后，敷设主机前，设不妨碍作业视线的带孔挡板。防止牵引钢丝绳崩断反弹。

（4）线缆路线如需通过铁路、公路、河堤，采用顶管法预穿钢管时，顶管前必须将顶管区域内的其他地下设备（如电力电缆、下水管、下水道、煤气管、其他通信线缆）的具体埋设位置调查清楚，避免发生人身和其他事故。

34. 登杆工作前必须检查杆根是否牢固。新立杆在杆基未完全牢固以前严禁攀登。明显倾斜，杆根腐朽达1/3以上者，以及冲刷、起土、上扳的电杆应先行加固，或支好架杆，或打临时拉绳后再行上杆。凡需要松动导线、地线、拉线的电杆应先检查杆根并打好临时拉线或支好架杆后再行上杆。数人同登一杆时，先登杆者不得先工作以防落物伤人。应等各人选择好自己的位置后，才能工作。上下杆时，勿紧跟前人，须等前一人到达工作位置或地面后，再开始第二人上、下杆。

35. 杆上作业时，地面应有人监护。材料，工具要用吊绳传进。杆下若干米（参照高处坠落国家标准R值）内不准站人，现场工作人员应戴安全帽。

（H=2～5 m R=3 m；H=5～15 m R=4 m；H=15～30 m R=5 m；H>30 m R=6 m）

36. 杆上作业必须使用安全带。安全带应系在电杆及牢固构件上，不得拴在横担木上。应防止安全带从杆顶脱出。

37. 使用梯子时要有人扶持或绑牢。

38. 登杆进行倒闸操作必须由两人进行，一人操作，一人监护。操作机械传动的油开关或刀闸时，应戴绝缘手套。没有机械传动机构的刀闸、跌落式保险器等应使用绝缘棒并戴绝缘手套操作。登杆进行倒闸操作人员应戴安全帽、安全带。

39. 线路作业前，工作负责人应根据工作票作好停电、验电、接地措施，断开所有电源侧油开关和刀闸，并断开会危及线路停电作业，又无法采取措施的交叉跨越、平行和同杆线路的电源油开关和刀闸，同时断开有可能返回低压电源的油开关和刀闸。

40. 断开的油开关、刀闸的操作机构应加锁，跌落式保险器的保险管应取下，并应在油开关或刀闸的操作机构上挂"禁止合闸，有人工作"的警示牌。

41. 停电线路上开始工作前，必须先在工作现场逐相验电并挂接地线。验电的应戴绝缘手套，并有专人监护。

42. 线路经验明确实无电后，工作人员应立即在工作地段两端及可能进电的分支路线挂接地线。挂接地线时要先接好地端，后接导线端。拆线时，次序应相反。装拆接地线应使用绝缘棒或戴绝缘手套。接地线必须用多股软铜线组成，截面不得小于 25 mm^2。临时接地极打入地下应不小于 0.6 m。

43. 线路停电作业须要变电所停电时，工作负责人应与变电所值班员（或调度员）联系好。工作负责人必须得到变电所值班员（或调度员）通知"已拉开电源，挂好接地线，许可开工"后，才能指挥工作人员在工作现场验电并挂接地线，然后交代工作人员上杆工作。工作结束后，工作负责人必须检查线路状况及线路上有无遗留的工具、材料等，通知并查明全部工作人员已由杆上撤回. 然后指挥拆除现场接地线，才能通知变电所值班员（或调度员）恢复送电。

44. 在杆上进行不停电工作时，工作人员活动范围与带电导线距离不得小于表 4.3 的规定，工作中必须使用绝缘绳索与绝缘安全带。工作时风力应不大于五级，并应有专人监护。但在 10 kV 及以下的带电杆塔上工作时。工作人员距最下层高压导线的垂直距离不得小于 0.7 m。

表 4.3　在带电线路杆塔上工作的安全距离

电压/kV	距离/m
10 及以下	0.7
20～35	1.00
44	1.20
60～110	1.50

45. 停电检修线路如果和另一线路交叉或接近，以致工作时可能和另一线路接触或接近距离小于等于表 4.4 规定的距离时，则另一线路也应停电并接地。

表 4.4　邻近或交叉其他电力线路时工作安全距离

电压/kV	距离/m
10 及以下	1.0
20～44	2.5
60～110	3.0

46. 同杆架设两回线或平行架设的两回线路，一回线路停电检修. 另一回线路带电时，工作负责人必须详细查明确实停电的线路，向工作人员仔细交代哪一回线路停电，哪一回线路带电，哪些杆塔许可上杆以及注意事项，并设人监护。

47. 不停电或部分停电工作时，每一杆塔都应设专人监护。五级以上大风时严禁进行部分停电检修操作。

48. 低压带电工作应设专人监护，使用有绝缘柄的工具。工作时应站在干燥的绝缘物上进行，并戴绝缘手套和安全帽，穿长袖衣服。严禁使用锉刀和钢皮尺等。邻近导电部分应用绝缘板隔开。

49. 挖坑时注意事项：

（1）挖坑前必须调查地下管道、电缆等地下设施情况。事先要和主管单位联系，做好防护措施，对施工人员要交代清楚，并加强守护。

（2）在超过 1.5 m 深的坑内工作时，抛土要特别注意防止土石回落坑内。

（3）在松软土地挖坑，应加挡板、撑木等防止塌方。

（4）在居民区，交通道路附近挖坑时，应设遮栏，夜间挂红灯。

（5）石坑、冻土坑打眼时应检查锤把锤头及钢钎。打锤人应站在扶钎人侧面。严禁站在对面，并不得戴手套打锤。

50. 立杆与撤杆注意事项：

（1）必须设专人统一指挥，遵守有关电气安装规范。

（2）立、撤杆过程中，杆坑内严禁有人工作。除指挥人及指定人员外，其他人员必须远离，在杆下 1.2 倍杆高的距离以外。

（3）立杆及修整杆坑时，应有防止杆身滚动、倾斜的措施，如采取用叉杆和拉绳控制等（拉绳与地面夹角应为 45°左右）。

（4）电杆已起立并符合规定要求后，应及时回填杆坑，并分层夯实牢固后，方可撤去叉杆及拉绳。

（5）在撤杆工作中，拆除杆上导线前，应先检查杆根，做好防止倒杆措施。在挖坑前应先绑好拉绳。

（6）使用吊车立、撤杆时，应与吊车司机密切配合，遵守起重工、挂钩工安全操作规程。钢丝绳应吊在杆的适当位置，防止电杆突然倾倒。

51. 放线、撤线与紧线工作都应设专人统一指挥。紧线时应检查导线有无障碍物挂住。工作人员不得跨在导线上或站在导线角内侧。紧、撤线前应先检查拉线，拉桩及杆根。如不能适用时，应加设临时拉线加固。严禁采用突然剪断导线的办法松线。

52. 在交叉跨越各种线路、道路等处放，撤线时，必须先取得主管部门同意，做好安全措施．如架设可靠的跨越架，在路口设人看守等。

53. 杆上工作完毕后，应使用脚扣或升降板等下杆。严禁甩掉脚扣，从拉线绳上或抱杆快速溜滑。

4　设备安装项目安全操作要求

4.1　天馈线施工安全要求

1. 登高作业人员需持证上岗，具备登高作业证。

2. 大风、雷雨天、雪天、大雾等恶劣天气，禁止施工人员登高作业。

3. 凡患有高血压、心脏病、癫痫病、精神病和其他不适于高作业的人，以及饮酒后人员禁止登高作业。

4. 登高作业需正确佩戴安全帽、安全带、防滑鞋、手套等劳保用品，寒冷天气登高作业需穿防寒服，塔下配合人员须戴安全帽。

5. 夜间尽量不要登高作业，如果必须登高作业，必须保证足够照明。

6. 登高作业前，应检查各类劳保用品及吊装大绳是否质量合格、性能良好。

7. 安全带应高挂低用，两个以上人员同时上塔作业时，上下施工人员须保持 3 m 距离，塔上作业时不得垂直作业。

8. 施工人员在上塔过程中，使用安全带套在保护钢丝上；如果无保护钢丝，在登高过程中使用安全带挂在上方，一边上爬一边上挂，安全带挂高不得低于腰部。

9. 上塔作业人员需配备工具包，工具、材料随时放入工具包内，不得随意摆放塔上。

10. 以塔基为圆心、塔高的 1.05 倍为半径的范围为施工区，应进行圈围，未经现场指挥人员同意，严禁非施工人员进入施工区。以塔基为圆心，塔高的 20%为半径的范围为施工禁区，在起吊和塔上有人作业时，严禁任何人进入施工禁区。

11. 吊装的物品（RRU、天线、野战光缆及电源线等）需绑扎牢固，避免吊装过程中掉落。在地面起吊物体时，必须在物体稍离地面时对钢丝绳、吊钩、吊装固定方式等再作一次详细的安全检查。

12. 天线、RRU、GPS 天线等需安装在避雷针 45°保护角之内。

13. 室外跳线连接处需使用冷缩管做好防水措施，避免雨水进入。

14. 室外 RRU 接线处应朝下，未使用孔位需使用塞子塞住，避免雨水进入。

15. 室外走线，需使用馈线夹，线缆布放顺直、无交叉。

16. 现场测量天线安装方位角、下倾角、隔离度应符合设计文件要求及相关规范要求。

4.2 铁件加工和安装安全要求

1. 加工铁件应在指定的区域操作。不得在已安装设备的机房内切割铁件。

2. 锯、锉铁件时，加工的铁件应在台虎钳或电锯平台上夹紧。在台虎钳上夹持固定槽钢、角钢、钢管时，应用木块在钳口处垫实、夹牢，不得松动。锯、锉点距钳口的距离不应过远，防止铁件振动损害机具。

3. 锯铁件时，锯条或砂轮与铁件的夹角要小，不宜超过 10°，松紧适度。锯槽钢、角钢时，不宜从顶角开始，宜从边角开始。当铁件将要锯断时，要降低手锯或电锯的速度，并有人扶住铁件的另一端，防止卡锯或铁件余料飞出。

4. 对铁件钻孔时，应用力均匀，铁件应夹紧，固定牢靠，不得左右摆动。如发生卡住钻头现象，应立即停机处理。

5. 管件攻丝、套丝时，管件在台虎钳上应固定牢靠。如两人操作时，动作应协调。攻、套丝时，应注意加注机油，及时清理铁屑，防止飞溅。

6. 铁件作弯时，应在台虎钳或作弯工具上夹紧。用锤敲击时，应防止振伤手臂。管件需加热做弯时，喷灯烘烤管件间距适当，操作人员不得面对管口。

7. 铁件去锈和喷刷漆时，作业人员应戴口罩、手套。喷刷后的余漆、废液应集中回收，统一处理，不得随意丢放。

8. 铁件安装工作中，不得抛掷铁件及工具。传递较长的铁件时，应注意周围人员、设备的安全。手扶铁件固定时，应固定牢靠后才能松手。

9. 走线架、吊挂、通风管道等应安装接地线，与机房接地排连接可靠。

4.3　机架安装和线缆布放安全要求

1. 设备在安装时（含自立式设备），应用膨胀螺栓对地加固。在需要抗震加固的地区，应按设计要求，对设备采取抗震加固措施。

2. 在已运行的设备旁安装机架时应防止碰撞原有设备。

3. 布放线缆时，不应强拉硬拽。在楼顶布放线缆时，不得站在窗台上作业。如必须站在窗台上作业时，应使用安全带。

4. 布放尾纤时，不得踩踏尾纤。在机房原有 ODF 架上布放尾纤时，不得将在用光纤拔出。

4.4　机房设备安装安全要求

1. 设备开箱时应注意包装箱上的标志，不得倒置。开箱时应使用专用工具，不得猛力敲打包装箱。雨雪、潮湿天气不得在室外开箱。

2. 在已有运行设备的机房内作业时，应划定施工作业区域，作业人员不得随意触碰已有运行设备，不得随意触碰消防设施。

3. 严禁擅自关断运行设备的电源开关。

4. 不得将交流电源线挂在通信设备上。

5. 使用机房原有电源插座时应核实电源容量。

6. 不得脚踩铁架、机架、电缆走道、端子板及弹簧排。

7. 涉电作业应使用绝缘良好的工具，并由专业人员操作。在带电的设备、头柜、分支柜中操作时，不得佩戴金属饰物，并采取有效措施防止螺丝钉、垫片、金属屑等金属材料掉落。

8. 铁架、槽道、机架、人字梯上不得放置工具和器材。

9. 在运行设备顶部操作时，应对运行设备采取防护措施，避免工具、螺丝等金属物品落入机柜内。

10. 在通信设备的顶部或附近墙壁钻孔时，应采取遮盖措施，避免铁屑、灰尘落入设备内。对墙、天花板钻孔则应避开梁柱钢筋和内部管线。

11. 为了满足设备散热方面的要求，单个机架内安装的设备功耗总和应符合设计要求。机架内的设备安装间距、托板设置应不影响设备散热，架内设备与设备之间应留有足够的散热空间。

12. 机架内必须配置架内各层用电的分路空气开关，设备电源接入应直接接入空气开关。机架内应提供保护地线接线排。

13. 机架内严禁使用多功能电源插座。禁止设备跨集装架取电。

14. 若机架内的设备配置有 2 个负载分担或主备工作方式的电源模块，则机架应设计配置有 2 路电源分配模块，并分别从电源分配柜或头柜架引 2 路独立电源至机架内形成不同的供电回路，机架每路电源分配模块的负载能力应完全相同。架内设备的不同电源模块应分别接入架内不同的电源分配模块中。若架内设备的电源模块配置方式不同于上述描述，具体机架电源分配模块的设计和接法可参照上述要求根据工程设计要求执行。机架内不同电源分配模块总体上应保持负载大致相同。在机房具备条件时，机架内不同电源分配模块也可从机房内不同的电源分配柜引接。

15. 插拔机盘、模块时，必须佩戴接地良好的防静电手环，以防静电损坏设备。严禁触碰与操作部位无关的部件。插入机盘时注意对准槽位、力量适度，严格按照厂家安装规范要求进行相关操作。安装时如出现歪针现象，严禁用螺丝刀等工具进行矫正，必须严格按照相关规范进行。

16. 特种作业施工人员必须持证上岗，基站内不得使用明火；不准进行电焊和切割作业，避免引发安全隐患。

17. 基站设备拆除施工时，设备电源线拆下后必须用胶带包扎，避免短路事故，同时也可保证设备线缆利旧安装使用安全。设备拆除后馈线头、光缆头，必须带上防尘帽或用胶带封堵。

18. 替换、割接施工时，对必须拆除的设备，需在新安装设备调测确认可以正常使用后才可对原设备做完全拆除，以保证割接不成功时可以回退保证电路安全。

19. 拆除基站设备时，不能随意触碰站内传输设备，拆除时必须通知传输专业人员到场配合，尤其是传输节点站人员。

4.5　设备加电测试安全要求

1. 设备在加电前应进行检查，设备内不得有金属碎屑，电源正负极不得接反和短路，设备保护地线应引接良好，各级电源熔断器和空气开关规格应符合设计和设备的技术要求。

2. 设备加电时，应逐级加电，逐级测量。

3. 插拔机盘、模块时应佩戴接地良好的防静电手环。

4. 测试仪表应接地，测量时仪表不得过载。

5. 插拔电源熔断器应使用专用工具，不得用其他工具代替。

5　综合布线工程安全操作要求

5.1　工程安全管理要求

5.1.1　资质要求

《安全生产许可证条例》规定，国家对矿山企业、建筑施工企业和危险化学品、烟花爆竹、民用爆破器材生产企业（以下统称企业）实行安全生产许可制度。企业未取得安全生产许可证的，不得从事生产活动。

5.1.1.1　设计单位

具备工程咨询甲级资质、工程勘查甲级资质，相关设计人员必须具备《通信建设工程概预算人员资格许可证》资质。

5.1.1.2　集成单位

具备通信信息网络系统集成乙级及以上的资质，并提供有效的安全生产许可证。

5.1.1.3　监理单位

各级监理人员必须具备国家行业主管部门颁发的相关专业监理资质证书，总监理工程师和安全监理人员必须具备《安全生产考核合格证书》。

5.1.2　各单位管理职责

5.1.2.1　建设单位职责

1. 安全管理要求。

1）制定安全生产管理办法

成立安全生产管理机构，明确单位主管通信工程项目的领导成员及安全职责；明确通信工程项目管理部门的安全职责；明确工程项目的负责人、管理员、现场随工人员及其安全职责。

2）安全投入保障

根据规范要求，建立通信工程安全生产费用提取和使用管理制度。按规定提取安全费用，专项用于通信工程的安全生产，足额、及时拨付安全防护文明施工措施费，并建立安全费用台账。

3）原始资料提供

及时组织协调各方人员收集资料，并及时向参建单位提供与建设工程有关的真实、准确、齐全的原始资料。

4）相关方管理

严格把关，审查设计、监理、施工、材料设备供应等单位的资质和相关人员的职业资格、上岗证、特种作业操作证等。

对承包商、供应商等相关方的资格预审、选择、服务前准备、作业过程监督、提供的产品、技术服务、表现评估、续用等进行管理，建立相关方的名录和档案。

根据相关方提供的服务作业性质和行为定期识别服务行为风险，采取行之有效的风险控制措施，并对其安全绩效进行监测。

统一协调管理同一作业区域内的多个相关方的交叉作业。

不应将工程项目发包给不具备相应资质的单位。

5）安全会议与安全监督、检查

定期组织召开安全生产会议、开展安全生产检查，严格监督，及时跟踪整改。安全检查和安全隐患整改情况记录在案。

6）重大技术方案和施工组织方案审查

认真、严格、及时组织重要技术方案和施工组织方案安全措施的审查，必要时组织对施工活动可能影响的周边建筑物和构筑物进行鉴定。

2. 建设手续与标准执行。

1）施工许可手续办理

按规定及时办理施工许可手续。

2）建设工程合同管理

在与设计、施工、监理单位的合同文件中，明确双方安全职责和义务。

3. 按时支付安全生产费。

安全生产费依据《关于调整通信工程安全生产费取费标准和使用范围的通知》（工信部通函〔2012〕213 号）及 75 定额确定的设计预算、施工实际工作量大小全额计取，即按建筑安装工程费的 1.5%计取。安全生产费根据设计预算的实际工作量足额计取，凭服务协议和服务单位提出的付款申请，在第一笔付款支付全部安全生产费用。应将安全生产费用实行专户核算，且在规定范围内安排使用，不得挪用或挤占。

5.1.2.2　勘察设计单位职责

1. 勘察设计人员内部安全。

制定安全管理制度。在勘察设计阶段前，对勘察设计人员做好安全风险防范和应对措施教育。

2. 设计原则及前提。

充分考虑工程的安全问题，并提出解决方法，使工程安全风险得到有效的预控。

3. 勘察设计安全方面标注明确。

勘察设计阶段，对有触电可能物体、施工环境复杂地点、文物古迹、易燃易爆物体等进行详细勘察和标注。对于施工建筑物，应考虑原有大楼承重，做好结构计算，同时应兼顾后期施工难易程度，并应充分考虑主设备机房防火设计和配套的消防设施建设。

4. 设计方案要合理有效。

按照法律法规和工程建设强制性标准进行设计，防止因设计不合理，导致生产安全事故的发生。对涉及施工安全的重点部位和环节，在设计文件中注明，并提出防范安全生产事故的指导意见。

5. 设计文件中的施工安全注意事项标注。

设计文件应说明具体的施工安全注意事项，注明施工环境、安全技术要求、安全情况等，特别应标注清楚交通要道、易燃易爆物等存在较大安全隐患地点。

6. 安全生产费用计列。

按照工程概预算管理要求，根据工程性质及规模，在设计预算中独立计列安全生产费用。

5.1.2.3　集成单位职责

1. 安全管理制度。

及时传达并贯彻执行有关安全生产的法律法规和方针政策；建立健全安全生产管理制度，组织协调、处理安全生产工作中的重要问题，建设单位安全组织机构定期报告安全生产工作情况。认真学习并自觉执行安全施工的有关规定、规程和措施，确保不违章作业。

2. 安全教育培训。

施工单位定期组织人员进行安全施工作业和新技术培训，确保项目管理人员和施工人员具备相关的应知应会能力。特种作业人员须持有国家统一规定的执业资格证书。

3. 工器材检验、使用。

正确使用、维护和保管所使用的工器具及劳动防护用品、用具，并在使用前进行检查。

4. 安全生产操作。

（1）施工单位应对生产现场和生产过程、环境存在的风险和隐患进行辨识、评估分级，并制定相应的控制措施。

（2）分部（项）工程应有书面的安全技术交底；安全交底要全面、针对性要强，并经过施工和监理单位审批。

（3）工程开工前，认真做好安全施工交底工作；施工中应严格按照安全操作规程进行施工，发现安全隐患应及时处理并向监理单位和建设单位报告。安全监察人员有权制止他人违章；有权拒绝违章指挥；尊重和支持安全监察人员的工作，服从安全监察人员的监督与指导。

（4）对动火作业、受限空间内作业、临时用电作业、高处作业等危险性较高的作业活动实施作业许可管理，严格履行审批手续。作业许可证应包含危害因素分析和安全措施等内容，明确专人进行现场安全管理，确保安全规程的遵守和安全措施的落实。

（5）在设备设施检维修、施工、吊装等作业现场设置警戒区域和警示标志，在检维修现场的坑、井、洼、沟、陡坡等场所设置围栏和警示标志。

（6）施工材料、构件、工具等应分类堆放整齐、有序、合理；施工现场应做到工完场地清。

5. 临时用电注意事项。

在各个环节的施工中，几乎都会涉及临时用电，施工单位必须做好安全防范措施，尤其要注意以下几点：

（1）电源的进线、总配电箱的装设位置和线路走向是否合理。

（2）负荷计算是否正确完整。

（3）选择的导线截面和电气设备的类型规格是否相符。

（4）电气平面图、接线系统图是否正确完整。

（5）施工用电是否采用 TN-S 接零保护系统。

（6）是否实行"一机一闸一漏"制，是否满足分级分段漏电保护。

（7）照明用电措施是否满足安全要求。严禁使用不合格、不符合要求的工器具进行引电、用电，并保证整个用电现场及用电人员的干燥性；焊接、切割等用电作业应做好响应、防患措施。

6. 应急处理。

审核施工单位安全生产应急处理方案，按应急预案的要求，建立应急设施，配备应急装备，储备应急物资。对应急设施、装备和物资进行的检查、维护、保养，确保其完好可靠。

7. 事故处理。

发生人身事故时应立即抢救伤者，保护事故现场并按照国家要求及时报告；调查事故时必须如实反映情况；分析事故时应积极提出改进意见和防范措施。

5.1.2.4　监理单位管理职责

1. 开工准备阶段监理安全控制措施。

1）监理内部安全培训教育

制定安全管理制度。在工程开工前，对监理人员做好安全风险防范和应对措施教育。

2）报建及工程资料核对等

督促相关单位及时办报建手续，严禁未取得相关手续进行施工；

根据设计文件督促施工单位核对施工条件及特殊标识地段，并制定应对措施。

3）审核施工单位安全措施

工程开工前，督促要求施工单位按时提交《开工报告》及《施工组织设计（方案）》，根据项目工程实际情况对《施工组织设计（方案）》进行认真的审核，特别是安全措施部分要认真审核，要求安全措施有可操作性及可行性，并形成《施工组织计划安全方案监理审核意见表》。对未提交《施工组织设计（方案）》或其中安全方案不符合要求的，不能同意该施工组织设计（方案）实施，不能签发该工程开工报审表。

4）对施工单位安全培训的检查和监督

工程开工前，检查施工单位安全培训教育情况，并根据工程实际情况审核施工单位《安全培训教育交底记录》，对于培训不符合要求的，不得签开工报告。

5）发放监理安全通知书

工程开工前、停工再次复工前或工程延期较长时间（约1个月以上的）后，根据项目工程实际情况编制《监理安全通知书》发送施工单位，并要求其在指定日期内针对通知内容进行回复。

6）启动会协助建设单位对各单位作安全要求

项目启动时必须组织施工单位、设计单位等召开工程启动会，会上应向各参建单位明确安全生产的职责，针对工程实施中可能存在的安全隐患，向各参建单位明确要求并安排落实。并把相关要求在会后以正式文件形式发送给各单位。如果实在无法召开项目启动会，应在征得建设单位同意后将相关要求以正式文件形式发送给各参建单位。

2. 施工阶段监理安全管控措施。

1）检查工程中常见的安全隐患处理

检查中发现施工过程存在安全隐患应立即指出，并告知相关单位，明确、强调本工程检查发现的安全隐患点，使其针对该隐患点采取有效的安全防范措施，并在现场要求施工单位立即进行防范整改。若发现重大安全隐患，应立即要求施工单位停止施工进行全面整改完毕后方可继续施工，并在巡检现场或巡检后立即发送要求停工的《监理工程师通知》，并要求施工单位签收回复。

2）工程实施期间的安全检查

在工程施工期间必须进行定期和不定期安全检查并对存在安全隐患的施工作业提出处理意见，检查和处理情况应当记录在案。

3）重大安全隐患管控措施

在工程中间检查，若发现重大安全隐患，应立即要求施工单位停止施工进行全面整改，完毕后方可继续施工，并在巡检现场或巡检后立即发送要求停工的《监理工程师通知》，并要求施工单位签收回复。

隐蔽工程施工监理人员要现场旁站，并做好现场旁站的影像、文字记录。

审核施工单位安全生产应急处理方案，按应急预案的要求，建立应急设施，配备应急装备，储备应急物资。对应急设施、装备和物资进行经常性的检查、维护、保养，确保其完好可靠。

应要求施工单位落实设备、材料等"三防"措施，并按要求对施工材料、配件等进行检查。

4）安全日志报告

监理单位必须记录每日安全生产情况，内容包含地点、时间、人员、安全设备配置情况、安全措施是否到位、生产内容、生产安全隐患、事件处理经过、事件追踪情况等事宜。

5）节假日和突发自然灾害前期预警

针对如国庆节、春节等长假期和国家重大会议、活动或其他原因的封网期，应针对相应原因以及工程实施情况编写《监理安全通知单》发送施工单位，并要求其根据通知内容进行签收回复。

针对突发自然灾害如台风、冰雪等，应提前针对灾害特点以及工程实施情况编写《监理安全通知单》发送施工单位，并要求其根据通知内容进行签收回复。

3. 工程验收阶段监理安全管理措施。

1）人身、车辆安全方面

在验收准备会议中及时提出相关注意事项，消除安全隐患；为保证参加验收人员安全，行车必须遵守交通规则严禁超速或酒后驾驶。

2）登高作业

验收人员必须严格按照安全规范执行，监理人员需查验登高证及防护措施是否到位。

3）进出人手孔、地下室

验收人员进出人手井、地下室安全措施必须到位，要做好防毒、通风，用火、用电安全等事项。

4）管道光缆

光缆验收开启井盖时，应采取措施防止井盖滑落，砸伤光缆。

5）电气性能测试

验收人员必须注意用电安全，由专业人员操作，同时注意对原有线路的保护，监理单位需要进行核对检查。

5.1.3　人员配置要求

5.1.3.1　设计单位

人员配置按区域分组，每组不少于组长 1 人、设计人员 3 人；各组组长和设计人员须独立设置，不能复用。设计单位必须与施工监理人员签订劳务合同或用工协议（包括安全条款），为勘查设计人员缴纳必要的工伤保险或意外伤害保险费。

5.1.3.2　集成单位

要求承包人按照专用合同条款的约定向双方同意的保险人投保建筑工程一切险或安装工程一切险等保险。要求承包人应依照有关法律规定参保工伤保险和人身意外伤害险，为其履行合同所雇佣的全部人员缴纳工伤保险费和人身意外伤害险费。每个地市配置至少 1 名安全监理人员（可兼职），负责工程中的安全督察工作。

5.1.3.3　监理单位

每个地市配置至少 1 名总监理工程师，负责行使监理合同赋予监理单位的权利和义务，全面负责管理受委托工程监理工作的监理人员。

每个地市配置至少 1 名安全监理人员（可兼职），负责工程中的安全监理工作。监理单位在参与买方通信工程施工监理时，必须与施工监理人员签订劳务合同或用工协议（包括安全条款），为施工监理人员缴纳必要的工伤保险或意外伤害保险费。

5.1.4 管理要求

1. 设计单位/集成单位/监理单位在工程建设施工中必须遵循安全管理和技术要求。主要包括安全管理保障架构、安全管理制度、安全防范措施、职业健康安全，以及做好安全生产所必备的技术手段和装备。

2. 设计单位/集成单位/监理单位应建立安全责任制度，成立安全组织，安排专职的施工安全员负责施工现场安全，特种作业人员必须具备国家认可的上岗资质，同时配备必要的劳动保护用品。

3. 设计单位/集成单位/监理单位在参与买方通信工程施工时，必须与施工人员签订劳务合同或用工协议（包括安全条款），为施工人员缴纳必要的工伤保险费。

4. 所有施工、监理以及勘察设计人员必须在地市分公司进行安全备案，未备案人员不得从事相关工作。

5. 项目开工前分公司与设计单位/集成单位/监理单位必须先签订合同和施工安全生产协议，开工前必须进行安全技术交底。

6. 分公司必须按照国家有关规定在开工前及时支付安全生产费。

7. 分公司施工委托派单，必须派给中标单位的联系人或接口人；不允许县公司管理人员直接给合作单位派发施工委托单，应由市公司管理人员行使。

8. 分公司定期组织对综合覆盖系统驻点（含仓库）和综合覆盖系统现场的质量及安全检查，要求检查驻点每月不少于一次，检查综合覆盖系统现场的数量不少于综合覆盖系统工程总量的 3%，将发现的问题纳入季度考核中，并建立跟踪和监督管理机制督促解决。

5.2 槽道（桥架）安装安全要求

1. 槽道（桥架）和穿线管安装应遵守以下规定：

（1）配合建筑工程施工单位预埋穿线管（槽）和预留孔洞时，应由建筑工程施工单位技术人员带领进入工地。夜间或光照亮度不足时，不得进入工地。

（2）安装走线槽（桥架）时，如遇楼层较高，需吊装走线槽（桥架）的零部件时，应把吊装工具安装牢固，吊装用绳索应可靠，在部件稍离开地面之际，应检查、确认吊装的部件安全后再起吊。

（3）高处作业时，应使用升降梯或搭建工作平台，其支撑架四角应包扎防滑的绝缘橡胶垫。

（4）在安装走线槽（桥架）的工作现场，应清理地面的障碍物。对建筑物的预留孔洞、楼梯口，应覆盖牢固或加装围栏。

（5）需要开凿墙洞（孔）或钻孔时，不得损害建筑物的主钢筋和承重墙结构。

（6）槽道或走线桥架的节与节之间应电气连通，并就近接地。

（7）在室内天花板上作业，应使用工作灯，并注意天花板是否牢固可靠。施工工具应统一用工具盒存放或由架底配合人员传递使用，禁止在天花板、走线架、机架上随意乱放，作业结束后及时清理工具离场。

2. 安装在地面下的信息插座，其盖板应与地面平齐且能够防水、防尘、抗压。所有信息插座安装时外壳应接地，并应有明显的标志。

3. 缆线应布放在弱电井道中，不得布放在供水、供气、供暖管道的竖井中，不得与强电电缆布放在同一竖井里。明敷主干缆线距地面高度不得低于 2.5 m。

4. 缆线外护套应完整无损，绝缘性能符合要求，两端应制作永久性的标志。缆线的屏蔽层在两端头处应接地。

5. 1/2 馈线、7/8 馈线、1/2 泄露电缆、7/8 泄露电缆、WLAN 网线、AP 跳线（WLAN）等馈线布放时需要佩戴安全帽，摆放施工危险标识牌等安全防护设备，必要时安装安全墙。

5.3　墙壁电缆施工安全要求

1. 在人员密集区施工时必须设置安全警示标志，佩戴安全帽等安全防护设备，必要时设专人值守。非作业人员不得进入墙壁线缆作业区域，作业区等显要出入口需摆放施工危险标识牌。

2. 在登高梯上作业时，不得将梯子架放在住户门口。在不可避免的情况下，应派人监护。

3. 在墙壁上及室内钻孔布放线缆时，如与近距离电力线平行或穿越，必须先停电后作业。

4. 墙壁线缆与电力线的平行间距不小于 15 cm，交越的垂直间距不小于 5 cm。对有接触摩擦危险隐患的地点，应对墙壁线缆加以保护。

5. 在墙壁上钻孔时应用力均匀。铁件对墙加固应牢固、可靠。

5.4　机架安装和线缆布放

1. 安装机架时，应用膨胀螺栓对地加固。在需要抗震加固的地区，应按设计要求对机架采取抗震加固措施。

2. 在已运行的设备旁安装机架时应防止碰撞原有设备。

3. 布放线缆时，不应强拉硬拽。开剖线缆不得损伤芯线。线缆应做好标识，其中电源线端头必须作绝缘处理。

4. 电源线应使用阻燃、双护套线缆。

5. 电源线端头的铜接线端子规格应符合要求，铜接线端子压接或焊接应可靠。

6. 连接电源线端头时应使用绝缘工具。操作时应防止工具打滑、脱落。

7. 布放光纤时，必须布放在专用光纤槽内或加硬质波纹套管保护。在光纤槽内布放时，要注意原有光纤的保护，不得踩踏光纤，不得穿越交叉；用波纹套管保护时，波纹管切口处应进行去毛刺处理并粘贴绝缘胶布。在机房原有 ODF 架上布放光纤时，要与机房随工共同确定机架位置及端子位置，做好光纤标识，防止将在用光纤拔出、拔断。

8. 拆除机柜、线缆、跳线须经相关部门批准，施工过程中应报告维护部门注意监控。

5.5　辅件加工和安装安全要求

1. 加工铁件应在指定的区域操作。不得在已安装设备的机房内切割铁件。锯、锉铁件时，加工的铁件应在台虎钳或电锯平台上夹紧。在台虎钳上夹持固定槽钢、角钢、钢管时，应用木块在钳口处垫实、夹牢，不得松动，锯、锉点距钳口的距离不应过远，防止铁件振动损害机具。

2. 锯铁件时，锯条或砂轮与铁件的夹角要小，不宜超过 10°，松紧应适度。锯槽钢、角钢时，不宜从顶角开始，宜从边角开始。当铁件将要锯断时，要降低手锯或电锯的速度，并有人扶住铁件的另一端，防止卡锯或铁件余料飞出。

3. 对铁件钻孔时，应用力均匀，铁件应夹紧，固定牢靠，不得左右摆动。如发生卡住钻头现象，应立即停机处理。

4. 管件攻丝、套丝时，管件在台虎钳上应固定牢靠。如两人操作，动作应协调。攻、套丝时，应注意加注机油，及时清理铁屑，防止飞溅。

5. 铁件作弯时，应在台虎钳或作弯工具上夹紧。用锤敲击时，应防止振伤手臂。管件需加热做弯时，喷灯烘烤管件间距应适当，操作人员不得面对管口。

6. 铁件去锈和喷刷漆时，作业人员应戴口罩、手套。喷刷后的余漆、废液应集中回收，统一处理，不得随意丢放。

7 铁件安装工作中，不得抛掷铁件及工具。传递较长的铁件时，应注意周围人员、设备的安全。手扶铁件固定时，应固定牢靠后才能松手。

8. 走线架、吊挂、通风管道等应安装接地线，与机房接地排连接可靠。

5.6　天馈安装安全要求

1. 天线安装时需佩戴安全帽，安全带等安全防护设备，摆放施工危险标识牌，天线挂架强度、水平支撑杆的安装角度应符合设计要求。固定用的抱箍及支撑件必须安装双螺母，加固螺栓必须由上往下穿。

2. 天线安装等工程项目的高处作业人员，必须经过专业培训合格并取得《特种作业人员操作证》方可作业。凡是从事高处作业的人员应定期进行健康检查，如发现身体不适合高处作业时，不得从事这一工作。

3. 实行施工唱票制度，两人操作、一人监护，不准单独一人进行现场操作。

4. 室外跳线连接处需使用冷缩管做好防水措施，避免雨水进入。

5. 室外走线，需使用馈线夹，线缆布放顺直、无交叉。

6. 现场测量天线安装方位角、下倾角、隔离度符合设计文件要求及相关规范要求。

7. 合路器、功分器、耦合器、衰减器、电桥等无源器件的安装需佩戴安全帽、摆放施工危险标识牌、穿着防滑鞋等安全防护设备，必要时安装安全墙、实行施工唱票制度，一人操作、一人监护，不准单独一人进行现场操作。

8. 合路器、功分器、耦合器、衰减器、电桥等无源器件的安装应该固定牢固，无松动，脱落现象。严禁任何违章作业的现象发生。

9. 合路器、功分器、耦合器、衰减器、电桥等无源器件应避免安装在阴暗潮湿的区域，以免器件受潮。

10. 在走线架、机架上方或附近作业时，施工工具应统一用工具盒存放或由架底配合人员传递使用，禁止在天花板、走线架、机架上随意乱放，作业结束后及时清理工具离场。

11. 天馈的接地和防雷需要按照接地与防雷相关技术标准进行操作，不得违规操作。

12. 施工单位应根据场地条件、设备条件、施工人员、施工季节编制高处施工安全技术措施，作为施工组织设计的一部分，经审核后必须认真执行。

13. 高处作业的每道工序必须指定施工负责人，并在施工前必须由本工序负责人向施工人员进行技术和安全交底，明确分工。严禁任何违章作业的现象发生。

14. 各工序的工作人员必须着用相应的劳动保护用品，严禁穿拖鞋、硬底鞋或赤脚作业。

15. 安全带必须经过检验部门的拉力试验，安全带的腰带、钩环、铁链必须正常，用完后必须放在规定的地方，不得与其他杂物放在一起。施工人员的安全帽必须符合国家标准。

16. 经医生检查身体有病不适应高空作业的人员及前一天或当天饮过酒的人员，不得进行高空作业。

17. 高处作业人员施工前必须检查安全帽和安全带等安全防护设备各个部位有无伤痕，如发现问题严禁使用。作业时，必须将安全带固定在主体结构上，不得固定在天线支撑杆上，严防滑脱。扣好安全带后，应进行试拉，确认安全后，方可施工。如身体靠近墙面，安全带松弛，应随时检查挂钩是否正常，确认正常后再工作。

5.7 布放电源线安全要求

1. 在地槽内布放电源线时，应注意防潮。地槽内应无积水、渗水现象，并用防水胶垫垫底。

2. 严禁电源线从雨水井道、污水井道等有积水、潮湿的管道内走线。室外设备取电，电源线应该引自强电井道，无管道部分电源线的施工必须加装保护措施。

3. 布放电源线时，必须是整条线料，中间严禁有接头。且外皮不得有损伤。

4. 电源线穿越墙洞或楼层时，应预留"S"弯。

5. 截面在 10 mm^2（含）以上的电源线终端应加装接线端子，尺寸应与导线线径相吻合。封闭式接线端子应用专用压接工具压接牢固。开口式接线端子应用烙铁焊接牢固。

6. 交流线、直流线、信号线应分开布放，不得绑扎在一起，如走在同一路由时，间距必须符合工程验收规范要求。非同一级电力电缆不得穿放在同一管孔内。

7. 电源线应按要求做好颜色标识，设备的电源汇流排正负极必须有明确标记区分，连接的电源线同一极性的颜色应统一，不同极性的颜色必须区分。汇流排的标识和电源线颜色应符合设计要求。

8. 必须按照"三线（交流线、直流线、信号线）分离"原则实施。

9. 施工前必须保证电源设备以及连接设备的所有开关处于断开状态，并在开关处设有"停电作业，严禁合闸"等警示牌并做好防护隔离。场地出入口、门等也均需设置警示牌，现场设专人监控，保证施工安全。

10. 施工前必须检查保证施工场地环境符合电源设备施工安全和设备运行安全要求，如通风、湿度、温度、尘埃指数、地板承重力、抗震能力、接地系统等。

11. 作业人员必须做好佩戴防静电手套、穿着绝缘鞋、佩戴安全帽等安全防护措施，通信电源施工需高空作业，工具材料应妥善放置，防止跌落引起人身伤害和设备故障。现场应设有专人看护和防护措施，严禁无证无看护施工。实行施工唱票制度，一人操作、一人监护，不准单独一人进行现场操作。

12. 施工过程中严禁将手、脚、头部以及其他可导电物体伸入设备内部引起电源事故和危及人身安全，需要人手进入设备内部操作的，人体应有绝缘防护措施。接触或接近通信电源的金属工具除接触面外，裸露的金属应全部缠绕胶带绝缘。

13. 施工使用的工具、材料应佩带牢固或妥善放置，严禁施工中将金属工具或其他物品放置在电源设备上或内部，防止物品意外滑落或掉落导致电源事故。

14. UPS 蓄电池沉重，必须要小心搬运，避免电池跌落造成电池损坏或砸伤人员，电池组串联时极性一定要正确，电缆和电池接线柱应紧固连接，使用工具过程中注意不要造成接线柱之间的短路。

5.8 接地装置和防雷安全要求

1. 接地装置的安装应遵守以下要求：

（1）人工用铁锤夯埋接地体时，扶接地体者不得站在持锤者的正面。

（2）夯埋钢管接地体时，应在钢管的上端加装保护圈帽。

（3）垂直接地体与扁钢连接时必须采取焊接并对焊接点进行防腐处理，严禁采用钻孔拧螺栓的办法连接。

（4）地下接地装置的引出（入）线不得布放在暖气地沟、污水沟内等处。如由于条件限制需裸露在地面时，应喷涂防锈漆及黄、绿相间的色漆，并采取防护措施。

（5）严禁在接地线、交流中性线中加装开关或熔断器。

2. 出、入局（站）电力电缆应选用具有屏蔽层的电力电缆埋入地下出、入局（站），埋入地下的电缆长度应符合设计要求。其金属护套两端应就近接地，芯线应按规定安装避雷器。

3. 严禁架空交、直流电源线直接出、入局（站）和机房。

4. 通信光（电）缆的出、入局（站）应符合以下要求：

（1）应采取埋地方式引入或引出，其埋入地下的长度应符合设计要求。

（2）电缆的金属护套应在进线室作保护接地。

（3）由楼顶引入机房的电缆应选用具有金属护套的电缆，按要求采取相应的避雷措施后方可进入机房，同时应接入相应等级的避雷器件。

5. 严禁在架空避雷线的支柱上悬挂电话线、广播线、电视接收天线及电力线。

6. 机房内走线架、吊挂铁件、机架、金属通风管、馈线窗等不带电的金属构件均应接地。

7. 配线架与机房通信机架间不应通过走线架（槽）形成电气连通。

8. 局内设备的接地线应采用铜质绝缘导线，不得使用裸导线。

5.9　高速公路及隧道施工安全要求

1. 在高速公路及隧道内施工，必须将施工的具体地点、工期、每日作业起止时间、施工方案、车辆牌号、负责人及施工作业人员数量报相关管理部门，经批准后方可作业。

2. 在路由复测和施工时应在高速公路及隧道隔离带内行走。在高速公路的桥梁地段，应检查桥梁隔离带的结构，不结实时不得行走。

3. 施工人员、车辆进入高速公路及隧道内施工时，应在距离作业地点的来车方向按相关部门的要求分别设置明显的交通警示标志和导向箭头指示标志，按指定位置停放施工车辆，并有专人维护交通。

4. 施工安全警示标志应根据施工作业点"滚动前移"。收工时，安全警示标志的回收顺序必须与摆放顺序相反。安全警示标志的摆放、回收及看守应由专人负责。

5. 作业起止时间应在规定的时间之内，不得拖延收工时间。

6. 施工人员和其他相关人员进入高速公路及隧道内施工现场时，必须穿戴专用的交通警示服装。

7. 施工人员应避免或尽量减少横穿高速公路及隧道，不得进入非作业区。

8. 所有的施工机具、材料应放置在施工作业区内。盘"8"字的作业人员不得超过作业区隔离边界。

5.10　电梯内施工安全要求

1. 电梯井道内施工时，施工人员必须持有登高证，佩戴戴安全帽、安全带方可上岗作业。

2. 电梯井道内施工时，电梯操作必须由电梯厂家或维保单位的专业技术人员进行电梯的上下行操作。

3. 电梯施工前，应该在电梯口、电梯机房内、楼道进出口等显要位置摆放施工危险标识牌。

4. 施工前必须检查防护设备、施工设备是否齐全可靠，必须配备防静电手套、绝缘鞋、安全帽、施工危险标识牌、安全带、防护墙、灭火器、照明灯、支架、梯子、防毒面具等安全生产防护设备，重点检查梯子是否牢固、竹（铝）梯脚是否装置了防滑套等。

5. 电梯门开启时，首先确认电梯停稳且停靠在所施工楼层，电梯内照明能够满足施工需要。

6. 电梯、电梯井道内使用电源应得到相关部门的批准方可使用，不得随意私自接电。

7. 井道内的馈线建议采用 1/2 阻燃馈线或者 1/2 阻燃泄露电缆，馈线的固定采用直径 25 mm 的铁管卡，间距为 1～1.5 m 一个，管卡两端均需固定牢固，不得有松动现象。

8. 井道内的天线建议采用对数周期天线，天线采用 L 行支架进行安装，天线与支架牢固连接，不得使用扎带进行捆扎，天线与墙壁采用至少两个直径 8 mm 的膨胀螺丝进行固定，需固定牢固，不得有松动现象。

9. 电梯井道内安装合路器、功分器、耦合器、衰减器、电桥等无源器件时需佩戴安全帽、摆放施工危险标识牌、穿着防滑鞋等安全防护设备。

10. 从事电梯井道合路器、功分器、耦合器、衰减器、电桥等无源器件安装时，必须设专人在电梯控制间监督电梯运行操作。

11. 施工所用的施工工具，需存放在专用的工具箱内，不得随意排放在电梯轿厢顶上。

12. 井道内无源器件的安装需采用托盘安装，托盘的四角均需固定牢固，不得有松动现象。

13. 电梯内施工实行唱票制度，两人操作、一人监护，不准单独一人进行现场操作。

14. 电梯内安装完成后需经监理工程师检查，检查合格后方可撤离安装现场。检查不合格时，施工单位应该及时完成整改，直至工程合格。

5.11 高空施工安全要求

1. 楼顶高空作业时，作业人员必须持有登高证，佩戴戴安全帽、安全带等安全防护用具方可上岗作业。

2. 经体格检查合格后方可从事高空作业。凡患有高血压、心脏病、癫痫病、精神病和其他不适于高空作业的人员，禁止登高作业。

3. 防护用品要穿戴整齐，作业衣着要灵便，裤角要扎住，禁止穿光滑的硬底鞋和带钉易滑的鞋。要有足够强度的安全带，并应将绳子牢系在坚固的建筑结构件上或金属结构架上，不准系在活动物件上或者天线支架上。

4. 施工前必须检查防护设备、施工设备是否齐全可靠，必须配备防静电手套、绝缘鞋、安全帽、施工危险标识牌、安全带、防护墙、灭火器、照明灯、支架、梯子、防毒面具等安全生产防护设备，重点检查梯子是否牢固、竹（铝）梯脚是否装置了防滑套等。安全帽、安全带、安全网要定期检查，不符合要求的严禁使用。

5. 正确使用个人防护用品和安全防护措施。进入施工现场，必须戴安全帽，禁止穿拖鞋或光脚。在没有防护设施的高空、悬崖和陡坡施工，必须系安全带。上下交叉作业有危险的出入口要有防护棚或其他隔离设施。距地面 3 m 以上作业要有防护栏杆、挡板、安全网、消防救生气垫等安全防护措施。

6. 必须确认所用的登高工具和安全用具（如安全帽、安全带、梯子、跳板、脚手架、防护板、安全网等）安全可靠，梯子不得缺档，不得垫高使用。梯子横档间距以 30 cm 为宜。使用时上端要扎牢，下端应采取防滑措施。单面梯与地面夹角以 60°～70°为宜，禁止 2 人同时在梯上作业。如需将梯子接长使用，应绑扎牢固。人字梯底脚要拉牢。在通道处使用梯子，应有人监护或设置围栏，严禁冒险作业。

7. 高空作业所用材料要堆放平稳，有可能坠落的物件，应一律先行撤除或加以固定。工具应随手放入工具袋（套）内。上传下递物件禁止抛掷。

8. 遇有恶劣气候（如风力在六级以上）影响施工安全时，禁止进行露天高空作业。

9. 作业人员应从规定的通道上下，穿防滑鞋，佩带安全帽、安全带等。

10. 上下立体交叉作业时，不得在同一垂直方向上操作，下层作业位置必须处于上层高度确定的可能坠落范围半径以外。

11. 高空作业走行用的脚手板，厚度不小于 5 cm，且两端用 8 号铁线绑牢固定，严禁探头板。

12. 施工前必须检查防护设备、施工设备是否齐全可靠，必须配备防静电手套、绝缘鞋、安全帽、施工危险标识牌、安全带、防护墙、灭火器、照明灯、支架、梯子、防毒面具、机械设备、用具、绳子、坐板等安全生产防护设备，重点检查梯子是否牢固、竹（铝）梯脚是否装置了防滑套等。

13. 操作绳、安全绳必须分开生根并扎紧系死，靠沿口处要加垫软物，防止因磨损而断绳，绳子下端一定要接触地面，放绳人同时也要系临时安全绳。

14. 施工员上岗前要穿好工作服、戴好安全帽，上岗时要先系安全带，再系保险锁（安全绳上），然后系好卸扣（操作绳上），同时坐板扣子要打紧、固死。

15. 下绳时，施工负责人和楼上监护人员要给予指挥和帮助。

16. 施工操作时辅助用具要扎紧扎牢，以防坠伤人，同时严禁嬉笑打闹和携带其他无关物品。

17. 楼上、地面监护人员要坚守在施工现场，切实履行职责，随时观察操作绳、安全绳的松紧及绞绳、串绳等现象，发现问题及时报告，及时排除。

18. 没有安全防护设施时，楼上监护人员不得随意在楼顶边沿上来回走动。需要时必须先系好自身安全绳，再进行辅助工作。高空作业与地面联系应设通讯装置，并由专人负责。地面、楼上监护人员不得在施工现场看书看报玩弄手机，更不得随意观赏其他场景。并要随时制止行人进入危险地段及防止拉绳、甩绳现象发生。

19. 操作绳、安全绳需移位、上下时，监护人员及辅助工人要一同协调安置，不用时需将绳子打好捆紧。

20. 雨天或雪天进行高空作业时，应采取可靠的防滑、防寒或防冻措施。水、冰、霜等应及时清除。

21. 夏季作业应调整作息时间。从事高温工作的场所应加强通风和降温措施。

22. 靠近电源（低压）线路作业前，应先联系停电。确认停电后方可进行工作，并应设置绝缘挡壁。作业者最少离开电线（低压）2 m 以外。禁止在高压线下作业。

23. 要处处注意危险标志和危险地方。夜间作业必须设置足够的照明设施，否则禁止施工。

24. 在石棉瓦屋面工作时，要用梯子等物垫在瓦上行动，防止踩破石棉瓦坠落。不论任何情况，不得在墙顶上工作或通行。超过 3 m 长的铺板不能同时站两人工作。

25. 高空作业时，严禁坐在高空无遮拦处休息，防止坠落。

26. 施工员要落地时，应先察看地面、墙壁的设施，操作绳、安全绳的定位及行人流量的情况，待地面监护人员处理、调整、同意后方可缓慢下降，直至地面。

27. 高空作业人员和现场监护人员必须服从施工负责人的统一指挥和统一管理，实行施工唱票制度，一人操作、一人监护，不准单独一人进行现场操作。

28. 天线的安装应该采用抱杆固定，抱杆避免安装在墙壁的外侧，抱杆与天线之间的抱箍应连接牢固，抱杆靠墙或落地安装四角均需固定，落地安装时，安装完毕后应该进行防水处理。

29. 天线抱杆需要做接地和避雷处理，接地需要与楼宇整体的接地装置连接。

30. 每个天线必须以单独的接地线与接地汇集排相连，不得在一根接地线上串几个需要接地的天线。

5.12 设备安装安全要求

5.12.1 室内设备安装

1. 设备开箱时应注意包装箱上的标志，不得倒置。开箱时应使用专用工具，不得猛力敲打包装箱。开箱后应及时清理箱板、铁皮、泡沫等杂物。雨雪、潮湿天气不得在室外开箱。

2. 实行施工唱票制度，一人操作、一人监护，不准单独一人进行现场操作。

3. 施工人员进入机房，必须换穿工作鞋，以满足机房内的防滑、防尘要求，应遵守佩戴安全帽等安全防护措施，出入口摆放施工危险标识牌。

4. 在机房内搬移设备时，不得损坏地板和其他设备。

5. 在通信机房作业时，应遵守通信机房的管理制度。应按照指定地点划分明确的作业区域，设置施工的材料区、工器具区、剩余料区等，并做好标识。钻孔、开凿墙洞应采取必要的防尘措施。需要动用正在运行设备的缆线、模块时，应经机房值班人员许可，严格按照施工组织方案实施，离开施工现场前应检查动用设备运行是否正常，并及时清理现场。

6. 作业人员不得随意触碰已有运行设备，严禁擅自关断运行设备电源开关。不得随意触碰消防设施。

7. 严禁将交流电源线挂在通信设备上。

8. 施工用的工器具、仪表、设备等严禁使用机架内电源，应按照机房维护人员的要求使用指定电源插座，使用前必须核实电源容量。

9. 铁架、槽道、机架、人字梯上不得放置工具和器材。

10. 高处作业应使用绝缘梯或高凳。严禁脚踩铁架、机架和电缆走道。严禁攀登配线架支架，严禁脚踩端子板、弹簧排、电池架。

11. 涉电作业必须使用绝缘良好的工具，并由专业人员操作。在带电的设备、头柜、分支柜中操作时，作业人员必须取下手表、戒指、项链等金属饰品，并采取有效措施防止螺丝钉、垫片、铜屑等金属材料掉落引起短路。

12. 开剖线缆时，不要用力过猛，以免损伤线缆。使用剖刀时刀口方向应向下、向外以免伤人。

13. 照明灯具不得安装在通信设备和走线架的上方。严禁有水管在通信设备上方通过。严禁将可能存在滴水危险的空调安装在通信设备上方。

14. 重要负载严禁存在单路供电瓶颈。

15. 作业时不得佩带钢笔、手表、首饰等金属物品和穿戴金属纽扣的衣服，不准携带易燃、易爆物品，不准吸烟。

16. 当电源设备进行交流接入时，电源设备的隔离开关（即刀开关、刀形转换开关或熔断器式刀开关）、断路器（即空气开关、空气自动开关等）均应处于断开位置。同时由相关人员负责交流供电设备的停电作业，并在停电设备的隔离开关手柄上悬挂"停电作业，请勿合闸"的警示牌。

17. 插销板、电烙铁、行灯及手电钻等设备的电源线要布放合理，避免作业人员踢碰和绊倒，不得将电源线挂在通信设备上。

18. 分布系统近端机、分布系统远端机、分布式基站远端机、光分布远端 RU、AP 设备

（WLAN）、交换机（WLAN）等设备安装时需佩戴安全帽、防静电手套、摆放施工危险标识牌。

19. 配套设备、UPS、室外设备箱体等设备安装时需佩戴安全帽、防静电手套、摆放施工危险标识牌。

20. 室外设备的电表箱、空气开关应该做好防水处理，不得裸露在室外。

21. 挂墙安装的设备应该四角固定，设备进出线口应该做好防火防水处理，设备应避免安装在潮湿的房间内。

22. 设备的接地和防雷需要按照接地与防雷相关技术标准进行操作，不得违规操作。

23. 每日工作完毕离开现场前，必须清理作业现场，切断施工电源，检查火源及其他不安全因素，确认安全后才能离开工作现场，必要时告知随工人员或机房值班人员。

5.12.2　机房内设备安装

1. 设备开箱时应注意包装箱上的标志，不得倒置。开箱时应使用专用工具，不得猛力敲打包装箱。雨雪、潮湿天气不得在室外开箱。

2. 在已有运行设备的机房内作业时，应划定施工作业区域，作业人员不得随意触碰已有运行设备，不得随意触碰消防设施。作业人员应佩戴安全帽、防静电手套，施工时在出入口等显要位置摆放危险标示牌。

3. 实行施工唱票制度，一人操作、一人监护，不准单独一人进行现场操作。

4. 严禁擅自关断运行设备的电源开关。

5. 不得将交流电源线挂在通信设备上。

6. 使用机房原有电源插座时应核实电源容量。

7. 不得脚踩铁架、机架、电缆走道、端子板及弹簧排。

8. 涉电作业人员必须持有电工证，应使用绝缘良好的工具，并由专业人员操作。在带电的设备、头柜、分支柜中操作时，不得佩戴金属饰物，并采取有效措施防止螺丝钉、垫片、金属屑等金属材料掉落。

9. 设备的接地和防雷需要按照接地与防雷相关技术标准进行操作，不得违规操作。

10. 铁架、槽道、机架、人字梯上不得放置工具和器材。

11. 在运行设备顶部操作时，应对运行设备采取防护措施，避免工具、螺丝等金属物品落入机柜内。

12. 在通信设备的顶部或附近墙壁钻孔时，应采取遮盖措施，避免铁屑、灰尘落入设备内。对墙、天花板钻孔则应避开梁柱钢筋和内部管线。

13. 为了满足设备散热方面的要求，单个机架内安装的设备功耗总和应符合设计要求。机架内的设备安装间距、托板设置应不影响设备散热，架内设备与设备之间应留有足够的散热空间。

14. 机架内必须配置架内各层用电的分路空气开关，设备电源接入应直接接入空气开关。机架内应提供保护地线接线排。

15. 机架内严禁使用多功能电源插座。禁止设备跨集装架取电。

16. 若机架内的设备配置有 2 个负载分担或主备工作方式的电源模块，则机架应设计配置有 2 路电源分配模块，并分别从电源分配柜或头柜架引 2 路独立电源至机架内形成不同的供电回路，机架每路电源分配模块的负载能力应完全相同。架内设备的不同电源模块应分别接入架内不同的电源分配模块中。若架内设备的电源模块配置方式不同于上述描述，具体机架电源分配模块的设计和接法可参照上述要求根据工程设计要求执行。机架内不同电源分配模块总体上应保持负载大致相同。在机房具备条件时，机架内不同电源分配模块也可从机房内不同的电源分配柜引接。

17. 插拔机盘、模块时，必须佩戴接地良好的防静电手环，以防静电损坏设备；严禁触碰与操作部位无关的部件。插入机盘时注意对准槽位、力量适度，严格按照厂家安装规范要求进行相关操作，安装时如出现歪针现象，严禁用螺丝刀等工具进行矫正，必须严格按照相关规范进行。

18. 特种作业施工人员必须持证上岗，基站内不得使用明火；不准进行电焊和切割作业，避免引发安全隐患。

19. 基站设备拆除施工时，设备电源线拆下后必须用胶带包扎，避免短路事故，同时也可保证设备线缆利旧安装使用安全。设备拆除后馈线头、光缆头，必须带上防尘帽或用胶带封堵。

20. 替换、割接施工时，对必须拆除的设备，需在新安装设备调测确认可以正常使用后才可对原设备做完全拆除，以保证割接不成功时可以回退保证电路安全。

21. 拆除基站设备时，不能随意触碰站内传输设备，拆除时必须通知传输专业人员到场配合，尤其是传输节点站人员。

5.13 设备加电安全要求

1. 配电柜电源熔断器及空气开关容量应符合设计要求，插拔电源熔断器应使用专用工具，不得用其他工具代替。

2. 受电设备应按照设计文件电源规划接入供电（配电）设备指定位置，确保供电（配电）设备正确地给受电设备供电。

3. 应按标准规定选取、施加试验电压，试验过程必须严格遵守标准规定。

4. 设备在加电前应进行检查，设备内不得有金属碎屑，电源正负极不得接反和短路，设备保护地线应引接良好，各级熔丝规格应符合设备的技术要求。

5. 设备加电前必须先用测量仪器检查电源连接系统是否符合安全要求：接电连接牢固可靠，供电设备的输出开关断开且输出电压正常，额定输出电流满足受电设备需求，受电设备全部电源开关断开，受电设备内部无短路现象等。

6. 设备加电应根据用电管理流程提出加电申请表并经批准后方可进行加电操作。申请表应包含用电申请人、加电时间、地点、用电类型、容量、用电原因、批准人意见。设备加电时，必须沿电流方向逐级加电，逐级测量。

7. 设备加电应根据用电管理流程提出下电申请表并经批准后方可进行下电操作。配电柜侧由电源维护人员进行操作或监督操作，设备侧由系统维护人员操作或监督操作。

8. 插拔机盘、模块时必须佩戴接地良好的防静电手环。

9. 测试仪表应接地，测量时仪表不得过载。

10. 设备加电流程：

（1）供电设备加电。动作：闭合输出开关；确认：供电输出电压正常。

（2）配电设备加电。动作1：配电设备输入开关闭合；确认：配电设备配电开关输入电源正常。动作2：配电设备输出开关闭合；确认：配电设备配电开关输出电压正常。

（3）受电设备加电。动作1：受电设备输入开关闭合；确认：受电设备配电部分指示灯显示正常，风扇、告警工作正常。动作2：业务框电源模块开关闭合；确认：电源模块电源指示灯显示正常。

第五篇　通信工程企业管理办法

1　安全生产事故综合应急预案

1.1　总则

1.1.1　编制目的

为了及时处理通信企业在施工和作业时可能突发的安全生产事故，及时采取有效措施，高效、有序地组织开展事故抢险、救援，最大限度地减少企业人员伤亡和财产损失，维护公司正常的生产经营秩序，促进企业持续稳定发展。

1.1.2　编制依据

依据《中华人民共和国安全生产法》《生产安全事故报告和调查处理条例》《生产经营单位安全生产事故应急预案编制导则（AQ/T9002—2006）》等法律法规及移动通信公司应对突发事件管理的有关规定，结合通信施工企业工作实际编制本应急预案。

1.1.3　适用范围

本预案适用于下列安全生产事故的应对工作。

1.1.3.1　事故类型

1. 重大火灾事故：生产经营活动中发生的重大火灾事故。

2. 道路交通事故：生产经营活动中发生的道路交通事故。

3. 重大设备事故：交换、传输、无线、数据、电力、信息支撑（包括 BOSS 系统、OA系统、各类监控系统等）等设备发生的事故。

4. 设施倒塌事故：通信铁塔、天线、杆路、管道等通信基础设施倒塌或坍塌发生的事故。

5. 工程责任事故：通信工程、土建工程的工程质量责任事故和安全责任事故。

6. 食品安全事故：重大食物中毒等食品卫生安全事故。

1.1.3.2　事故范围

1. 造成 1 人以上死亡，或者 2 人以上重伤，或者直接经济损失 10 万元以上（火灾事故 1万元以上）的安全生产事故。

2. 超出通信施工公司相关部门的应急处置能力，或者跨部门的安全生产事故。

3. 通信施工公司认为有必要响应的安全生产事故。

本预案适用范围以外的安全生产事故，由各单位制定预案应对处置。

1.1.4　应急预案体系

公司安全生产事故应急预案体系包括综合应急预案、专项应急预案和现场处置方案等。

1.1.4.1　综合应急预案

综合应急预案是从总体上阐述处理事故的应急方针、政策，应急组织结构及相关应急职责，应急行动、措施和保障等基本要求和程序，是应对各类事故的综合性文件。

一般由通信施工总公司负责编制安全生产事故综合应急总预案，分公司负责编制本级安全生产事故综合应急预案。

1.1.4.2　专项应急预案

专项应急预案是针对具体的事故类别（如：交通安全事故、重大火灾事故、重大设备故障、设施倒塌事故、工程责任事故、食品安全事故等）、危险源和应急保障而制定的计划或方案，是综合应急预案的组成部分，并按照综合应急预案的程序和要求组织制定。专项应急预案应制定明确的救援程序和具体的应急救援措施。

通信企业所属管理部门需根据其工作职能要求制定相关专项应急预案。

1.1.4.3　现场处置方案

现场处置方案是针对具体的装置、场所或设施、岗位所制定的应急处置措施。现场处置方案应具体、简单、针对性强。

中大型通信施工企业现场处置方案一般由分公司会同总公司综合部、财务部、市场部、采购部、网络部、工程建设部、信息系统部、数据业务部、客户服务中心等所属部门、中心、科室、班组，根据风险评估及危险性控制措施逐一编制。做到事故相关人员应知应会，熟练掌握，并通过应急演练，做到迅速反应、正确处置。

1.1.5　应急工作原则

1. 以人为本，安全第一。把保障企业员工的生命安全和身体健康作为应急工作的出发点和落脚点，提高企业和员工的安全防范意识，建立企业应对安全生产事故的救援工作机制。

2. 统一领导，分级负责。在总公司统一领导下，坚持属地管理为主的原则，各分公司和总公司有关职能部门，按照各自职责和权限，负责有关安全生产事故的应急管理和应急处置工作，认真履行安全生产责任主体职责，建立安全生产应急预案和应急机制。

3. 预防为主，平战结合。贯彻落实"安全第一，预防为主、综合治理"的方针，全面规划、整合资源，将平时管理与应急处置有机结合起来。加强应急救援培训演练，将日常工作的预防、预测、预警、预报、物资储备、队伍建设、完善装备、预案演练和应急救援工作相结合。做好常态下的风险评估，充分发挥生产经营应急救援第一响应者的作用，发挥经过专门培训的兼职应急救援力量的作用。

4. 依靠科技，提高水平。积极采用先进的预测、预警、预防和应急处置技术，提高预警预防水平；不断改进和完善应急救援的装备、设施和手段，增强应急救援能力。

1.2　危险性分析（以×公司为例）

1.2.1　×公司概况

×公司是中国移动有限公司的全资子公司（以下简称总公司），总部设有职能部门18个。公司实行省、市、县三级管理，下辖16个市分公司、62个县（市）分公司及1个全资子公司，拥有各类员工超过1.4万人。经营业务范围包括：移动通信业务（包括语音、数据、多媒体等）；IP电话及互联网接入服务；从事移动通信、IP电话和互联网等网络设计、投资和建设；移动通信、IP 电话和互联网等设施的安装、工程施工和维修；经营与移动通信、IP 电话和互联网业务相关的系统集成、漫游结算清算、技术开发、技术服务、设备销售等；出售、出租移动电话终端设备、IP 电话设备、互联网设备及其配件，并提供售后服务；设计、制作广告，利用自有媒体发布广告；代收水、电、气、热、公共交通、广播电视等公用事业费用；代办铁通公司客户入网及收费业务。

1.2.2 危险源与风险分析

截止到 2010 年底，公司资产总规模超过 200 亿元。其中：自有局房总建筑面积超过 80 万平方米、租赁房屋总建筑面积超过 30 万 m²。分布在全省城区、乡镇自办营业厅超过 1000 个、基站超过 1 万个，自有和租赁机动车辆超过 700 台、光缆线路超过 10^5 km，企业安全生产管理区域呈现点多、面广、线长、环境复杂的特点。随着规模不断扩张，公司在生产经营过程中的高危环节及潜在隐患越来越多，安全生产隐患成为企业风险管理中最大、最直接的风险。

1.3 组织机构及职责

1.3.1 指挥机构及职责

1.3.1.1 指挥部组成

在总公司安全生产委员会领导下，设立公司安全生产事故应急指挥部（以下简称"总公司应急指挥部"），由×公司主要负责人任总指挥，×公司分管安全生产工作的副总经理任副总指挥，×公司有关部门主要负责人为成员。成员单位是：×公司综合部、人力资源部、计划部、财务部、市场经营部、网络部、物资采购部、工程建设部、法律安保部、数据业务部、信息系统部、客户服务中心等相关部门。

总公司应急指挥部下设办公室，负责安全生产应急管理日常工作和应急指挥协调工作，完成指挥部交办的任务。办公室设在省公司法律安保部。办公室成员由各成员单位相关工作人员组成。

1.3.1.2 总公司安全生产事故应急指挥部职责

1. 负责组织、协调、指挥全省重大安全生产事故应急救援工作。

2. 协助地方政府及集团公司做好重大安全生产事故的应急救援工作。

3. 决定启动省公司安全生产事故应急预案。

4. 做好事故情况的信息发布工作。

1.3.1.3 指挥部成员及相关单位和部门职责

总公司应急指挥部各成员单位负责本部门职责范围内的各项应急处理工作，按照职责制订、管理和实施有关应急工作方案，并加强培训和演练。其他有关部门和单位根据安全生产事故应对工作的需要，在总应急指挥部的组织、协调下做好相关工作。

事发地的市分公司（或单位），应及时向省公司应急指挥部办公室报告安全生产事故情况，并在第一时间采取应急处置措施，开展应急救援工作，为省公司应急指挥部组织应急救援提供保障。

1.4　预防与预警

1.4.1　危险源监控

1.4.1.1　监控系统

通信综合楼、生产楼、机房、VIP 基站和中心营业厅实行火灾自动报警系统及火灾自动灭火系统、视频（或红外）24 小时安保监控系统；综合楼、生产楼、机房、基站实行门禁智能卡和身份证件识别系统；机动车辆管理实行车务通动态管理系统；经营业务实行 BOSS 监控系统；财务管理实行集中化财务管理系统；消防安全信息化管理系统等。

1.4.1.2　安全检查

对通信综合楼、生产楼公共区域和营业厅每 2 小时防火巡视检查一次，其他建筑物每日防火巡查至少一次，对建筑消防设施实行日巡查、月检查、年检验；开展经常性安全生产检查，生产班组至少每周检查一次，部门至少每月检查一次，单位至少每季度检查一次，省公司至少每半年检查一次。

1.4.2　预警行动

省公司安全生产事故应急指挥部办公室接到有关安全生产事故信息后，应进行信息分析，根据安全生产事故的不同等级，立即将预警信息报告给省公司安全生产事故应急指挥部，并通知有关部门、单位采取相应行动预防事故发生。

1.4.3　信息报告与处置

1.4.3.1　事故监控与信息报告

各单位应当加强对危险源的监控，对可能引发特别重大事故的险情，或者其他灾害、灾难可能引发安全生产事故的重要信息应及时上报。建立健全安全生产事故危险源监控预警系统。

1.4.3.2　信息报告制度

1. 报告程序和时限。

安全生产事故上报采取逐级上报制度，必要时可越级上报。发生安全生产事故，事发单位分管安全工作的负责人或办公室主任口头向省公司安全生产管理部门报告，省公司安全生产管理部门负责人向省公司领导口头汇报。

（1）电话或口头报告时限：凡发生人员伤亡、火灾、重大设备故障、铁塔倒塌、杆路倒塌、不论事件级别高低和事故发生单位，均应在 1 小时内向省公司报告。

（2）书面报告时限：发生与企业可能有关联人员（包括非企业员工）的伤亡事故，必须在 4 小时内报告省公司，其他安全生产事故必须在 24 小时内报告省公司。

2. 报告内容。

（1）事故发生单位概况。

（2）事故发生的时间、地点及现场情况。

（3）事故的简要经过、事故原因的初步判断。

（4）事故已经造成或者可能造成的伤亡人数（包括失踪人数）。

（5）事故初步估计的直接经济损失。

（6）事故抢救处理的概况和已经采取的措施。

（7）需要省公司进一步帮助解决或请示的主要问题。

（8）其他应当报告的情况。

1.5 安全生产事故及应急响应

1.5.1 安全生产事故及响应分级

按照安全生产事故的性质、严重程度、影响范围和可控性，将安全生产事故响应级别划分为四个等级。

1.5.1.1 一级响应（一级安全生产事故）

1. 造成 2 人以上死亡，或者 9 人以上重伤。

2. 造成 100 万元以上直接经济损失的事故。

1.5.1.2 二级响应（二级安全生产事故）

1. 造成 1 人死亡，或者 3 人以上 9 人以下重伤。

2. 造成 50 万以上 100 万元以下直接经济损失的事故。

1.5.1.3 三级响应（三级安全生产事故）

1. 造成 1 人以上 3 人以下重伤。

2. 造成 10 万以上 50 万元以下直接经济损失的事故。

1.5.1.4 四级响应（四级安全生产事故）

未发生人员伤亡，造成 10 万以下直接经济损失的事故。

"以上"含本数，"以下"不含本数。

1.5.2 响应程序

应急响应坚持属地管理原则，按照安全生产事故和应急处置等级，分别响应。

发生四级事故及险情时，启动县分公司和相关生产单位预案，组织应急处置，并及时上报省、市应急指挥部。

发生三级事故及险情时，启动市级及以下和相关生产单位预案，组织应急处置，并及时上报省应急指挥部。

发生二级以上事故及险情时，启动省级及以下预案，组织应急处置，并按要求及时上报集团公司和政府有关部门。

1.5.2.1 先期处置

发生安全生产事故及险情时，与应急预案相对应的省、市、县公司和事发单位主要负责人应立即赶赴现场，组织应急救援队伍，进行先期处置，并根据实际情况，决定采取下列必要措施：

（1）立即实施紧急疏散和救援行动，组织员工开展自救互救。

（2）配合相关部门紧急调配应急资源，采取必要警戒措施。

（3）实施动态监测，进一步调查核实。

（4）及时向上级应急指挥部报告，并提出应急处置建议和支持请求。

1.5.2.2 现场指挥

根据应急处置的需要，成立由省、市、县公司及事发单位人员参加的现场指挥部，由与应急预案相对应的省、市、县公司负责人任指挥，负责制订和组织实施现场应急处置方案和措施，指挥现场抢险救援，协调有关保障、支援工作，及时向上级报告事态发展和处置情况。

1.5.2.3　医疗卫生救助

事件发生单位负责组织开展紧急医疗救护和现场卫生处置工作，并寻求有关专业医疗救护机构、疾病控制中心和专科医院的支持。

1.5.2.4　安全防护

现场应急救援人员应根据需要携带专业防护装备，采取安全防护措施，严格执行应急救援人员进入和离开事故现场的相关规定。现场指挥部根据需要协调、调集相应的安全防护装备。

现场应急救援指挥部负责组织员工的安全防护工作，主要工作内容如下：

1. 企业应当与当地政府、小区建立应急互动机制，确定保护员工安全需要采取的防护措施。

2. 决定员工在应急状态下疏散、转移和安置的方式、范围、路线、程序。

3. 指定有关部门负责实施疏散、转移。

4. 配合开展医疗防疫和疾病控制工作。

5. 配合公安机关做好治安管理。

1.5.2.5　社会力量的动员与参与

超出事发单位处置能力时，应向本级人民政府申请社会力量支持。

1.5.3　应急结束

现场指挥部和事发单位确认事故灾难得到有效控制、危害已经消除后，向省公司应急指挥部报告，经批准后宣布应急结束。应急结束后应明确：

1. 事故情况上报事项。

2. 需向事故调查处理小组移交的相关事项。

3. 事故应急救援工作总结报告。

1.6　信息发布

总公司由综合部会同有关部门具体负责安全生产事故的信息发布工作。

市、县分公司由市分公司综合办会同有关部门具体负责安全生产事故的信息发布工作。

1.7　后期处置

1.7.1　善后处置

1. 事件结束后，事发单位应迅速展开调查、核实安全生产事故造成的损失情况，制定救助方案，依法给予救助，及时解决受灾人员的生产生活困难。对致残、致病、死亡人员，按照国家有关规定，给予相应的补助和抚恤。所需救济经费报请省公司审批，根据情况给予补助。

2. 事发单位的后期现场清理和污染物清除，由事发单位及其相关部门组织专业队伍实施，省公司有关部门应当提供专业人员和技术支持，要防止次生、衍生事件发生。

3. 事发单位负责安全生产事故以后的恢复和重建工作，由事发单位提出请求，省公司有关部门根据调查评估报告和恢复重建计划，提出解决建议和意见，按有关规定报批实施。

4. 安全生产事故发生后，事发单位应及时联系保险经办机构积极履行保险责任，迅速开展保险理赔工作。

1.7.2 安全生产事故的调查处理

1. 安全生产事故应急处理结束后，必须坚持"四不放过"（即：事故原因未查清不放过、责任人员未处理不放过、整改措施未落实不放过、有关人员未受到教育不放过）的原则，立即组织事故调查组开展事故调查工作，并由调查组写出调查报告上报省公司安全生产应急工作组，对事件进行处理。事故调查组应当自事故发生之日起60日内提交事故调查报告；特殊情况下，经负责事故调查的批准后，提交事故调查报告的期限可以适当延长，但延长的期限最长不超过60日。如属地方政府安全监督部门调查处理的事故，由省公司法律安保部积极配合调查。

2. 安全生产事故调查结束后，应按照安全生产责任制和安全生产管理相关管理制度，认真追究相关责任单位和责任人的责任。

1.8 保障措施

1.8.1 通信与信息保障

建立健全应急通信保障工作体系，制定全网通信紧急事件处理流程，协调应急通信期间重大网络障碍的解决，确保通信畅通、反应迅速、灵活机动、稳定可靠。

1.8.2 应急队伍保障

根据安全生产事故类别组建相应的专业或预备应急队伍，强化应急配合功能，增强应急实战能力。各应急组织应明确自己的职责，做好应急准备和响应的各项工作。

1.8.3 物资保障

建立应急救援设施、设备、救治药品和医疗器械等储备制度，专项应急预案和现场处置方案中应明确应急救援需要使用的应急物资和装备的类型、数量、性能、存放位置、管理责任人及其联系方式等内容。

1.8.4 资金保障

财务部门负责将应对安全生产事故工作的日常经费和物资、装备等专项经费列入年度预算。各分公司要对安全生产事故应急保障资金的使用和效果进行监管和评估，并加强对安全生产事故应急处置专项资金的监督管理。

1.8.5 其他保障

根据本单位应急工作需求而确定的其他相关保障措施（如：交通运输保障、治安保障、技术保障、医疗保障、后勤保障等）。

1.9 培训与演练

1.9.1 培训与演练

加强员工安全宣传教育，广泛宣传应急法律法规和预防、避险、自救、互救、减灾等常识，增强员工的忧患意识，责任意识和自救、互救能力。

各单位应结合实际情况，有计划、有重点地组织安全生产事故应急处置演练。演练要从实战角度出发，深入发动员工，普及防灾救灾知识和技能，切实提高应急救援能力。

1.10　奖惩

对安全生产事故应急管理工作中做出突出贡献的先进集体和个人给予表彰和奖励。对在安全生产事故应急管理中工作不力，或造成严重后果的，视其严重程度，分别给予通报批评、行政处分和相应的经济处罚；涉嫌犯罪的，移交司法部门追究其刑事责任。具体参照省公司关于安全生产和突发事件管理的相关规定处理。

1.11　附则

1.11.1　术语和定义

1.11.1.1　应急预案

针对可能发生的事故，为迅速、有序地开展应急行动而预先制定的行动方案。

1.11.1.2　应急准备

针对可能发生的事故，为迅速、有序地开展应急行动而预先进行的组织准备和应急保障。

1.11.1.3　应急响应

事故发生后，有关组织或人员采取的应急行动。

1.11.1.4　应急救援

在应急响应过程中，为消除、减少事故危害，防止事故扩大或恶化，最大限度地降低事故造成的损失或危害而采取的救援措施或行动。

1.11.1.5　恢复

事故的影响得到初步控制后，为使生产、工作、生活和生态环境尽快恢复到正常状态而采取的措施或行动。

1.11.2　应急预案备案

总公司安全生产事故综合应急预案报省安全生产监督管理局、省通信管理局和集团公司备案。

各市分公司安全生产事故综合应急预案和省公司相关部门安全生产事故专项应急预案报省公司备案。

1.11.3　维护和更新

随着国家应急救援相关法律法规的制定、修改和完善，部门职责或应急资源发生变化，以及实施过程中发现存在问题或出现新的情况，应及时修订完善本预案。

1.11.4　应急预案解释

本预案由总公司安全生产应急指挥部办公室负责解释。

1.11.5　应急预案实施

本预案自发布之日起实施。原发《公司安全生产突发事件应急预案》同时废止。

2　通信公司安全生产培训管理办法

2.1　总则

1. 为认真贯彻落实"安全第一、预防为主、综合治理"的工作方针，切实提高企业从业人员安全素质，防止违章指挥、违规作业和违反劳动纪律行为，根据《国务院安委会关于进一步加强安全培训工作的决定》(安委〔2012〕10号)、《安全生产培训管理办法》(安监总局2012第44号令)、《生产经营单位安全培训规定》(安监总局2006第3号令)和《企业安全生产标准化基本规范》(AQ/T9006—2010)牢固树立"培训不到位是重大安全隐患"的意识，坚持依法培训、按需施教的工作理念，特制定本办法。

2. 本办法适用于通信公司及所属各二级分公司、总公司各部门(以下简称各单位)针对各类员工开展的安全生产教育培训工作。

2.2　安全培训基本要求

1. 各单位是从业人员安全培训的责任主体，要把安全培训纳入企业发展规划，健全落实以"一把手"负总责、领导班子成员"一岗双责"为主要内容的安全培训责任体系。

2. 各级人力资源管理部门根据安全教育培训需求，统筹制定安全培训计划。各级安全生产主管部门负责按计划组织实施安全教育培训工作。

按照"管生产必须管安全"和"谁主管、谁负责"的原则，安全生产教育培训实施分级负责、分类管理。各业务管理部门按照部门职责分工负责编制本专业范围内安全管理应知应会标准并组织实施。

3. 各单位从业人员应当接受安全培训，熟悉有关安全生产规章制度和安全操作规程，具备必要的安全生产知识，掌握本岗位的安全操作技能，增强预防安全事故的能力，增强控制职业危害的能力，增强安全生产应急处理的能力。

各单位应当进行安全培训的重点对象包括主要负责人、安全生产管理人员(指生产经营单位分管安全生产的负责人、安全生产机构负责人及其管理人员，以及未设安全生产机构的生产经营单位专、兼职安全管理人员等)、特种作业人员和其他从业人员。

除各单位主要负责人、安全生产管理人员、特种作业人员以外的其他从业人员的安全培训，由各单位负责组织实施。

4. 严格落实企业职工先培训后上岗制度，未经安全生产培训合格的从业人员，不得上岗。

5. 各单位应当建立从业人员安全培训档案，真实记载安全培训对象、时间、地点、内容等相关信息。对特种作业人员、消防监控人员等重点群体的持证上岗情况，实行备案登记制度。

2.3　主要负责人、安全生产管理人员的安全培训

1. 各单位的主要负责人和安全生产管理人员，必须具备与本单位所从事的生产经营活动

相应的安全生产知识和管理能力，须经考核合格、持证上岗，并应按规定进行再培训。

2. 单位主要负责人和安全管理人员应参加由安监局定期组织的安全生产培训，并取得相应资格证书。

3. 生产经营单位主要负责人安全培训应当包括下列内容：

（1）国家安全生产方针、政策和有关安全生产的法律、法规、规章及标准。

（2）安全生产管理基本知识、安全生产技术、安全生产专业知识。

（3）重大危险源管理、重大事故防范、应急管理和救援组织以及事故调查处理的有关规定。

（4）职业危害及其预防措施。

（5）国内外先进的安全生产管理经验。

（6）典型事故和应急救援案例分析。

（7）其他需要培训的内容。

4. 生产经营单位安全生产管理人员安全培训应当包括下列内容：

（1）国家安全生产方针、政策和有关安全生产的法律、法规、规章及标准。

（2）安全生产管理、安全生产技术、职业卫生等知识。

（3）伤亡事故统计、报告及职业危害的调查处理方法。

（4）应急管理、应急预案编制以及应急处置的内容和要求。

（5）国内外先进的安全生产管理经验。

（6）典型事故和应急救援案例分析。

（7）其他需要培训的内容。

5. 各单位主要负责人和安全生产管理人员初次安全培训时间不得少于 32 学时。每年再培训时间不得少于 12 学时。各单位发生造成人员死亡的生产安全事故的，其主要负责人和安全生产管理人员应当重新参加安全培训。

2.4　其他从业人员的安全培训

1. 新入企人员在上岗前必须经过单位、部门、班组安全教育培训。新上岗的从业人员，岗前培训时间不得少于 24 学时，每年进行至少 8 学时的再培训。

单位级岗前安全培训内容应当包括：

（1）本单位安全生产情况及安全生产基本知识。

（2）本单位安全生产规章制度和劳动纪律。

（3）从业人员安全生产权利和义务。

（4）有关事故案例等。

部门级岗前安全培训内容应当包括：

（1）工作环境及危险因素。

（2）所从事工种可能遭受的职业伤害和伤亡事故。

（3）所从事工种的安全职责、操作技能及强制性标准。

（4）自救互救、急救方法、疏散和现场紧急情况的处理。

（5）安全设备设施、个人防护用品的使用和维护。

（6）本部门安全生产状况及规章制度。

（7）预防事故和职业危害的措施及应注意的安全事项。

（8）有关事故案例。

（9）其他需要培训的内容。

班组级岗前安全培训内容应当包括：

（1）岗位安全操作规程。

（2）岗位之间工作衔接配合的安全与职业卫生事项。

（3）有关事故案例。

（4）其他需要培训的内容。

从业人员在本生产经营单位内调整为与原工作性质跨度较大的岗位或离岗三个月以上重新上岗时，应当重新接受部门和班组级的安全培训。

2. 从事特种作业的人员应取得特种作业操作资格证书，方可上岗作业。特种作业包括的行业范围由国家安全监管总局认定。

特种作业人员对造成人员死亡的生产安全事故负有直接责任的，应当按照《特种作业人员安全技术培训考核管理规定》重新参加安全培训。

3. 消防值班监控人员必须取得国家消防职业资格证书，持证上岗。

4. 各单位义务消防队员应具备消防安全应急救援知识和实际操作技能，并经本单位安全主管部门培训合格，持证上岗。

5. 企业应对外部相关方的作业人员进行安全教育培训。作业人员进入作业现场前，应由作业现场所在单位对其进行进入现场前的安全教育培训。相关方进入现场要服从企业的有关安全规章制度和行业资质要求。

6. 在新工艺、新技术、新材料、新设备设施投入使用前，必须了解、掌握其安全技术特性，采取有效的安全防护措施，并对有关操作岗位人员进行专门的安全教育和培训。

7. 各单位应对外来参观、学习等人员进行安全告知，进入安全重地必须有专人带领。安全告知的主要内容包括：本单位存在的危险源、危险部位以及注意事项和劳动防护用品配备等。

2.5　安全培训基本形式

1. 安全生产教育培训可采用：

（1）集中授课。

（2）视频教育。

（3）上机操作。

（4）网上培训。

（5）现场指导等多种形式。

2. 经常性安全教育的形式包括：

（1）每天的班前班后会上说明安全注意事项。

（2）安全日、安全月活动。

（3）安全生产会议。

（4）各类安全生产业务培训班。

（5）事故现场会。

（6）安全生产招贴画、展板、宣传标语及标志。

（7）安全知识竞赛等。

2.6　安全培训监督检查

1. 严肃追究安全培训责任。各级每年开展安全培训工作检查，对培训计划、课时、对象和内容不落实的，要严格追究责任。对应持证未持证或者未经培训就上岗的人员，一律先离岗、培训持证后再上岗。

2. 对各类生产安全责任事故，一律倒查培训、考试、发证不到位的责任。对因未培训、假培训或者未持证上岗人员的直接责任引发重特大事故的，所在单位主要负责人依法终身不得担任本行业领导职务，实际控制人依法承担相应责任。

3. 将安全培训考核纳入安全生产综合考核内容，每年通报安全培训考核结果。

2.7　附则

本办法由总公司法律安保部负责解释。

3　通信公司通信工程安全生产管理实施细则

3.1　总则

1. 为贯彻"安全第一，预防为主，综合治理"的方针，坚持以人为本，加强工程建设各级管理人员及各合作单位管理人员、参建人员等相关人员在安全管理、安全生产意识，规范工程建设过程的安全生产措施，确保现场作业人员的人身安全、消防安全和通信网络安全，降低工程的安全风险，根据《中华人民共和国安全生产法》《建设工程安全生产管理条例》《通信建设工程安全生产管理规定》《生产安全事故和调查处理条例》等法律、法规，结合公司通信工程建设实际，制定本细则。

2. "安全生产"就是指在生产经营活动中，为避免造成人员伤害和财产损失的事故而采取相应的事故预防和控制措施，以保证从业人员的人身安全健康，保证设备完好无损及生产顺利进行。安全生产是企业管理的重要内容之一。

3. 通信工程设计单位、施工单位、监理单位等与通信工程建设相关的单位，必须遵守安全生产法律、法规及本细则的规定，保障通信工程建设安全生产，履行相应的安全生产职责，承担相应的安全生产责任。

4. 本办法适用于中国移动通信集团安徽有限公司及所属各分公司和单位（以下简称"各分公司"）。包含但不限于传输管道、管线、架空线路、基站土建、铁塔建设、设备安装、机房施工、宽带施工、WLAN 无线网施工、室分系统施工等工程。

3.2 管理职责

3.2.1 建设单位管理职责

3.2.1.1 安全管理

1. 安全管理职责。

制定安全生产管理办法，成立安全生产管理机构，明确单位主管通信工程项目的领导成员及安全职责；明确通信工程项目管理部门的安全职责；明确工程项目的负责人、管理员、现场随工人员及其安全职责。

2. 安全投入保障。

根据规范要求，建立通信工程安全生产费用提取和使用管理制度。按规定提取安全费用，专项用于通信工程的安全生产，足额、及时拨付安全防护文明施工措施费，并建立安全费用台账。

3. 原始资料提供。

及时组织协调各方人员收集资料，并及时向参建单位提供与建设工程有关的真实、准确、齐全的原始资料。

4. 相关方管理。

严格把关，审查设计、监理、施工、材料设备供应等单位的资质和相关人员的职业资格、上岗证、特种作业操作证等。

对承包商、供应商等相关方的资格预审、选择、服务前准备、作业过程监督、提供的产品、技术服务、表现评估、续用等进行管理，建立相关方的名录和档案。

根据相关方提供的服务作业性质和行为定期识别服务行为风险，采取行之有效的风险控制措施，并对其安全绩效进行监测。

统一协调管理同一作业区域内的多个相关方的交叉作业。

不应将工程项目发包给不具备相应资质的单位。

5. 安全会议与安全监督、检查。

定期组织召开安全生产会议、开展安全生产检查，严格监督，及时跟踪整改。安全检查和安全隐患整改情况记录在案。

6. 重大技术方案和施工组织方案审查。

认真、严格、及时组织重要技术方案和施工组织方案安全措施的审查，必要时组织对施工活动可能影响的周边建筑物和构筑物进行鉴定。

3.2.1.2 建设手续与标准执行

1. 施工许可手续办理。

按规定及时办理施工许可手续。

2. 建设工程合同管理。

在与设计、施工、监理单位的合同文件中，明确双方安全职责和义务。

3.2.2　设计单位管理职责

3.2.2.1　勘察设计人员内部安全

制定安全管理制度。在勘察设计阶段前，对勘察设计人员做好安全风险防范和应对措施教育。

3.2.2.2　设计原则及前提

充分考虑工程的安全问题，并提出解决方法，使工程安全风险得到有效的预控。

3.2.2.3　勘察设计安全方面标注明确

设计勘察阶段，对当地规划、原有地下管线、架空管线、三线交越、有触电可能物体、施工环境复杂地段、文物古迹等进行详细勘察和标注。对于租赁基站，应考虑原有大楼承重，做好结构计算，同时应兼顾后期施工难易程度。对铁路沿线的基站铁塔、传输线路建设地点应严格按照铁路交通行业要求预留安全距离。对合用通信站房应充分考虑机房防火设计和配套的消防设施建设。

3.2.2.4　设计方案要合理有效

按照法律法规和工程建设强制性标准进行设计，防止因设计不合理，导致生产安全事故的发生。对涉及施工安全的重点部位和环节，在设计文件中注明，并提出防范安全生产事故的指导意见。

3.2.2.5　设计文件中的施工安全注意事项标注

设计文件应说明具体的施工安全注意事项，注明施工环境、安全技术要求、安全情况等，特别应标注清楚交通要道、临建建筑、山体、河流、易燃易爆物等存在较大安全隐患地段。

3.2.2.6　全生产费用计列

按照工程概预算管理要求，根据工程性质及规模，在设计预算中独立计列安全生产费用。

3.2.3　监理单位管理职责

3.2.3.1　开工准备阶段监理安全控制措施

1. 监理内部安全培训教育。

制定安全管理制度。在工程开工前，对监理人员做好安全风险防范和应对措施教育。

2. 报建及工程资料核对等。

督促相关单位及时办报建手续，严禁未取得相关手续进行施工。

根据设计文件督促施工单位核对施工条件及特殊标识地段，并制定应对措施。

3. 审核施工单位安全措施。

工程开工前，督促要求施工单位按时提交《开工报告》及《施工组织设计（方案）》，根据项目工程实际情况对《施工组织设计（方案）》进行认真审核，特别是安全措施部分要认真审核，要求安全措施有可操作性及可行性，并形成《施工组织计划安全方案监理审核意见表》。对未提交《施工组织设计（方案）》或其中安全方案不符合要求的，不能同意该施工组织设计（方案）实施，不能签发该工程开工报审表。

4. 对施工单位安全培训的检查和监督。

工程开工前，检查施工单位安全培训教育情况，并根据工程实际情况审核施工单位《安全培训教育交底记录》，对于培训不符合要求的，不得签开工报告。

5. 发放监理安全通知书。

工程开工前、停工再次复工前或工程延期较长时间（约 1 个月以上的）后，根据项目工程实际情况编制好《监理安全通知书》发送至施工单位，并要求其在指定日期内针对通知内容进行回复。

6. 启动会协助建设单位对各单位作安全要求。

项目启动时必须组织施工单位、设计单位等召开工程启动会，会上应向各参建单位明确安全生产的职责，针对工程实施中可能存在的安全隐患，向各参建单位明确要求并安排落实。并把相关要求在会后以正式文件形式发送给各单位。如果实在无法召开项目启动会，应在征得建设单位同意后将相关要求以正式文件形式发送给各参建单位。

3.2.3.2 施工阶段监理安全管控措施

1. 检查工程中常见的安全隐患处理。

检查中发现施工过程存在安全隐患应立即指出，并告知相关单位，明确、强调本工程检查发现的安全隐患点，使其针对该隐患点采取有效的安全防范措施，并在现场要求施工单位立即进行防范整改。若发现重大安全隐患，应立即要求施工单位停止施工，待全面整改完毕后方可继续施工，并在巡检现场或巡检后立即发送要求停工的《监理工程师通知》，并要求施工单位签收回复。

2. 工程实施期间的安全检查。

在工程施工期间必须进行定期和不定期安全检查，并对存在安全隐患的施工作业提出处理意见，检查和处理情况应当记录在案。

3. 重大安全隐患管控措施。

在工程中间检查，若发现重大安全隐患，应立即要求施工单位停止施工进行全面整改完毕后方可继续施工，并在巡检现场或巡检后立即发送要求停工的《监理工程师通知》，并要求施工单位签收回复。

隐蔽工程施工监理人员要现场旁站，并做好现场旁站的影像、文字记录。

审核施工单位安全生产应急处理方案，按应急预案的要求，建立应急设施，配备应急装备，储备应急物资。对应急设施、装备和物资进行经常性的检查、维护、保养，确保其完好可靠。

应要求施工单位落实设备、材料等"三防"措施，并按要求对施工材料、配件等进行检查。

4. 节假日和突发自然灾害前期预警。

针对如国庆节、春节等长假期和国家重大会议、活动或其他原因的封网期，应针对相应原因以及工程实施情况编写《监理安全通知单》发送至施工单位，并要求其根据通知内容进行签收回复。

针对突发自然灾害如台风、冰雪等，应提前针对灾害特点以及工程实施情况编写《监理安全通知单》发送至施工单位，并要求其根据通知内容进行签收回复。

3.2.3.3 工程验收阶段监理安全管理措施

1. 人身、车辆安全方面。

在验收准备会议中及时提出相关注意事项，消除安全隐患；为保证参加验收人员安全，行车必须遵守交通规则严禁超速或酒后驾驶。

2. 登高作业。

验收人员必须严格按照安全规范执行，监理人员需查验登高证及防护措施是否到位。

3. 进出人手孔、地下室。

验收人员进出人手井、地下室安全措施必须到位，要做好防毒、通风，用火、用电安全等事项。

4. 管道光缆。

光缆验收开启井盖时，采取措施防止井盖滑落，砸伤光缆。

5. 电气性能测试。

验收人员必须注意用电安全，由专业人员操作，同时注意对原有线路的保护，监理单位需要进行核对检查。

3.2.4　施工单位管理职责

3.2.4.1　安全管理制度

及时传达并贯彻执行有关安全生产的法律法规和方针政策；建立健全安全生产管理制度，组织协调、处理安全生产工作中的重要问题，建设单位安全组织机构定期报告安全生产工作情况。认真学习并自觉执行安全施工的有关规定、规程和措施，确保不违章作业。

3.2.4.2　安全教育培训

施工单位定期组织人员进行安全施工作业和新技术培训，确保项目管理人员和施工人员具备相关的应知应会能力。特种作业人员须持有国家统一规定执业资格证书。

3.2.4.3　工器材检验、使用

正确使用、维护和保管所使用的工器具及劳动防护用品、用具，并在使用前进行检查。

3.2.4.4　安全生产操作

1. 施工单位应对生产现场和生产过程、环境存在的风险和隐患进行辨识、评估分级，并制定相应的控制措施。

2. 分部（项）工程应有书面的安全技术交底；安全交底要全面、针对性要强，并经过施工和监理单位审批。

3. 工程开工前，认真做好安全施工交底工作；施工中应严格按照安全操作规程进行施工，发现安全隐患应及时处理并向监理单位和建设单位报告。施工人员有权制止他人违章；有权拒绝违章指挥；应尊重和支持安全监察人员的工作，服从安全监察人员的监督与指导。

4. 对动火作业、受限空间内作业、临时用电作业、高处作业等危险性较高的作业活动实施作业许可管理，严格履行审批手续。作业许可证应包含危害因素分析和安全措施等内容，明确专人进行现场安全管理，确保安全规程的遵守和安全措施的落实。

5. 在设备设施检维修、施工、吊装等作业现场设置警戒区域和警示标志，在检维修现场的坑、井、洼、沟、陡坡等场所设置围栏和警示标志。

6. 施工材料、构件、工具等应分类堆放整齐、有序、合理；施工现场应做到工完场地清。

3.2.4.5　临时用电

在各个环节的施工中，几乎都会涉及临时用电，施工单位必须做好安全防范措施，尤其要注意以下几点：

1. 电源的进线、总配电箱的装设位置和线路走向是否合理。

2. 负荷计算是否正确完整。

3. 选择的导线截面和电气设备的类型规格是否相符。

4. 电气平面图、接线系统图是否正确完整。

5. 施工用电是否采用 TN-S 接零保护系统。

6. 是否实行"一机一闸一漏"制，是否满足分级分段漏电保护。

7. 照明用电措施是否满足安全要求。严禁使用不合格、不符合要求的工器具进行引电、用电，并保证整个用电现场及用电人员的干燥性；焊接、切割等用电作业应做好响应、防患措施。

3.2.4.6　应急处理

审核施工单位安全生产应急处理方案，按应急预案的要求，建立应急设施，配备应急装备，储备应急物资。对应急设施、装备和物资进行的检查、维护、保养，确保其完好可靠。

3.2.4.7　事故处理

发生人身事故时应立即抢救伤者，保护事故现场并按照国家要求及时报告；调查事故时必须如实反映情况；分析事故时应积极提出改进意见和防范措施。

3.3　通用安全生产操作规范

3.3.1　基本规定

3.3.1.1　安全管理

1. 施工单位的主要负责人、工程项目负责人和专职安全生产管理人员必须经过建设行政主管部门或者通信行业主管部门安全生产考核合格后方可任职。特种作业人员必须按照国家有关规定经过专门的安全作业培训，并取得特种作业操作资格证书后，方可上岗作业。

2. 施工单位主要负责人依法对本单位的安全生产工作全面负责。施工单位必须建立健全安全生产责任制度和安全生产教育培训制度，制定安全生产规章制度和操作规程，保证本单位安全生产条件所需资金的投入，对所承担的建设工程进行定期和专项安全检查，并做好安全检查记录。

3. 施工单位的项目负责人对建设工程项目的安全施工负责，落实安全生产责任制度、安全生产规章制度和操作规程，确保安全生产费用的有效使用，并根据工程的特点组织制定安全施工措施，消除安全事故隐患，及时、如实报告生产安全事故。

4. 施工单位应当设立安全生产管理机构，配备专职安全生产管理人员。专职安全生产管理人员负责对安全生产进行现场监督检查，发现安全事故隐患，必须及时向项目负责人和安全生产管理机构报告，对违章指挥、违章操作的，必须立即制止。

5. 施工人员在作业过程中，必须严格遵守本单位的安全生产规章制度和操作规程，服从管理，正确佩戴和使用劳动保护用品，自觉接受安全生产教育和培训。当发现事故隐患或者其他不安全因素时，施工人员必须立即向现场安全生产管理人员或本单位负责人报告，接到报告的人员必须及时予以处理。

6. 施工人员有权了解作业场所和工作岗位存在的危险因素、防范措施及事故应急措施；有权对本单位的安全生产工作提出建议；有权对本单位安全生产工作中存在的问题提出批评、检举、控告；有权拒绝违章指挥和强令冒险作业。当发现直接危及人身安全的紧急情况时，有权停止作业或者在采取可能的应急措施后撤离作业场所。

7. 工程项目施工必须实行安全技术交底制度，接受交底的人员必须覆盖全体作业人员。安全技术交底应具体、明确、有针对性，应有交底人和被交底人双方签字确认的书面记录。

8. 安全技术交底应包括以下主要内容：

（1）工程项目的施工作业特点和危险因素。

（2）针对危险因素制定的具体预防措施。

（3）相应的安全操作规程和标准。

（4）在施工生产中应注意的安全事项。

（5）发生事故后应采取的应急措施。

9. 系统割接前，应制定割接方案，充分考虑安全因素，并同时制订应急预案，经有关部门批准后方可实施。

3.3.1.2　施工现场安全

1. 在公路、高速公路、铁路、桥梁、通航的河道等特殊地段施工时必须设置有关部门规定的警示标志，必要时派专人警戒看守。

2. 在城镇的下列地点作业时，应根据有关规定设立明显的安全警示标志、防护围栏等安全设施并设置警戒人员，夜间应设置警示灯，施工人员应穿反光衣。必要时应搭建临时便桥等设施，并设专人负责疏导车辆、行人或请交通管理部门协助管理；搭设的便桥应满足行人、车辆通行安全，在繁华地区，便桥左右应加设围挡和明显标志。

（1）街巷拐角、道路转弯处、交叉路口。

（2）有碍行人或车辆通行处。

（3）在跨越道路架线、放缆需要车辆临时限行处。

（4）架空光（电）缆接头处及两侧。

（5）挖掘的沟、洞、坑处。

（6）打开井盖的人（手）孔处。

（7）跨越十字路口或在直行道路中央施工区域两侧。

3. 施工现场的安全警示标志和防护设施应随工作地点的变动而转移，作业完毕应及时撤除、清理干净。

4. 施工需要阻断道路通行时，应报请当地有关单位和部门批准，并请求配合。

5. 施工人员应阻止非工作人员进入施工作业区、接近或触碰施工运行中的各种机具与设施。

6. 在城镇和居民区内施工有噪音扰民时，应采取防止和减轻噪音扰民的措施，并在相关部门规定时间内施工；需要在夜间的或在禁止时间内施工的，应报请有关单位和部门批准。

7. 在通信机房作业时，应遵守通信机房的管理制度。应按照指定地点划分明确的作业区域，设置施工的材料区、工器具区、剩余料区等。钻孔、开凿墙洞应采取必要的防尘措施。需要动用正在运行设备的缆线、模块时，应经机房值班人员许可，严格按照施工组织方案实施，离开施工现场前应检查动用设备运行是否正常，并及时清理现场。

8. 从事高处作业的施工人员，必须正确使用符合技术要求的安全带、安全帽。

9. 从事高处作业的人员应定期进行健康检查，如发现身体不适合高处作业时，不得从事这一工作。

10. 高处作业时，所用工具、材料应放置稳妥，不得扔抛工具或材料。

11. 施工现场有两个以上施工单位施工时，建设单位应明确各方的安全职责，对施工现场实行统一管理。

3.3.1.3　施工驻地安全

1. 临时搭建的员工宿舍、办公室等设施必须安全、牢固，符合消防安全规定，严禁使用易燃材料搭建临时设施。临时设施严禁靠近电力设施，与高压架空电线的水平距离必须符合相关规定。

2. 施工驻地应按规定配备消防设施，设置安全通道。员工不得在宿舍擅自安装电源线和使用违规电器。

3. 宿舍应设置可开启式窗户，保证室内通风。宿舍夏季应有防暑降温措施，冬季应有取暖和防煤气中毒的措施。生活区应保持清洁，定期清扫和消毒。

4. 施工驻地临时食堂应有独立的制作间，配备必要的排风和消毒设施，严格执行食品卫生管理的有关规定，炊事人员应有身体健康证，上岗应穿戴洁净的工作服、工作帽，并保持个人卫生。

5. 食堂用液化气瓶不得靠近热源和暴晒，不得自行清倒残液，不得剧烈振动和撞击。

6. 施工单位应定期对住宿人员进行安全、治安、消防、卫生防疫、环境保护等法律、法规教育。

3.3.1.4　野外作业安全

1. 野外作业前应事先调查工作地区地理、环境等情况，辨识和分析危险源，制定相应的预防和安全控制措施，做好必要的安全防护准备。

2. 在炎热天气野外施工时应预防中暑，随身携带防暑降温药品。

3. 在寒冷、冰雪天气施工作业时，应采取防寒、防冻、防滑措施。当地面被积雪覆盖时，应用棍棒试探前行。在雪地施工时应戴有色防护镜。

4. 遇有强风、暴雨、大雾、雷电、冰雹、沙尘暴等恶劣天气时，应停止露天作业。雷雨天气不得在电杆、铁塔、大树、广告牌下躲避，不得手持金属物品在旷野中走路，在野外行走应关闭手机。

5. 在水田、泥沼中施工作业时，应穿长筒胶靴，预防蚂蟥、血吸虫、毒蛇等叮咬，应配备必要的防毒用品及解毒药品。

6. 在滩涂、湿地及沼泽地带施工作业时，应注意有无陷入泥沙中的危险。

7. 在山区、草原和灌木茂盛的地点施工作业时应注意：

（1）在山岭上不得攀爬有裂缝、易松动的地方。

（2）在有毒的动、植物区内施工时，应采取佩戴防护手套、眼镜、绑扎裹腿等防范措施。

（3）在野兽经常出没的地方行走和住宿时，应特别注意防止野兽的侵害；夜间出行应两人以上随同，并携带防护用具或请当地相关人员协助，不得触碰猎人设置的捕兽陷阱或器具。

（4）不得随意食用野果或野菜并注意饮水卫生。

（5）严禁在有塌方、山洪、泥石流危害的地方搭建住房或搭设帐篷。

8. 在铁路沿线施工作业时应注意：

（1）不得在铁轨、桥梁上坐卧，不得在铁轨上或双轨中间行走。

（2）携带较长的工具、材料在铁路沿线行走时，所携带的工具、材料应与路轨平行，并注意避让。

（3）跨越铁路时，应注意铁路的信号灯和来往的火车。

9. 穿越江河、湖泊水面施工作业时应注意：

（1）需要涉渡时，应以竹竿试探前进，不得泅渡过河；在未明确河水的深浅时，不得涉水过河。

（2）在江河、湖泊及水库等水面上作业时，必须携带必要的救生用具，作业人员必须穿好救生衣，听从统一指挥。

10. 在高原缺氧地区作业时应注意：

（1）施工人员应进行体格检查，不宜进入高原缺氧地区的人员不得进入高原缺氧地区施工。

（2）应预备氧气和防治急性高原病的药物，正确佩戴防紫外线辐射的防护用品。

（3）出现比较严重的高原反应症状时，应立即撤离到海拔较低的地方或去医院治疗。

3.3.1.5　施工交通安全

1. 施工人员必须遵守交通法规。驾驶员驾驶车辆必须注意交通标志、标线，保持安全行车距离，不强行超车、不超速行驶、不疲劳驾驶、不驾驶故障车辆，严禁酒后驾驶、无证驾驶。严禁车辆客货混装或超员、超载。

2. 车辆行驶时，乘坐人员应注意沿途的电线、树枝及其他障碍物，不得将肢体露于车厢外。车辆停稳后方可上下车。

3. 若需租用车辆，应与车主签订《租车协议》，明确双方安全责任和义务。

4. 施工人员使用自行车和三轮车时，应经常检查车辆的牢固状况及刹车装置的完好情况。骑车时，不得肩扛、手提物件或携带梯子及较长的杆棍等物。

5. 穿越公路时应注意查看过往的车辆，确认安全后才能穿越。

3.3.1.6　防火规定

1. 进入施工现场，应首先了解消防设施、器材、工具的设置地点，并不得随意挪动。

2. 消防器材设置地点应合理，便于取用，使用方法应明示。不得堵塞消防通道、遮挡消防设施。

3. 配置的消防器材必须完好无损且必须在有效期内。

4. 在光（电）缆进线室、水线房、机房、无（有）人站、木工场地、仓库、林区、草原等处施工时，严禁烟火。需动用明火时，必须经相关部门批准，并采取严密的防范措施。施工车辆进入禁火区必须加装排气管防火装置。

5. 在室内进行油漆作业时，应保持通风良好，不得有烟火，照明灯具应使用防爆灯头。

6. 电缆等各种贯穿物穿越墙壁或楼板时，应上报安全管理部门，并按要求用防火封堵材料封堵洞口；施工尚未结束时，应用临时防火封堵材料封堵洞口。

7. 电气设备着火时，应首先切断电源。

8. 机房失火时，严禁使用水和泡沫灭火器灭火。

3.3.1.7　用电安全

1. 施工现场用电应采用三相五线制的供电方式。用电应符合三级配电结构，即由总配电箱经分配电箱到开关箱。每台用电设备应有各自专用的开关箱，实行"一机一闸"制，严禁使用复接的电源插座。

2. 施工现场用电线路应采用绝缘护套导线，导线截面严格符合国家标准及设计要求，定期对电缆、接线温升进行检查，发现异常立刻进行整改。

3. 安装、巡检、维修、移动或拆除临时用电设备和线路，应由电工完成，并应有人监护。

4. 检修各类配电箱、开关箱、电气设备和电力工具时，应切断电源，并在总配电箱或者分配电箱一侧悬挂"检修设备，请勿合闸"的警示标牌，必要时设专人看管。

5. 使用照明灯应满足以下要求：

（1）室外宜采用防水式灯具。在人孔内宜选用电压 36 V 以下（含 36 V）的工作灯照明。在潮湿的沟、坑内应选用电压为 12 V 以下（含 12 V）的工作灯照明。用蓄电池做照明灯具的电源时，电瓶应放在人孔或沟坑以外。

（2）在管道沟、坑沿线设置普通照明灯或安全警示灯时，灯具距地面的高度应大于 2 m。

（3）使用灯泡照明时不得靠近可燃物。当用 150 W 以上（含 150 W）的灯泡时，不得使用胶木灯具。

（4）灯具的相线应经过开关控制，不得直接引入灯具。

6. 使用用电设备时应考虑对供电设施的影响，不得超负荷使用。

3.3.1.8 施工现场应急救援

1. 施工单位应根据施工现场情况编制现场应急预案。现场应急预案应在本单位制定的专项预案的基础上，结合工程实际，有针对性地编制。应急救援措施应具体、周密、细致、方便操作。施工现场应急预案编制后，应按照应急预案配备相应资源，必要时应组织人员进行培训和演练。

2. 施工现场应急预案应包括以下内容：

（1）对现场存在的重大危险源和潜在事故危险性质的预测和评估。

（2）现场应急救援的组织机构及人员职责和分工。

（3）预防措施。

（4）报警及通信联络的电话、对象和步骤。

（5）应急响应时，现场员工和其他人员的行为规定。

3. 发生任何事故，必须按照《生产安全事故报告和调查处理条例》及中国移动集团公司相关规定及时上报。项目负责人接到事故报告后，必须立即启动相应的事故应急预案，迅速采取有效措施，积极组织救护、抢险，防止事故继续扩大，减少人员伤亡和财产损失，并立即报告安全生产主管部门或上级应急指挥中心。

4. 事故发生后，有关单位和人员应当妥善保护事故现场以及相关证据，任何单位和个人不得破坏事故现场、毁灭相关证据。因抢救人员、防止事故扩大以及疏通交通等原因，需要移动事故现场物件的，应当做出标志，绘制现场简图并做出书面记录，妥善保存现场重要痕迹、物证。

5. 发生交通、触电、火灾、落水、人员高空坠落等事故时，现场有关人员应立即抢救伤员，同时向单位负责人报告并向当地医疗、消防、交通及相关部门报警。

6. 发生通信网络中断时，施工现场负责人应立即向建设单位和本单位项目负责人报告，并按照应急预案要求尽快恢复。

3.3.2 工器具和仪表

3.3.2.1 一般规定

1. 工器具和仪表应符合国家及行业相关标准要求，并应有产品合格证和使用说明书。施工人员应按照使用说明书的要求进行安全操作。

2. 施工作业时应选择合适的工具和仪表，并正确使用。

3. 工、器具和仪表应定期检查、维修、保养，发现损坏应及时修理或更换。电动工具、动力设备及仪表的检查、维修、保养及管理应由具备一定专业技术知识的人员专人负责。

4. 用电工具、设备的电源线不应任意接长或拆换，插头、插座应符合国家相关标准，不得任意拆除或调换。

5. 施工工具、器械的安装应牢固，松紧适度，防止使用过程中脱落或断裂。

6. 施工作业时，作业人员不得将有锋刃的工具插入腰间或放在衣服口袋内。运输或存放这些工具应平放，锋刃口不可朝上或向外，放入工具袋时刃口应向下。

7. 不得将长条形工具倚立在靠近墙、汽车、电杆的位置。放置长条形工具或较大的工具时应平放。

8. 传递工具时，不得上扔下掷。

9. 使用带有金属的工具时，应避免触碰电力线或带电物体。

3.3.2.2　简单工具

1. 使用手锤、榔头不应戴手套，抡锤人对面不得站人。铁锤木柄应牢固，木柄与铁锤连接处，应用楔子将木柄楔牢固，防止铁锤脱落。

2. 手持钢锯的锯条安装应松紧适度，使用时不左右摆动。

3. 滑车、紧线器应定期注油保养，保持活动部位活动自如。使用时，不得以小代大或以大代小。紧线器手柄不得加装套管或接长。

4. 各种吊拉绳索和钢丝绳在使用前应进行检查，如有磨损、断股、腐蚀、霉烂、碾压伤、烧伤现象之一者不得使用。在电力线下方或附近，不得使用钢丝绳、铁丝或潮湿的绳索牵拉吊线等物体。

5. 使用铁锹、铁镐时，应与他人保持一定的安全距离。

6. 使用剖缆刀、壁纸刀等工具时，应刀口向下，用力均匀，不得向上挑拨。

7. 台虎钳应装在牢固的工作台上，使用台虎钳夹固工件时应夹牢固。

8. 使用砂轮机时，应站在砂轮侧面，佩戴防护眼镜，不得戴手套操作。固定工件的支架离砂轮不得大于 3 mm，安装应牢固。工件对砂轮的压力不得过大。不得利用砂轮侧面磨工件，不得在砂轮上磨铅、铜等软金属。

9. 使用喷灯应满足以下要求：

（1）喷灯加油应使用规定的油类，不得随意代用。存放时应远离火源。

（2）点燃或修理喷灯时应与易燃、可燃的物品保持安全距离。在高处使用喷灯时应用绳子吊上或吊下。

（3）不得使用漏油、漏气的喷灯，不得使用喷灯烧水、做饭，不得将燃烧的喷灯倒放，不得对燃烧的喷灯进行加油。

（4）喷灯使用完后，应及时关闭油门并放气，避免喷嘴堵塞。

（5）气体燃料喷灯应随用随点燃，不用时应随时关闭。

3.3.2.3　梯子和高凳

1. 选用的梯子应能满足承重要求，长度应适当，方便操作。带电作业或在运行的设备附近作业时，应选择绝缘梯子。

2. 使用梯子前应检查梯子是否完好。梯子配件应齐全，各部位连接应牢固，梯梁与踏板无歪斜、折断、松弛、破裂、腐朽、扭曲、变形等缺陷；折叠梯、伸缩梯应活动自如；伸缩梯的绳索应无破损和断股现象；金属梯踏板应做防滑处理，梯脚应装防滑绝缘橡胶垫。

3. 移动超过 5 m 长的梯子，应用 2 个人抬，且不要在移动的梯子上摆放任何工具或东西。有架空线缆或其他障碍物的地方，不得举梯移动。

4. 梯子应安置平稳可靠。放置基础及所搭靠的支撑物要稳固，并能承受梯上最大负荷；地面应平整、无杂物、不湿滑；当梯子靠在电杆上时，上端应绑扎 U 型铁线环或用绳子将梯子上端固定在电杆或吊线上。

5. 梯子放置的斜度要适当，梯子上端的接触点与下端支撑点间水平距离宜等于接触点和支撑点间距离的 1/4 至 1/3。当梯子搭靠在吊线上时，梯子上端至少高出吊线 30 cm（梯子上端装铁钩的除外），但高出部分不得超过梯子高度的 1/3。

6. 在通道、走道使用梯子，应有人监护或设置围栏，并贴置"勿碰撞"的警示标志；如果梯子靠放在门前，应把门锁住，不许打开。

7. 使用直梯或较高的人字梯时，应有专人扶梯。直梯不用时应随时平放。

8. 使用人字梯时，搭扣应扣牢，无搭扣时须用结实的绳子在梯子中间缚住。不得将人字梯合拢作为直梯使用。

9. 伸缩梯伸缩长度不得超过其规定值。在电力线、电力设备下方或危险范围内，严禁使用金属伸缩梯。

10. 上下梯子时，应面向梯子，保持三点接触原则，且不得手持器物，不得携带笨重工具和材料。

11. 在梯子上工作应应穿橡胶底或其他类型的防滑鞋，不得两人或两个以上的人在同一梯子上工作（包括上下），不得斜着身子远探工作，不得一脚踏梯、另一脚踩在其他物件上，不得用腿、脚移动梯子，不得坐在梯子上操作。使用直梯时应站在距离梯顶不少于 1 m 的梯蹬上。

12. 使用高凳前应检查高凳是否牢固平稳，凳脚、踏板材质应结实。上、下高凳时不得携带笨重材料和工具，一个人不得脚踩两只高凳作业。

13. 高凳上放置工具和器材时，人离开时应随手取下。搬移高凳时，应先检查、清理高凳上的工具和器材。

3.3.2.4　安全带

1. 配发安全带必须符合国家标准。

2. 安全带应在使用期限内使用，发现异常应提前报废。

3. 每次使用前应严格检查，不得使用有折痕、弹簧扣不灵活或不能扣牢、腰带眼孔有裂缝、钩环和铁链等金属配件腐蚀变形或部件不齐全的安全带。

4. 安全带应储藏在干燥、通风的仓库内，不得随意丢放，不得接触高温、明火、强酸和尖锐带刃的坚硬物体，不得雨淋、长期曝晒。

5. 严禁任意拆掉安全带上的各种部件。更换新绳时要注意加绳套，严禁用一般绳索、电线等代替安全带（绳）。

6. 不得将安全带的围绳打结使用。不得将挂钩直接挂在安全绳上使用，应挂在连接环上使用。

3.3.2.5　手动机具

1. 千斤顶不得超负荷使用。千斤顶旋升最大行程不得超过丝杠总长的 3/5。使用千斤顶支撑电缆盘，应支放在平稳牢固的地面；在汽车上支撑电缆盘时，应将千斤顶用拉线固定。

2. 使用手扳葫芦应符合以下要求：

（1）不得超载使用，手柄不得加长使用。

（2）在使用前应确认机件完好无损，传动部分润滑良好，空转情况正常。起吊前应确认上下吊钩悬挂牢固，被吊物件捆绑牢固。

（3）在起吊重物时，任何人不得在重物下工作、停留或行走。放下被吊物件时，应缓慢轻放，不得自由落下。

（4）在使用过程中，如果感觉手扳力过大时应立即停止，查明原因，排除故障。

3. 使用手拉葫芦应符合以下要求：

（1）不得超载使用，不得用人力以外的其他动力操作。

（2）在使用前应确认机件完好无损，传动部分润滑良好，空转情况正常。起吊前应确认上下吊钩悬挂牢固，被吊物件捆绑牢固。

（3）在起吊重物时，任何人不得在重物下工作、停留或行走。被吊物件在空中停留时间较长时，应将手拉链拴在起重链上。

（4）在起吊过程中，搜动手链条时，用力应均匀和缓，不要用力过猛；如果拉不动链条应立即停止，查明原因，排除故障。

（5）使用两个手拉葫芦同时起吊一个物件时，应设专人指挥，负荷应均匀负担，操作人员动作应协调一致。

3.3.2.6 用电工具

1. 用电工具使用前应进行检查，若有手柄破损、导线老化、导线裸露、短路、外壳漏电、绝缘不良、插头和插座破裂松动、零件螺丝松脱等不正常现象，不得使用。

2. 用电工具的插头应与带漏电保护器的插座相配套，不得将导线直接插入插座孔内使用。

3. 转移作业地点及上下传递用电工具时，应先切断电源，盘好电源线，手提手柄，不得用导线拉扯。

4. 在易燃、易爆场所，必须使用防爆式用电工具。

5. 在带电设备上使用用电工具，应使用隔离变压器。

6. 手电钻或电锤使用前，应进行空载试验，运转正常方可使用。使用中出现高热或异声，应立即停止使用。装卸钻头时，应先切断电源，待完全停止转动后再进行装卸。使用手电钻或电锤时，不得戴手套。

7. 移动式排风扇、电风扇的金属外壳及其支架应有接地保护措施，并应使用有漏电保护器的电源接线盒。人孔内使用排风扇、电风扇时，电压不应超过 36 V。

8. 未冷却的电烙铁、热风机不得放入工具箱、包内，也不得随意丢放。电烙铁暂时停用时应放在专用支架上，不得直接放在桌面上、机架上或易燃物旁。

9. 使用熔接机应符合以下要求：

（1）不得在易燃、易爆的场所使用熔接机。

（2）不得直接接触熔接机的高温部位（加热器或电极）。

（3）更换电极棒前应关闭电源并将电源取出或将电源插头拔下。

3.3.2.7 电气焊设备

1. 焊接现场应有防火措施，不准存放易燃、易爆物品及其他杂物。

2. 禁火区内不得进行焊接、切割作业，需要焊接、切割时，应把工件移到指定的安全区内进行。当必须在禁火区内焊接、切割作业时，应报请有关部门批准，办理许可证，采取可靠防护措施后，方可作业。

3. 施焊点周围有其他人作业或在露天场所进行焊接或切割作业时，应设置防护挡板。5级以上大风时，不得露天焊接或切割。

4. 气焊或气割时，操作人员应保证气瓶距火源之间的距离在 10 m 以上。不得使用漏气焊把和胶管。

5. 电焊时，必须穿电焊服装、戴电焊手套及电焊面罩，清除焊渣时必须戴防护眼镜。

6. 焊接带电的设备时必须先断电。焊接贮存过易燃、易爆、有毒物质的容器或管道，必须清洗干净，并将所有孔口打开。严禁在带压力的容器或管道上施焊。

7. 使用电焊机应符合以下要求：

（1）电焊机摆放应平稳，机壳应有可靠的接地保护。电源线、焊钳、把线应绝缘良好。电源线不得被碾压。

（2）电焊机应单独设置控制开关，装设漏电保护装置应符合规定，交流电焊机应配装防二次侧触电保护器。

（3）交流电焊机一次侧电源线长度不应大于 5 m；二次线应采用防水型橡皮护套铜芯软电缆，电缆长度不应大于 30 m；两侧接线应压接牢固，并安装可靠防护罩。

（4）电焊机把线和回路零线应双线到位，不得借用金属管道、轨道等作回路地线。

（5）停机时，应先关闭电焊机，再拉闸断电。

（6）更换焊条时应戴手套，身体不准接触带电工件。

（7）移动电焊机位置时，应先关闭焊机，再切断电源；遇突然停电，应立即关闭电焊机。

（8）在潮湿处操作，操作人员应站在绝缘板上。在露天施焊，应设置电焊机的防潮、防雨、防水设施。遇雷雨、大雾天气，不得在露天施焊。

8. 使用氧气瓶应符合以下要求：

（1）严禁接触或靠近油脂物和其他易燃品。氧气瓶的瓶阀及其附件不得黏附油脂；手臂或手套上黏附油污后，不得操作氧气瓶。

（2）严禁与乙炔等可燃气体的气瓶放在一起或同车运输。

（3）瓶体应安装防震圈，轻装轻卸，不得受到剧烈震动和撞击；储运时，瓶阀应戴安全帽。

（4）开启瓶阀时，速度应缓慢，不得手掌满握手柄开启，人应站在瓶体一侧，人体和面部应避开出气口及减压气的表盘。

（5）严禁使用气压表指示不正常的氧气瓶。严禁氧气瓶内气体用尽。

（6）氧气瓶必须直立存放和使用。

（7）检查压缩气瓶有无漏气时，应用浓肥皂水，不得使用明火。

（8）氧气瓶不得靠近热源或在阳光下长时间曝晒。

9. 使用乙炔瓶应符合以下要求：

（1）检查有无漏气应用浓肥皂水，不得使用明火。

（2）乙炔瓶必须直立存放和使用。

（3）焊接时，乙炔瓶 5 m 内不得存放易燃、易爆物质。

3.3.2.8 动力机械设备

1. 使用气泵、空压机应符合以下要求：

（1）气压表、油压表、温度表、电流表应齐全完好；指示值突然超过规定值或指示异常，应立即停机检修。

（2）打开送气阀门前，应通知现场的有关人员，在出气口正面不得有人。送气时，应缓慢旋开阀门，不得猛开。开机后操作人员不得远离，停机时应先降低气压。

（3）输气管设置应防止急弯。空压机排气阀上连有外部管线或输气软管时，不得移动设备。连接或拆卸软管前应关闭空压机排气阀，确保软管中的压力完全排除。

（4）严禁使用汽油、煤油洗刷空气压缩机曲轴箱、滤清器或空气通路的零部件。

（5）储气罐严禁曝晒、烧烤。

2. 使用风镐、凿岩机应遵守下列要求：

（1）风镐、凿岩机各部位接头应紧固、不漏气。胶皮管不得缠绕打结，不得用折弯风管的办法作断气之用。不得将风管置于胯下。操作风镐的作业人员，应戴防护眼镜。

（2）钢钎插入风镐、凿岩机后不得开机空钻。

（3）风镐、凿岩机的风管通过路面时，应将风管穿入钢管作硬性防护。

3. 使用发电机应符合以下要求：

（1）电源线应绝缘良好，各接点应接线牢固。

（2）带电作业应做好绝缘防护措施，人体不得接触带电部位。

（3）发电机开启后，操作人员应监视发电机的运转情况，不得远离。

（4）作业人员必须远离发电机排出的热废气。

（5）严禁发电机的排气口直对易燃物品。

（6）严禁在发电机周围吸烟或使用明火。

（7）严禁在密闭环境下使用发电机。

4. 使用水泵应符合以下要求：

（1）水泵的安装应牢固、平稳，有防雨、防冻措施，转动部分应有防护装置。多台水泵并列安装时，间距不得小于 0.8 m。管径较大的进出水管，应用支架支撑。

（2）用水泵排除人孔内积水时，水泵的排气管应放在人孔的下风方向。

（3）水泵运转时，人体不得接触机身，也不得在机身上跨越。

（4）水泵开启后，操作人员应监视其运转情况，不得远离。

5. 使用潜水泵应符合以下要求：

（1）潜水泵宜先装在坚固的篮筐里再放入水中，潜水泵应直立于水中。

（2）潜水泵放入水中或提出水面时，应切断电源，不得拉拽电线或出水管。

（3）不得在含泥沙成分较多的水中使用潜水泵。

（4）潜水泵必须装设保护接地和漏电保护装置。

（5）启动潜水泵前应认真检查。排水管接续绑扎应牢固，放水、放气、注油等螺塞应旋紧，叶轮和进水节无杂物，电缆绝缘良好。

（6）电源线不得与周围硬质物体摩擦。

6. 使用路面切割机应符合以下要求：

（1）金属外壳应做好保护接地。手柄上应有电源控制开关，并做绝缘保护。使用前应检查电源控制开关，并经试运转正常后方可使用。

（2）电源线长度不得超过 50 m，使用时应一人操作，一人随机整理电源线，电源线不得在地面上拖拉。操作及整理电源线人员，应戴绝缘手套，穿绝缘鞋。

（3）使用路面切割机应划定安全施工区域。

7. 使用搅拌机应符合以下要求：

（1）安装位置应坚实，应采用支架稳固。

（2）使用前应检查离合器和制动器是否灵敏有效，钢丝绳有无破损，是否与料斗拴牢，滚筒内有无异物。经空载试运行正常后方可使用。

（3）料斗在提升、降落时，任何人不得从料斗下面通过或停留。停止使用时应将料斗固定好。运转时，不得将木（铁）棍、扫把、铁锹等物伸进筒内。

（4）送入滚筒的搅和材料不得超过规定的容量。中途因故停机重新启动前，应把滚筒内的搅和材料倒出。

（5）检修或清洗时，必须先切断电源，并把料斗固定好。进入滚筒内检查、清洗，必须设专人监护。

8. 使用砂轮切割机应符合以下要求：

（1）应放置平稳，不得晃动，金属外壳应接保护地线。电源线应采用耐气温变化的橡胶皮护套铜芯软电缆。

（2）应固定牢固，并安装有防护罩，切割机前面应设立 1.7 m 高的耐火挡砂板。

（3）开启后，应首先将切割片靠近物件，轻轻按下切割机手柄，使被切割物体受力均匀，不得用力过猛。

（4）严禁在砂轮切割片侧面磨削。

（5）砂轮切割片外径边缘残损时应更换。

9. 使用挖掘机应符合以下要求：

（1）挖掘机与沟沿应保持安全距离，防止机械落入沟、坑、洞内。

（2）操作中进铲不能过深，提斗不应过猛。铲斗回转半径内，不得有其他机械同时作业。

（3）行驶时，铲斗应离地面 1 m 左右；上下坡时，坡度不应超过 20°。

（4）严禁用挖掘机运输器材。

10. 使用翻斗车时，司机不得离开驾驶室。使用翻斗车运送砂浆或混凝土时，靠沟边的轮子应视土质情况与沟、坑、洞边保持一定距离，一般距沟、坑、洞边不应小于 1.2 m。

11. 使用推土机应符合以下要求：

（1）推土前应了解地下设施和周边环境情况。

（2）作业中应有专人指挥，特别在倒车时应瞭望后面的人员和地面障碍物。

（3）上下坡时，坡度不应超过 35°；横坡行驶时，坡度不应超过 10°。不得在陡坡上转弯、倒车或停车。下坡时不得挂空档滑行。

（4）推土机在行驶和作业过程中严禁上下人。停车或坡道上熄火时，必须将刀铲落地。

12. 使用吊车（起重机）应符合以下要求：

（1）工作场地应平坦坚实。停放位置应适当，离沟渠、基坑应有足够的安全距离。在土质松软的地方应采取措施，防止倾斜或下沉。起重机支腿应全部伸出，在撑脚板下垫方木，支腿定位销应插好。

（2）作业前应确认起重机的发动机传动部分、制动部分、仪表、吊钩、钢丝绳以及液压传动等正常，方可正式作业。

（3）钢丝绳在卷筒上应排列整齐，尾部应卡牢，作业时最少在卷筒上保留 3～5 圈。

（4）起吊物件应捆绑牢固，绳索经过有棱角、快口处应设衬垫。起吊物的重量不得超过吊车的负荷量。吊装物件应找准重心，垂直起吊。不得急剧起降或改变起吊方向。

（5）吊装物件时，严禁有人在吊臂下停留或走动，严禁在吊具上或被吊物上站人，严禁用人在吊装物上配重、找平衡。

（6）吊装物件时，应有专人指挥。对停止信号，不论何人发出都应立即停止。

（7）严禁用吊车拖拉物件或车辆。对起吊物重量不明时，应先试吊，确认可靠后才能起吊。严禁吊拉凝结在地面或设备上的物件。

（8）遇有大风、雷雨、大雾等天气时应停止吊装作业。停止作业时，吊钩应固定牢靠，不得悬挂在半空；应刹住制动器，将操作杆放在空档，将操作室门锁上。

（9）在架空电力线附近工作时，应与其保持安全距离，允许与输电线路的最近距离见表5.1。

表 5.1 起重机臂、被吊物件与电力线之间的最小允许距离

电压/kV	<1	6～10	35～110	<220
距离/m	1.5	2.0	4.0	6.0

3.3.2.9 仪表的使用

1. 仪表使用人员应经过培训，熟悉仪表的使用方法，并按仪表的规定进行操作和保管。

2. 仪表使用前应按额定工作电源电压的要求引接电源，电源插座应选用有防漏电保护的插座。仪表使用时应接地保护。

3. 使用直流电源的仪表时，电源的正负极性不得接反。直流电源仪表长期不使用时应及时从仪表中取出电池，不得将电池和金属物品一起存放。

4. 交/直流两用仪表在插入电源塞孔和引接电源时，不得将交/直流电源接错。

5. 使用仪表应防止日晒、雨淋或火烤，不得将水、金属等任何杂物掉入仪表内部。仪表内有异常声音、气味等现象时，应立即切断电源开关。

6. 使用带激光源的仪器时，不得将光源正对着眼睛。

7. 做过耐压和绝缘测试的电缆线对应及时放电，然后才能再进行其他项目的测试。

8. 使用仪表应轻拿轻放。搬运仪表时，应使用专用的仪表箱。

3.3.3 器材储运

3.3.3.1 一般规定

1. 搬运通信设备、线缆等器材时，使用的扛、绳、链、撬棍、滚筒、滑车、挂钩、绞车（盘）、跳板等搬运工具应有足够的强度。不得使用有破损、腐蚀、腐朽现象的搬运工具。

2. 人工挑、抬、扛工作应采取措施，保证安全。

3. 在楼台上吊装设备时，应系尾绳，并应考虑平台的承重；吊装绳索应牢固。

4. 使用叉车进行搬运时，器材应叉牢；离地面高度以方便行驶为宜，不宜过高。

5. 采用滚筒搬运物体时应遵守以下要求：

（1）物体下面所垫滚筒（滚杠）应保持两根以上，如遇软土应垫木板或铁板。

（2）撬拉点应选取在合理的受力部位，移动时应保持左右平衡。

（3）上下坡时，应用绳索拉住物体缓慢移动，并用三角枕木等随时支垫物体。

（4）作业人员不得站在滚筒（滚杠）移动的方向。

6. 用坡度坑进行装卸时，坑位应选择在坚实的土质处，必要时上下位置应设挡土板；坡度坑的坡度应小于30°。

7. 用跳板进行装卸时应遵守以下要求：

（1）普通跳板应选用厚度大于 6 cm、没有木结的坚实木板，放置坡度高长比宜为 1∶3。如需装卸较重物品，跳板厚度应大于 15 cm，并在中间位置加垫支撑。

（2）跳板上端应用钩、绳固定。

（3）如遇雨、雪、冰或地滑时，应清除冰块等，并在木板上垫草垫。

8. 车辆运输工程器材时，长、宽、高不得违反相关规定。若需运载超限而不可解体的物品，应按照交通管理部门指定的时间、路线、速度行驶，并悬挂明显的警示标志。

9. 搬运易燃、易爆物及危险化学品时应按照国家相关标准规定执行。

3.3.3.2 杆材搬运

1. 用汽车装运电杆时，车上应设置专用支架，杆材重心应落在车厢中部，杆材不得超出车厢两侧；没有专用支架时，杆材应平放在车厢内，杆根向前，杆梢向后，杆材伸出车身尾部的长度应符合交通部门的规定；卸车时应用木枕或石块稳住前后车轮。

2. 卸车时，应按顺序逐一进行松捆，不得全部松开；不得将电杆直接向地面抛掷。

3. 沿铁路抬运杆材，不得将杆材放在轨道上或路基边道内，通过铁路桥时应取得驻守人员的同意。

4. 电杆应按顺序从堆放点高层向低层搬运。撬移电杆时，下落方向不得站人。从高处向低处移杆时用力不宜过猛，防止失控。

5. 人力肩扛电杆时，作业人员应用同侧肩膀。

6. 使用"抱杆车"运杆，电杆重心应适中，不得向一头倾斜，推拉速度应均匀，转弯和下坡前应提前控制速度。

7. 在往水田、山坡搬运电杆时应提前勘选路由，根据电杆重量和路险情况，备足搬运用具和充足人员，并有专人指挥。

8. 在无路的山坡地段采用人工沿坡面牵引电杆时，绳索强度应足够牢靠，同时应避免牵引绳索在山石上摩擦，电杆后方不得站人。

3.3.3.3 盘式包装器材搬运

1. 装卸盘式包装器材宜采用吊车或叉车。

2. 人工装卸盘式包装器材，应有专人指挥，可选用有足够承受力的绳索绕在缆盘上或中心孔的铁轴上，用绞车、滑车或足够的人力控制缆盘均匀从跳板上滚下，不得将缆盘直接从车上推下；装卸时施工人员应远离跳板前方和两侧。

3. 盘式包装器材在地面上做短距离滚动时，应按光（电）缆、钢绞线或硅芯管的盘绕方向进行；若在软土上滚动，地面上应垫木板或铁板。

4. 光（电）缆盘搬运宜使用专用光（电）缆拖车，不宜在地面上做长距离滚动。

5. 用两轮光（电）缆拖车装卸光（电）缆时，无论用绞盘或人力控制，都需要用绳着力拉住拖车的拉端，缓慢拉下或撬上，不可猛然撬上或落下，不得站在拖车下面或后面。

6. 用四轮光（电）缆拖车装运时，两侧的起重绞盘提拉速度应一致，保持缆盘平稳上升落入槽内。

7. 使用光（电）缆拖车运输光（电）缆，应按规定设置标志。

3.3.3.4　大型设备搬运

1. 装卸大型设备宜采用吊车或叉车。搬运设备时应注意包装箱上的标志，不得倒置。

2. 人工搬运时，应有专人指挥，多人合作，步调一致；每人负重男工不得超过 40 kg，女工不得超过 20 kg；不得让患有不适于搬运工作疾病者参与搬运工作。

3. 人工搬运设备上下楼梯时，应按照身高、体力妥善安排位置，负重均匀；急拐弯处要慢行，前后的人应相互照应。

4. 使用电梯搬运设备上下楼时，宜使用货梯，电梯的大小和承重应满足搬运要求。

5. 手搬、肩扛没有包装的设备时，应搬、扛设备的牢固部位，不得抓碰布线、盒盖、零部件等不牢固、不能承重的部位。在搬运过程中不得直接将机柜放在地面上拖拉、推动。

3.3.3.5　器材储存

1. 不得使用易燃材料搭建仓库，仓库的搭建应安全、牢固、符合消防安全规定。

2. 仓库及堆料场宜设在取水方便、消防车能驶到的地方。不得在高压输电线路下方搭设仓库或堆放物品。储量较大的易燃品仓库应有两个以上大门，并要和生活区、办公区保持规定距离。

3. 器材分屯堆放点应设在不妨碍行人、行车的位置；如需存放在路旁，应派专人值守。

4. 仓库及堆料场应制定防潮、防雨、防火、防盗措施，并指定专人负责。

5. 仓库内及堆料场不得使用碘钨灯，照明灯及其缆线与堆放物间应按规定保持足够的安全间距；物品堆放位置应合理布局，应设置安全通道。

6. 易燃、易爆的化学危险品和压缩可燃气体容器等必须按其性质分类放置并保持安全距离。易燃、易爆物必须远离火源和高温。严禁将危险品存放在职工宿舍或办公室内。废弃的易燃、易爆化学危险物料必须按照相关部门的有关规定及时清除。

7. 安放盘式包装器材时，应选择在地势平坦的位置，并在盘的两侧安放木枕；不得盘平放。

8. 堆放杆材应使杆梢、杆根各在一端排列整齐平顺。杆堆底部两侧应用短木或石块挡堵，堆放完毕应用铁线捆牢。木杆堆放不得超过六层，水泥杆堆放不得超过两层。

3.4　生产安全事故救援和调查处理

1. 施工单位在发生有人员伤亡的生产安全事故后，事故现场人员应立即拨打医院急救电话请求急救，具备条件的应进行现场抢救，并马上报告本单位负责人、我公司项目负责人和监理单位的现场监理人员。

2. 各单位接到事故报告后，应当立即启动安全事故应急预案，采取有效措施，组织抢救，防止事故扩大，减少人员伤亡和财产损失。

3. 事故发生后，有关单位和人员应当妥善保护事故现场及相关证据，任何单位和个人不得破坏事故现场、毁灭相关证据。

4. 事故发生单位负责人接到事故报告后，应当于 1 小时内向事故发生地县级以上人民政府安全生产监督管理部门和本行政区通信管理局报告。

5. 因未履行安全生产责任导致发生生产安全责任事故，依据《中国移动安全生产责任制》的有关规定，对相关责任人进行处理。

3.5　工程建设安全考核

1. 各公司应对通信建设工程进行安全管理考核，对发生一定级别安全事故的，给予有关责任单位相应处罚，并对相关责任人进行行政处罚直至依法追究其法律责任。

2. 各公司应定期、不定期组织专项工程安全检查。对于安全检查中发现的问题和隐患，应予以通报批评和处罚，并责成有关单位立即整改。拒不整改，或整改不力的应加重处罚。

3. 各公司应在设计、施工、监理等参建单位的考评中设置安全考评内容，并在与参建单位签订的合同中设置安全考评及罚则等内容。对于安全管理工作不力、造成不良后果的单位给予停止执行合同、按合同罚款、工程后评估扣分、停止或限制参与公司通信工程的投标等处罚。

3.6　附则

1. 本细则解释权和修改权属于中国移动通信集团安徽有限公司工程建设部。
2. 各分公司根据本公司实际情况制定实施细则。
3. 本办法自下发之日起执行。

4　通信公司所属工程企业施工分包管理办法

4.1　总则

1. 为进一步加强对中国移动通信集团安徽有限公司所属工程企业工程施工分包的组织管理，提高施工质量，依据国家相关法律法规，特制定本管理办法。

2. 中国移动通信集团安徽有限公司所属工程企业是指依据《公司法》及有关法律、法规的规定，由中国移动通信集团安徽有限公司出资设立的工程企业（以下简称工程企业）。

3. 工程企业在核准的经营范围内组织生产经营，依法参与各类工程项目施工业务的招投标，依据中标结果承接相应的工程项目施工业务。

4. 依据《中华人民共和国招标投标法》《中华人民共和国招标投标法实施条例》等相关法律法规，工程企业可对所承包的工程项目进行合法分包。

5. 严禁工程企业将所承包的工程项目进行转包或违法分包，禁止分包单位进行再次分包。

4.2　分包定义

1. 合法分包行为包括专业分包和劳务分包。

2. 专业分包是指工程企业将其所承包工程中的部分非主体专业工程发包给具有相应资质等级的专业分包单位完成的活动。

3. 劳务分包是指工程企业将其所承包工程中的劳务作业发包给具有相应资质等级的劳务分包单位完成的活动。

4. 任何情况下主体工程不得进行专业分包。

4.3　分包准入管理

1. 专业分包和劳务分包单位必须具有营业执照和独立法人资格，有良好的业绩和财务水平，专业分包单位必须具备相应的专业工程施工资质及等级，劳务分包单位必须具备相应的劳务分包资质，其人员数量及专业技术素质能力应能满足安全施工和保证工程质量的要求。

2. 工程企业对专业和劳务分包单位的选择应根据国家招投标制度的相关要求进行。

3. 工程企业对专业和劳务分包单位的选择应在工程项目正式开工前完成。

4. 分包价格标准不得低于市场基准价格，以免发生因低价而降低工程质量标准的行为。

5. 工程企业对专业和劳务分包单位的选择结果应向建设单位报备，并根据政府主管部门的相关管理要求履行必要的工作程序。

6. 工程企业应与专业或劳务分包单位通过合同构成合法的承发包关系。

4.4　分包合同管理

1. 实施分包的项目开工前，工程企业应与分包单位按项目签订分包合同，同时签订安全协议。

2. 分包单位必须在分包合同、安全协议签订后方可进场施工。严禁无合同和安全协议进行施工。

3. 分包合同中应明确约定分包工程或作业范围及具体内容，约定的工作内容不得超越分包单位的资质范围。

4. 分包合同必须遵循施工承包合同的各项原则，合同条款应合法、有效，准确界定合同双方的权利义务，不得将应由工程企业承担的技术责任、质量责任、安全责任转移给分包单位。

5. 分包合同应按国家和集团公司规定明确安全生产费用的数额、支付计划、使用要求、调整方式等条款。

6. 分包合同中明确费用结算方式和支付条款，最终支付据实结算。

7. 分包合同中应明确施工人员意外伤害保险费用支付和办理的责任方。

8. 分包合同中应明确对分包单位及人员的考核管理要求及相应的处罚制度。

4.5 工程实施过程管理

1. 工程企业对施工安全、质量、进度负总责，并依据分包合同及安全协议对分包单位的安全、质量、进度等进行管理。分包单位依据分包合同及安全协议负责承包范围内的安全、质量、进度等工作。工程企业和分包单位对分包工程的安全、质量、进度等承担连带责任。

2. 专业分包工程的现场管理由分包单位负责，工程企业应要求专业分包单位成立现场项目管理组织机构。

3. 专业分包项目开工前，工程企业应协同建设单位、监理单位对专业分包单位投入项目施工的人员资质、施工机械、工器具等进行入场检查。

4. 劳务分包工程的现场管理由工程企业负责，劳务分包单位派遣的劳务人员由工程企业负责管理。

5. 劳务分包施工入场前，工程企业应对劳务分包单位派遣的劳务人员配备和专业素质能力、特种作业资质等进行审核，确保满足现场施工要求。并建立劳务分包人员名册备案。

6. 劳务分包作业的施工方案、作业指导书（含安全技术措施）等技术文件由工程企业负责编制，负责在劳务作业前对所有参与施工作业的劳务分包人员进行安全技术交底。

7. 工程企业应建立劳务分包单位及人员考核管理制度，定期进行考核评分，并将考核结果与合同结算费用进行挂钩。

8. 工程企业应及时向分包单位支付工程款或劳务费用；工程企业应要求分包单位按照国家法律法规派遣施工人员，并督促分包单位不得拖欠施工人员工资，避免在分包过程中因费用等方面的纠纷影响工程进度和质量。严禁工程企业和分包单位拖欠农民工工资。

4.6 检查监督管理

1. 工程企业应加强分包单位的准入管理，禁止无营业执照、无业务资质、超越资质等级的分包行为。

2. 定期不定期地开展工程企业分包行为的检查工作，发现问题及时监督整改，保证分包工程安全、质量、进度。

3. 对发生重大工程安全、质量问题的分包单位，工程企业严格执行对分包单位的考核管理，严重时可中止分包合同。

4.7 项目经理管理

1. 工程企业应根据所承包工程项目的实际情况，按照依法合规、配置高效的原则建立工程项目管理组织机构，开展工程项目管理活动。

2. 工程企业应通过国家相关资质认证或公司内部认证等方式建立起适应工程建设需要的项目经理管理团队。

3. 工程企业应加强项目经理的内部培训学习管理，重点在提升项目经理的工程施工组织能力及项目的安全、质量、进度、成本管理能力等方面。

4. 工程企业应建立项目经理的考核管理制度，定期进行考核评估，依据考核结果强化项目经理团队内部管理。

4.8　其他

1. 本办法由省公司工程建设部负责解释。
2. 本办法自印发之日起执行。

5　通信公司通信工程勘察设计管理办法

5.1　总则

1. 工程勘察设计是项目基本建设程序的重要环节。为规范通信工程勘察设计管理，提高勘察设计质量，保证勘察设计进度，保障工程设计有效指导施工建设，结合公司实际情况，制定本管理办法。

2. 本办法明确了各相关单位/部门的管理职责划分，规定了设计单位资质及资源配置、设计管理工作流程及工作标准、设计档案、设计工作监督管理、设计单位考核评估等方面的要求。

3. 本办法使用范围为中国移动通信集团安徽有限公司（以下简称"省公司"）、所属各市分公司（以下简称"分公司"）。

4. 在全公司范围内从事通信工程勘察、设计等工作的设计单位，必须严格遵守国家有关工程设计管理的法律、法规要求。

5. 本办法适用于省公司主管的通信工程常规项目，通信工程切块投资项目可参照本办法执行。集团主管的通信工程项目勘察设计管理遵从集团公司有关规定，涉及省公司执行的工作环节参照本办法执行。

5.2　管理职责

1. 根据公司建设项目管理办法规定，按照"统一管理、分级实施"的原则，由省公司工程管理部门作为省公司设计管理部门，统一负责全省通信工程勘察设计的职能管理，省公司工程管理部门和分公司建设部门分别负责具体工程项目的勘察设计组织工作。省公司和分公司建设部门按照批复后的设计组织工程实施。

2. 省公司设计管理部门职责：

（1）负责全省通信工程勘察设计管理，制定全省通信工程勘察设计管理规章制度。
（2）负责指导、监督、检查全省通信工程勘察设计工作的执行和考核落实情况。
（3）组织对勘察设计单位的考核评估，建立勘察设计单位的引入和退出机制。

（4）针对通信工程项目设计预算编制时遇到的国家标准定额没有明确的内容缺项，组织编制省内补充定额。

（5）对于集团主管项目，负责组织省内勘察设计的相关配合工作。

（6）按照建设项目管理分工，负责组织省管（除单本地网非主设备类外）项目的设计委托、勘察、编制、会审及批复工作。

（7）审查分公司上报的设计会审结果，并下达正式设计批复。

（8）审查建设部门上报的设计变更申请，下达设计变更批复。

3. 省公司建设部门职责：

（1）参与设计会审，负责对设计文件的施工建设方案进行审核，结合实际施工需求对设计方案提出合理建议。

（2）按照设计批复的方案组织施工，负责对实施中涉及的超出设计批复范围的设计变更提交变更申请。

4. 分公司建设部门职责：

（1）贯彻执行省公司勘察设计管理制度，规范勘察设计工作管理，严把勘察设计质量关。

（2）负责组织省管单本地网（非主设备）项目的设计委托、勘察、编制、会审工作，向省公司设计管理部门申请设计批复。配合其他省管项目设计的勘察、编制和会审。

（3）落实本区域内勘察设计单位工作情况的监督管理，配合省公司组织的勘察设计单位考核评估。

（4）负责对本地区勘察设计人员的勘察设计资格和业务技术能力进行审查。

（5）参与设计会审，负责对设计文件的施工建设方案进行审核，结合实际施工需求对设计方案提出合理建议。

（6）按照设计批复的方案组织施工，负责对实施中涉及的超出设计批复范围的设计变更提交变更申请。

5. 维护和使用部门职责：

（1）配合设计的现场查勘工作，对设计单位提交的勘察报告相关内容进行确认。

（2）参与设计会审，负责对设计文件的技术和工艺规范、系统和信息安全、设备安装位置和线缆布局等方面进行审核，结合将来的维护和使用需求对设计方案提出合理建议。

（3）对实施中涉及的设计变更进行配合确认。

6. 勘察设计单位职责：

（1）根据设计委托进行现场勘察，并编制勘察报告。

（2）按照国家颁布和安徽移动规定的设计规范和预算编制有关要求，以及经批准的立项文件进行工程项目的勘察设计和预算编制。

（3）参加设计和预算会审，根据会审结果编制出版正式设计文件。

（4）参与设计交底，将设计中建设方案和注意事项等内容向施工监理单位进行现场交底说明。

（5）按照设计和合同要求，审核工程实施期间提出的设计方案变更和预算调整申请，确认后下达正式的设计方案变更和预算调整说明。

7. 施工单位职责：

（1）参加设计和预算会审，对设计中涉及的施工方案提出意见或建议。

（2）依据审批后的工程设计方案编制施工组织设计，按照施工组织设计进行施工，不得擅自更改工程设计。

（3）对于施工过程中出现的设计方案变更，提出设计变更建议。设计变更申请未经批复不得实施。

8. 监理单位职责：

（1）参加设计和预算会审，对设计中的建设方案提出意见或建议。

（2）依据审批后的工程设计方案，编制监理工作规划和实施细则，审核施工单位提交的施工组织设计。

（3）按照设计和合同要求，初步审核工程实施期间施工单位提出的设计方案变更建议，确认后移交设计单位进行审核，由建设部门确认设计变更，涉及需要进行设计变更批复的项目提交设计管理部门进行审核批复。

（4）依据工程设计预算及实际施工工作量，对施工单位提交的施工费结算进行初步审核，确认后提交建设部门进行最终审核。

5.3　设计单位资质

1. 通信工程勘察设计单位资质主要分为以下几类：

（1）住房和城乡建设部审批的电子工程广电行业的设计资质甲、乙级资质。

（2）工业与信息化部审批的通信信息网络系统集成甲、乙、丙级和用户管线资质。

（3）住房和城乡建设部审批的工程勘察甲、乙、丙级资质。

2. 具备电子工程广电行业甲、乙级设计资质和通信信息网络系统集成甲、乙、丙级资质的企业按照国家规定的业务范围可承揽我公司相应通信工程勘察设计工作。

3. 具备用户管线资质的企业可承担用户通信管道、用户通信线路、综合布线等工程的新建、扩建和改建的勘察设计。

4. 承揽我公司传输管线及客户接入类项目勘察设计工作的企业至少具备通信信息网络系统集成丙级及以上资质或用户管线资质。

5. 承揽我公司政企类项目勘察设计工作须具备通信信息网络系统集成丙级及以上资质。

6. 工程勘察甲、乙、丙级资质企业可承担资质许可范围内涉及岩土工程、水文地质和工程测量等相应规模工程的勘察工作。

7. 建设单位在组织通信工程设计单位选择前，应对勘察设计单位的资质进行认真审查，审查方法包括对营业执照、资质证书、银行信用等级、合法用工合同等相关证书和证明材料进行审验，必要时现场核实。

8. 勘察设计单位必须在其资质等级证书许可的时限和业务范围内承揽相应类别的工程，禁止无勘察设计资质或超越本单位勘察设计等级许可的范围或以其他勘察设计单位的名义承担勘察设计工作。

5.4　设计单位资源配置

1. 通信工程勘察设计工作实行属地化管理，按照服务区域设置常驻机构，并设立项目负责人。同时配置必要的内部管理所需的工作考核、安全生产、质量监督、人力资源、财务资产、业务培训、综合管理等职能的人员。

2. 勘察设计单位应遵循投标承诺要求设置项目负责人，一般省级项目负责人具有相应通信专业高级技术职称，八年以上通信工程勘察设计工作经验，具有主持大型及综合性工程勘察设计的组织与协调能力、妥善解决本专业重大工程和技术问题的能力，并能熟练运用本专业技术规范书。若省级项目负责人工作经验不足八年，则至少应承担同类项目工程勘察设计5年以上。

3. 勘察设计单位应选派有能力、有整体设计经验、责任心强的勘察设计人员为地市级项目负责人，常驻项目所在地，并在勘察设计工作开展过程中和施工服务期内长期保持稳定。地市项目负责人一般具有相应通信专业中级技术职称、五年以上通信工程设计工作经验、参加并完成过 3 个以上的勘察工程设计项目、持有通信工程概预算资格证书。若地市项目负责人工作通信工程勘察设计工作经验不足五年，则至少应承担同类项目工程勘察设计 3 年以上。

4. 勘察设计人员应具有本专业相关的资质证书，概预算编制人员应持有通信工程概预算资格证书。

5. 勘察设计项目负责人和勘察设计人员应按时参加建设单位召集的相关设计会议。勘察设计单位如更换项目负责人需征得建设单位同意，并完成更换双方的工作交接后，被更换人员方可离开。

6. 勘察设计单位应保证勘察设计人员的稳定性，人员变动率应控制在较低水平。

7. 设计单位硬件资源配置基本要求：

（1）每个地市应根据工程规模配备必要的交通工具。

（2）每个地市应根据业务需要和专业特点，配备必要的测量、取证、检测仪表等工器具、GPS 定位工具以及企业信息化工具。

（3）所有设计人员均须配备移动电话，保证 7×24 小时开机可以随时联系，配备 500 万及以上像素的数码相机、办公电脑。

8. 省公司和市分公司应参照本章要求不定期对勘察设计单位的资源配置和人员资质情况进行审查。

5.5　勘察设计管理流程

1. 勘察设计管理流程主要涉及设计委托、设计勘察、设计编制、设计会审、设计批复、设计变更等内容。原则上省公司立项的项目，由省公司设计管理部门进行设计批复。

2. 根据省公司的建设项目管理办法规定，省公司主管的常规通信项目按照建设内容、建设部门可细分为省本部项目、多本地网项目、单一本地网项目（主设备类）、单一本地网项目（非主设备类）。

3. 省本部项目、多本地网项目、单一本地网项目（主设备类）的设计委托、设计勘察、设计编制、设计会审、设计批复原则上均由省公司设计管理部门负责组织，各建设部门、维护和使用部门负责配合。

4. 单一本地网项目（非主设备类）的设计委托、设计勘察、设计编制、设计会审由分公司建设部门负责组织。分公司建设部门在完成设计会审后，将会审结果上报省公司设计管理部门，由省公司设计管理部门负责审批。

5. 无线网项目的设计可由省公司设计管理部门统一组织，其中 BSC/RNC、OMC 等无线网核心系统的设计委托、编制和会审由省公司设计管理部门负责；分公司本地基站设备的设计委托、编制和会审由分公司负责，并将设计会审结果上报省公司设计管理部门。所有项目的设计批复均由省公司设计管理部门负责。

6. 对于分公司分批上报的单一本地网项目设计会审结果，省公司设计管理部门根据项目规模和工程进度安排，可以集中批复，也可分批批复。

7. 设计变更由各建设部门根据具体施工情况在设计批复的范围内进行核准。对超出设计批复范围的变更由建设部门提出申请，如设计变更在立项批复范围内的可直接报省公司设计管理部门进行审批，如设计变更在立项批复范围外的需先取得省公司立项部门的同意后报省公司设计管理部门进行审批。

5.6　设计工作要求

1. 工程勘察设计管理是项目成本、进度、质量控制的关键环节，是控制投资、顺利实现项目目标和交付合格工程的保障。设计批复、经评审通过后的设计文件和设计预算等是项目采购、工程实施的主要依据。

2. 通信建设项目必须委托经集团公司或省公司批准的设计单位进行，设计单位资质需满足本办法第 5.3 节相关要求。

3. 工程设计根据项目规模和复杂程度，分为两阶段设计和一阶段设计。

4. 工程采用两阶段设计的，应包括初步设计和施工图设计。初步设计根据批准的可行性研究报告或项目建议书，确定项目的建设方案、进行设备选型、编制项目的总概算；施工图设计根据批准的初步设计文件和主要设备订货合同进行编制，绘制施工详图，标明房屋、建筑物、设备的结构尺寸，安装设备的配置关系和布线，明确施工工艺，提供设备、材料明细表，并编制施工图预算。

5. 工程采用一阶段设计的，在明确设计原则和功能要求时，同步绘制工程施工时所需的详细图样，并编制施工图预算。工程一阶段设计的深度要达到施工图设计的标准。安徽公司的工程项目一般采用一阶段设计。

6. 设计委托是指省公司设计管理部门或分公司建设部门根据立项批复，委托设计单位编制设计文件。设计委托应明确委托项目名称、项目编号、设计编制阶段、现场勘察要求、设计编制要求、预算编制要求、设计组织要求及完成期限等内容。具体委托内容要求如下：

（1）委托项目名称和项目编号以立项批复内容为准；

（2）设计编制阶段指本次委托的设计是一阶段设计还是二阶段设计。

（3）现场勘察要求指本项目勘察的重点段落，注意事项和相关配合部门在配合勘察时的工作要求。

（4）设计编制要求指项目设计编制的质量要求、分册要求等。设计文件编制质量要满足国家和公司的设计文件标准。

（5）预算编制要求要明确本设计预算编制依据的国家定额标准和公司补充定额标准。

（6）设计组织要求指要求设计单位提供相应资质和数量的设计力量，来保证设计工作能够按时保质保量完成。

（7）完成期限指明确设计文件编制完成，具备设计会审条件的时限。

7. 设计勘察是指设计单位根据设计委托，依据可行性研究报告（或项目建议书），在相关部门的配合下，完成施工现场的勘察，并出具勘察报告。具体勘察工作要求如下：

（1）勘察设计单位必须严格执行基本建设程序，坚持先勘察后设计。

（2）勘察结束后需要确认施工及配套方案、预占资源，并形成勘察报告。配合勘察的维护使用部门需对勘察报告相关内容进行确认。

（3）对于分期或滚动规划建设的项目，勘察时应重点核实现网的实际容量、配置。

（4）勘察人员在勘察结束后应按照省公司规范要求编制勘察报告，注明勘察相关数据和需要确定的关键信息。

（5）勘察结果需要在勘察当地进行汇报，项目需求部门、维护部门、建设部门需对设计单位的勘察报告进行确认，经确认的勘察报告作为设计编制的依据。

8. 设计编制是指设计单位依据立项批复、可研（或项目建议书）及勘察报告、行业企业规范、主设备采购订单等相关资料完成设计文件编制。具体设计编制工作要求如下：

（1）设计文件一般包括：设计说明、概（预）算及概（预）算说明、施工图纸。

（2）工程设计建设内容和建设规模不得超过批复的可行性研究报告列明的范围。

（3）设计中应列明各单项、单位工程的建设内容、工程实施方案、主要设备、配套设备、材料和施工工作量。

（4）对于涉及网络割接调整的项目，设计中应明确主要割接步骤和割接方案。

（5）工程设计应遵循行业相关技术标准、集团公司和安徽公司相关技术规范。严格按照行业相关强制性标准进行设计，控制项目风险；按照通信建设工程定额编制设计概、预算，合理有效控制工程建设投资。

（6）设计应同步提出相关的网络与信息安全、信令采集、网管系统、计费支撑系统、传输资源、动力配套等方面的设计要求。

9. 设计会审是指省公司设计管理部门或分公司建设部门组织需求部门、维护部门、采购部门、外部合作单位共同对设计文件进行会审，对设计内容进行审核，确认其对施工的指导性和预算的准确性，提出会审意见。具体设计会审工作要求如下：

（1）设计会审主要对设计文件中建设方案、施工说明、施工图纸、割接方案、工程预算等内容进行会审讨论，以确认最终的设计文件。

（2）设计单位在设计会审阶段汇报设计成果，并就审查合格的施工图文件向施工、监理单位作出详细说明。

（3）维护部门、网络信息安全管理部门除参与评审主要的建设方案外，负责对工程相关的网络与信息安全、网管和计费支撑、传输资源、动力配套等方面的设计内容进行审核并提出评审意见。

（4）会审组织部门根据会审结果形成会审纪要。设计编制单位根据会审纪要修改设计并交付正式设计文件。

（5）正式设计文本根据会审纪要要求，于出版后10个工作日内送达建设单位、维护单位。

10. 设计批复是指省公司设计管理部门依据设计会审纪要及正式设计文件向建设单位正式下达设计批复，明确项目来源、建设规模、资金来源以及项目进度要求等。具体设计批复工作要求如下：

（1）设计批复的内容跟设计会审纪要及正式设计文件相关内容要相一致。

（2）设计批复中的工程进度要综合考虑立项批复、设备到货、安全合理施工周期等因素，工程进度原则上不得突破立项批复的要求。

（3）设计批复中的建设规模、主要建设方案、批复预算原则上不得突破立项批复的要求。

11. 设计交底是指建设部门在开工前，组织设计单位、施工单位和监理单位在施工现场对批复后的设计文件进行交底，详细说明设计中的主要建设方案和施工中的注意事项。

12. 设计变更是指在工程建设过程中，省公司设计管理部门或建设部门依据施工单位提供的设计变更申请或自身发现的设计问题，组织完成设计内容的调整，并对设计变更内容进行确认或批复。具体设计变更工作要求如下：

（1）施工单位根据工程实施情况提出设计变更申请，设计变更申请注明变更原因、内容等。设计变更申请经监理单位确认后报该项目设计单位初步审核，最终由建设部门确认。

（2）建设部门对于设计批复范围内的设计变更直接予以审核确认。

（3）对于设计批复范围外且在立项批复范围内的设计变更，变更申请不影响立项的建设规模、主要建设方案、立项投资和进度要求。由建设部门向省公司设计管理部门提出设计变更的申请。省公司设计管理部门在收到建设部门的设计变更申请后，组织设计文件修改和评审，并根据评审结果发布设计变更批复。

（4）对于设计变更超出立项范围的情况，应先由建设部门向省公司立项部门提交立项变更申请，由省公司立项部门根据实际情况完成立项调整后，方可向省公司设计管理部门提交设计变更。省公司设计管理部门根据立项调整批复内容，在组织设计变更申请审核后予以批复。

（5）如省公司设计管理部门主动发现项目设计存在问题需要变更，也可由省公司设计管理部门自行组织设计文件修改和评审，并根据评审结果发布设计变更批复。

（6）省公司设计管理部门或分公司建设部门按照设计委托的责任分工，安排设计单位在项目完工前统一出版审批后的设计变更汇总册。

5.7　设计档案资料管理

1. 设计档案作为工程项目档案的重要组成部分，为便于工程实施、资料核对和维护管理，必须加强设计档案的及时性、准确性和完整性管理。设计档案管理主要包括设计勘察、设计文件编制和设计会审批复等三个阶段的档案管理。

2. 设计勘察阶段主要包含以下档案：

（1）设计委托书/合同文件。

（2）设计勘察计划书。

（3）测量核验资料。

（4）工程设计现场勘察记录报告。

（5）勘察报告。

3. 设计文件档案分为总体设计文件和各单项分册设计文件。各类设计文件主要有以下要求：

（1）设计文件一般按照区域进行分册出版，如本区域内工作量较小，也可几个区域合并出版。

（2）原则上设计分册达到 3 个及以上的情况，需编制总体设计文件（即综合册）和各分册设计文件。

（3）总体设计文件和各单项分册设计文件均包含文字说明、施工图纸和设计预算三部分。

（4）总体设计文件包含设计总说明及附录、各单项设计总图，总预算编制说明及预算总表。

（5）分册设计文件包含该单项或单位工程设计的文字说明（包含工程概况、项目类型及功能要求、项目资源现状、项目建设方案、配套材料及资源占用情况等）、施工图纸（结构图、路由图、施工图等）、设计预算及编制说明等。

4. 设计文件编制必须及时、真实、完整、分类有序。

5. 设计文件一般一式五份，设计单位、施工单位、监理单位、建设单位的建设和维护部门各留存一份。

6. 设计会审批复阶段档案主要包括以下内容：

（1）设计会审会议纪要。

（2）设计批复文件。

（3）设计变更批复文件。

7. 公司内设计相关档案存档内容如下：

（1）设计委托书或合同文件。

（2）正式设计文本及设计变更汇总册。

（3）设计会审会议纪要、设计批复文件、设计变更批复文件。

5.8 设计工作的监督管理要求

1. 省、市相关部门部门应根据本管理办法要求严格执行对设计单位及设计人员行为的监督管理。

2. 设计工作涉及的相关部门和合作单位应认真履行本管理办法规定的职责和义务，保证公司各种工程项目能够顺利的开展。

3. 在日常管理中，应定期召开设计管理总结会，及时发现并解决问题，保证设计工作质量，总结设计工作经验、提高设计工作效率，确保项目正常实施。

4. 对设计单位及人员的监督管理可采取定期检查、不定期抽查、接收投诉处理等方式进行，发现问题的应在核实后严格按考核办法执行考核。

5. 建立设计单位、监理公司和施工单位间渠道畅通的投诉反馈和处理机制，公开、公平、公正的处理投诉或反馈的设计问题。

6. 监督过程中发现的因设计原因造成的重大事故或问题应及时向省公司设计管理部门报告，根据严重程度可采取口头、书面、正式文件的形式报告。

5.9 设计单位考核评估

1. 设计单位考核评估分为整体评估和项目评估两部分。

2. 省公司设计管理部门负责组织对设计单位的整体评估。整体评估包括对设计单位的资源投入、服务及应急响应、设计进度、设计质量、投诉与表扬等方面进行综合评估。整体评估结果将作为设计单位后评估、采购、份额分配的重要依据。整体评估一般每年进行一次或按需进行。

3. 各建设单位可根据实际工作需要对单个项目进行项目评估。项目评估包括针对评估项目的勘察报告、设计进度、设计质量、投资控制等方面。项目评估的结果可作为整体评估的重要参考依据。

4. 项目评估考核要求主要有以下内容：

（1）项目勘察报告考核是从设计单位收到设计委托或签订设计合同后，根据项目规模和进度要求，组织方案勘察工作的安排和落实情况。主要考核勘察的及时性、准确性和完整性。

（2）设计进度考核要求设计单位按已批准的可行性研究报告/项目建议书确定的项目进度要求，及时组织设计勘察和设计编制、会审，按时提交设计文本或设计变更文件，避免造成项目延误。

（3）设计质量的考核包括对设计单位及设计人员的资质和能力考察；对设计依据（包括现网数据的收集分析和现场勘察）的充分性和准确性的考察；以及对施工图纸和设计说明文件的合法性、规范性、可行性、准确性和完整性的考核；设计变更手续的完整性和变更合理性的考核。

（4）设计预算考核主要考核设计投资控制能力。对设计概、预算合理性、完整性和准确性的考核。对项目实施过程中施工、监理单位提出的方案或设计变更申请严格把关、认真进行核实，避免不合理的设计变更申请导致工程投资增加。

5.10　附则

1. 本管理办法自下发之日起执行。

2. 违反本办法，有下列情形之一（情节较轻、较重、严重）的，应给相关单位予以相应处罚（责令改正、通报批评、考核扣分）：

（1）未按照办法要求选择相应资质设计单位来参与我公司项目的设计工作。

（2）未按照办法要求履行相应项目的设计审批程序。

（3）未按照办法要求履行相应项目的设计变更程序。

3. 本办法的解释和修改权属于总公司工程建设部。

6　通信公司通信工程施工单位管理办法

6.1　总则

1. 为加强对通信工程施工单位的管理，规范建设流程，降低建设成本，不断提高工程质量，降低与合作方的合作风险，完善工程合作单位的准入和退出机制，根据国家有关法律法规和集团公司有关文件精神，结合公司实际情况，制定本办法。

2. 本办法适用于管理参与安徽移动通信工程建设的施工单位。本办法规定了对施工单位的管理职责划分、资质要求，明确了工程准备、实施、验收等各阶段的管理以及资格入围、考核等方面的要求。

3. 本办法所规定的工程建设管理部门，包括省公司具备通信工程管理职责的各相关部门和市分公司有关工程建设管理部门。

4. 本管理办法的解释权和修改权属于中国移动通信集团安徽有限公司工程建设部。

6.2 管理施工单位的职责划分

1. 省公司工程建设管理部门按照各自管理职责划分，分别为全省相关专业通信工程施工单位管理的主管部门及省本部工程的责任部门，各分公司工程建设管理部门为本区域施工单位管理的责任部门。

2. 省公司工程建设管理部门职责：

（1）组织对全省通信工程施工单位进行资质审查和入围管理。

（2）组织全省范围内的施工单位招投标工作。

（3）对分公司通信工程施工单位的招投标工作进行监督检查。

（4）组织对施工单位进行全过程管理，对工程质量、安全、进度、造价等进行监督检查。

（5）组织对入围的施工单位进行考核评比，建立施工单位的退出和新增机制。

3. 分公司工程建设管理部门职责：

（1）负责本区域内施工单位的资质审查。

（2）组织本区域内各单项工程的施工单位招投标工作。

（3）落实本区域内施工单位的监督管理和全过程管理，对工程质量、安全、进度、造价等进行检查。

（4）组织对本区域内的施工单位进行考核评比，向省公司推荐对施工单位的淘汰和新增建议等。

6.3 施工单位的资质及人员上岗证要求

1. 施工单位必须取得企业法人营业执照和施工企业资质等级证书并通过年度审查，外省注册的施工企业需经安徽省通信管理局备案登记。施工单位必须在其资质等级证书许可的业务范围内承揽相应类别的工程，禁止无资质施工或施工单位超越本单位施工等级许可的范围或者以其他施工单位的名义承担施工业务。

2. 施工单位资质要求如下：

1）通信线路工程

（1）投资额1000万以上的省管工程：应具备电信工程专业承包一级或通信工程施工总承包二级及以上或信息网络系统集成甲级的资质；

（2）投资额1000万及以下的省管工程：一般应具备电信工程专业承包二级或通信工程施

工总承包三级或信息网络系统集成乙级及以上的资质；

（3）市管线路工程：一般应具备用户管线或信息网络系统集成丙级及以上资质。

2）通信设备工程

（1）投资额1 000万以上的通信设备工程：应具备电信工程专业承包一级或通信工程施工总承包二级或信息网络系统集成甲级及以上的资质。

（2）投资额1 000万及以下的通信设备工程：一般应具备电信工程专业承包二级或通信工程施工总承包三级或信息网络系统集成乙级及以上的资质。

3）客户接入类工程

一般应具备用户管线或信息网络系统集成丙级及以上资质。

3. 参与通信工程建设的施工单位项目经理须持有国家行业主管部门颁发的安全生产考试合格证书，参与重大型省管通信工程的项目经理还应具备二级及以上注册建造师资质。施工单位项目经理不得同时在不同区域代表施工单位参与招投标活动，或同时在两个及两个以上大中型通信工程中担任项目负责人。为实现对项目经理的有效监控，各分公司可要求将中标施工单位的项目经理的相关证书原件保留在当地，以备随时查验，直至工程施工结束。

4. 施工单位必须安排持有相应特种作业（登高、电力、电焊等）操作资格证书的人员进行特种作业操作，做到持证上岗。施工现场须配置持有通信主管部门核发的安全生产考核合格证书的专职安全生产管理人员。

6.4 施工前期管理

1. 施工单位的选择必须按照省公司招投标的有关规定进行。由省公司入围管理的，必须从入围的施工单位中选择投标单位。由分公司自行选择的施工单位，分公司须严格验证、审核施工企业资质、营业执照等文件，并留档备查。

2. 工程开工前，施工单位必须与建设单位签订施工合同，除在质量、安全、进度、付款、奖惩等方面明确施工双方的责任和义务外，在安全管理方面，应按照《通信建设工程安全生产管理规定》（工信部规〔2008〕111号）中的规定，在合同中明确安全费的支付方式、数额及时限。要求施工单位安全生产费用实行专户核算，在规定范围内安排使用，不得挪用或挤占。

3. 合同签订后的10个工作日内，施工单位根据设计、现场勘测、工期要求等因素组织编制施工组织计划，含组织架构，人员职责，工程的质量、安全、进度、造价的控制措施，人员、设备、机具的配置等，提交工程管理责任部门审核，通过后方可组织施工。

4. 施工组织计划作为工程实施及监督检查的依据。在实际施工过程中，如实际情况或条件发生重大变化而需要调整施工组织计划时，应报工程建设管理部门审核批准。

5. 工程开工前，施工单位参加由建设单位组织相关部门和人员召开的工程交底会，明确施工的范围、内容、进度和质量的要求，及各方的责任、权利、义务等，约定例会、报告、沟通、协调等方面的工作制度。

6. 施工单位必须按国家相关法律法规与施工人员建立合法劳动用工关系，完善相关用工手续。必须及时足额支付施工人员合理薪酬，不得拖欠。

6.5　施工阶段管理

1. 施工单位应服从移动公司委托的监理单位的监督管理，参加建设单位组织召开的工程例会或专题会议，讨论工程质量、安全、进度、造价等方面存在的问题、解决措施和下阶段工作计划。

2. 施工单位应每周编制工程周报，内容包括本周工程概况、工作情况、进度情况、安全质量情况、工程计量、工程变更、问题和建议、下周工作重点等，按时上报建设单位。

3. 施工单位应依据有关行业技术标准、施工规范、设计文件和合同条款加强对工程质量、安全、进度、造价的管理和控制。

4. 工程安全控制。

（1）施工单位须做好安全生产管理工作，坚持"安全第一、预防为主"的方针。

（2）工程开工前对施工人员进行岗前安全教育，落实各工序安全保护措施。严格按施工组织设计方案中的安全技术措施及安全生产操作规程进行施工。

（3）在施工现场设置符合规定的安全警示标志，做好现场防护，特殊特种作业时施工现场及施工人员应配备使用必需的安全保护措施，暂停施工时应做好现场保护。

（4）施工过程中发现存在安全事故隐患时，应立即整改；情况严重的，应暂停施工，并上报建设单位。

（5）当发生安全事故后，施工单位立即采取措施防止事故扩大，保护事故现场，收集保管证物，并及时向建设单位报告。必须查清事故原因，查明事故责任，落实整改措施，做好事故处理工作，并依法追究有关人员的责任。

5. 工程质量控制。

（1）施工单位必须建立质量责任制，确定工程项目经理、技术负责人和管理负责人。

（2）必须按照工程设计图纸和施工操作规程施工，不得擅自修改工程设计、偷工减料和简化施工程序。

（3）必须按工程设计要求和合同约定，对工程所用的设备、材料进行检验。未经检验或检验不合格的设备、材料不得进入施工流程。

（4）必须建立健全施工质量控制制度，严格工序管理，做好隐蔽工程的质量检查和记录。隐蔽工程封闭前必须取得监理人员或建设单位随工人员的验收签认。

（5）施工过程中出现的质量缺陷，应根据监理单位或建设单位意见落实整改。重大质量隐患、可能或已经造成质量事故，应根据要求及时进行工程暂停。

6. 工程进度控制。

（1）施工单位根据制定的工程总体进度计划和阶段进度计划，按照投标承诺和合同约定工期，按期完成工程施工，并提交验收申请。

（2）施工单位应依据合同中有关协调事宜的约定，做好工程期间的社会协调工作，不得因此影响施工进度。

（3）对于由不可抗力因素影响施工进度，施工单位应及时填写延期签证或延期申请表，报请工程管理部门审核批准。

7. 工程造价控制。

（1）施工单位应按设计文件及施工合同的约定审核工程量清单，领取工程材料，做好现场材料平衡表。工程完工后，应做好工程余料、废料的归集和管理，避免浪费。

（2）积极协调建设单位及时提供符合要求的施工条件，如现场施工环境、建设单位负责的设备材料采购到货、周边协调等，采取有效措施减少工程期间签证的发生。

（3）根据工程实际编制工程结算表，报监理单位和建设单位审核，不得虚报、多报工程量及工程费用。

8. 工程建设管理部门需对施工单位进行管理和工程质量检查，主要有以下几方面：施工单位的施工规划、工程周报或日报、施工工作程序的实际执行情况；隐蔽工程、关键作业工序的现场签证记录，并检验其及时性、准确性和真实性。在对施工单位的管理和工程质量检查过程中发现的质量问题，应立即督促其限期整改。

9. 工程建设管理部门如发现施工单位存在严重违反施工规范或造成重大工程事故的情况，应及时上报省公司相关主管部门。

6.6 验收阶段管理

1. 工程完工后，施工单位应及时向监理单位和建设单位提交完工报告，及时参加建设单位组织的工程验收，对工程验收中提出的问题，及时按要求组织整改。

2. 施工单位在工程完工验收后应及时提交竣工文件和工程决算，工程从完工验收到提交竣工文件和决算的时间一般不超过 2 周，大型项目的竣工文件和竣工决算交付时间可适当延长，原则上不超过 1 个月。

3. 施工单位提交的竣工文件一般包括竣工资料和技术资料，竣工文件应满足《中国移动通信集团安徽有限公司通信工程验收管理办法（修订）》的要求。

6.7 施工单位的考核与奖惩管理

1. 省公司工程建设管理部门组织对施工单位进行考核，考核周期一般为半年，大型工程可按项目进行考核。

2. 对施工单位的考核应包括工程进度、施工质量、施工安全、工程资料、资金控制等方面，具体考核内容可参考表 5.2，各专业可据此制定更详细具体的考核细则。

3. 对由省公司实施入围管理的，分公司原则上需在省公司入围的施工单位范围内选择本区域内的施工单位，也可推荐新的施工单位入围本区域。推荐新增施工单位的资质、营业执照等要求必须符合本管理办法的相关规定，并报省公司批准后方可入围。

4. 对不服从分公司管理，在工程质量、进度、安全等方面存在重大问题，且整改不力的施工单位，分公司可直接取消其当期工程的施工资格，并报省公司备案。对被分公司申请取消入围资格的施工单位，经省公司审核评定后，本年度内不得在其他分公司增加入围资格。

5. 施工单位考评结果作为评价和选择施工单位的重要依据。各分公司内部考评结果低于70 分的施工单位原则上两年内不得再承担该分公司同类项目的施工业务；全省综合考评排名靠前的施工单位可考虑增加其施工区域，综合考评排名靠后的施工单位可考虑减少其施工区域。

6. 严禁施工单位出现将工程项目进行转包、违法分包，拖欠农民工工资引起集中上访等行为，一经发现，对情节严重者将取消其在安徽移动从事施工业务的资格。

7. 严禁施工单位在工作量、签证、工程材料使用等方面弄虚作假，一经查实，除双倍处罚，追究相关责任人的责任外，对情节严重的施工单位直接清除出局。

8. 对因施工单位管理不善，组织不力，造成工程进度滞后的，每延期一周，施工单位须按工程合同价款的3‰支付违约金。施工单位未按工程建设强制性标准执行等，造成工程质量偏离标准，一经核实，按当期合同价款的1%～5%进行处罚。

9. 施工单位在施工中偷工减料，使用不合格材料、配件和设备，擅自处理剩余工程材料的，一经发现和查实，按工程合同价款的10%以内予以处罚。

10. 对因安全生产组织不力，造成安全事故（包括但不限于人员伤亡事故，网络故障）的施工单位，除要求其做好善后处理工作外，第二年度不得在该区域内进行施工。

11. 对各分公司自行选择的施工单位，应参照本管理办法进行年度考核，并及时将考核结果上报省公司工程建设部备案。

6.8 附则

1. 涉及监理单位对施工单位的监理工作要求，参见《中国移动通信集团安徽有限公司通信工程监理管理办法》。

2. 本修订办法自发文之日起施行。

表 5.2 施工单位评估细则

项目	权重
总分	100
1、开工准备会 A、积极参加工程交底会，明确工程时间安排 B、积极参加工程交底会，基本明确工程时间安排 C、参加工程交底会，但对工程安排情况不明确 D、客观原因不能参加工程交底会 E、无故不参加工程交底会	2
2、施工组织计划 A、按要求制定并提交分期的具体施工组织设计，并以此具体指导工程建设 B、按要求制定并提交分期的比较具体施工组织设计，并以此具体指导工程建设 C、按要求制定并提交施工组织设计，并能以此指导工程建设 D、按要求制定并提交施工组织设计，但工程建设中未能按该计划进行 E、未按要求制定并提交施工组织设计	5
3、工程规范性及工程质量 A、严格按照设计文件要求及管线技术规范指导施工，在路由复测、光缆盘测、管道埋深、光缆接续等方面做到工程质量优秀	10

项目	权重
B、严格按照设计文件要求及管线技术规范指导施工，在路由复测、光缆盘测、管道埋深、光缆接续等方面做到工程质量良好 C、基本按照设计文件要求及管线技术规范指导施工，在路由复测、光缆盘测、管道埋深、光缆接续等方面做到工程质量合格 D、按照设计文件要求及管线技术规范指导施工，在路由复测、光缆盘测、管道埋深、光缆接续等方面做到工程质量较差 E、未能够按照设计文件要求及管线技术规范指导施工，在路由复测、光缆盘测、管道埋深、光缆接续等方面做到工程质量差	
4、工程进度控制 A、在工程时间内提前完成 B、按时完成工程 C、因客观原因，造成工程不能按时完成，但拖延时间较短 D、因客观原因，造成工程不能按时完成，并拖延时间较长 E、不能按时完成	10
5、遵守相关法律、法规、各种规章制度 A、自觉遵守相关法律、法规、各种规章制度，保证施工的安全，作文明施工的表率 B、自觉遵守相关法律、法规、各种规章制度，保证施工的安全 C、遵守相关法律、法规、各种规章制度，保证施工的安全 D、偶尔会有违反相关法律、法规、各种规章制度的情况，但未造成严重事故 E、违反了相关法律、法规、各种规章制度，造成严重事故	5
6、工程人员素质及队伍的稳定性 A、高素质强责任心的工程队伍，在整个工程期间保持了一致性 B、工程人员水平较高，责任心较强，队伍保持了较高的稳定性 C、工程人员水平基本可以，责任心较强，队伍保持了基本的稳定性 D、工程人员素质较差，队伍较不稳定 E、工程人员素质很差，人员变动过多	7
7、工程资料及竣工文件的管理 A、详细记录工程情况，各种资料管理井井有条，有专人负责管理；竣工文件齐备，符合规范要求，图纸与实际情况相符 B、详细记录工程情况，随时检查都能提供；竣工文件基本齐备，符合规范要求，图纸与实际情况基本相符 C、记录工程情况，无错漏，随时检查都能提供。竣工文件基本齐备，比较符合规范要求，图纸与实际情况人部分相符 D、记录工程情况，有错漏，随时检查都能提供。竣工文件有错漏，部分不规范要求，图纸与实际情况部分相符	7

项目	权重
E、工程资料文件管理混乱。竣工文件有错漏，大部分不规范要求，图纸与实际情况大部分不相符	
8、工程现场材料、工具、设备的管理 A、施工用的材料、工具、设备摆放整齐，施工现场保持整洁 B、施工用的材料、工具、设备摆放比较整齐，施工现场保持整洁 C、施工用的材料、工具、设备摆放比较整齐，施工现场基本保持整洁 D、施工用的材料、工具、设备摆放混乱，但施工现场基本能够保持整洁 E、施工用的材料、工具、设备摆放混乱，施工现场脏、乱、差	4
9、服从监理人员的监管 A、主动配合监理人员的工作，服从监理人员对工程的监管，立即采取措施纠正错误 B、主动配合监理人员的工作，服从监理人员对工程的监管，及时采取措施纠正错误 C、配合监理人员的工作，服从监理人员对工程的监管，并能采取措施纠正错误 D、基本能够服从监理人员的监管，并采取措施纠正错误 E、不服从监理人员的监管，对出现的错误不予纠正	4
10、工余料管理 A、认真、负责地做好施工后的清场和工余料归库工作 B、施工后以做好清场工作，但工余料未能及时归库 C、在施工后未能及时做好清场及工余料归库工作 D、工余料没有回收仓库 E、施工后没有清场及没有把工余料回收仓库	2
11、工程期间工程事故或问题的汇报 A、及时反映问题，分析解决问题，想方设法减少问题对工程的影响，对问题的解决起到主要作用 B、及时反映问题，分析解决问题，对问题的解决起到一定作用 C、及时反映问题，协助解决问题 D、问题反映迟缓或不能发现问题 E、不能发现问题或发现不反映，对工程造成影响	5
12、工程一次初验合格率 A、该施工单位实施的所有项目均一次通过初验 B、由于施工单位主观原因，有1个项目未能一次通过初验，及时进行整改，二次验收通过 C、由于施工单位主观原因，有3个及以下项目未能一次通过初验，及时进行整改，二次验收通过 D、由于施工单位主观原因，有3个以上项目未能一次通过初验，及时进行整改，二次验收通过	10

项目	权重
E、由于施工单位主观原因，存在某项目未能一次通过初验，且未能按要求及时进行整改并达到质量标准，导致二次验收仍未通过	
13、初验遗留问题整改 A、按照要求进行整改，并能及时提供整改报告 B、已按要求进行整改，但因客观原因不能及时提供整改报告 C、已按要求进行整改，但不能及时提供整改报告 D、因客观原因不能按照要求进行整改 E、不能按要求进行整改	7
14、质量保修期内的维护 A、对于质量保修期内出现的问题，能够立即着手处理解决 B、对于质量保修期内出现的问题，能够及时处理解决，响应时间按国家有关抢修时限要求的规定执行 C、对于质量保修期内出现的问题，能够及时处理解决，但响应时间按国家有关抢修时限要求的规定执行，对通信未造成较大的影响 D、对于质量保修期内出现的问题，能够及时处理解决，但响应时间按国家有关抢修时限要求的规定执行，对通信造成较大的影响 E、对于质量保修期内出现的问题，迟迟未能处理解决，对通信造成严重的影响	5
15、关系协调 A、施工队具有严谨的工作作风及良好的服务态度，妥善协调好与各相关单位之间的关系，并对相关单位的合理要求给予积极的配合。积极主动、准确迅速地协调处理工程过程中存在的问题 B、施工队具有严谨的工作作风及良好的服务态度，能较好的协调好与各相关单位之间的关系。积极主动、准确迅速地协调处理工程过程中存在的问题 C、施工队具有较好的工作作风及服务态度，能基本协调好与各相关单位之间的关系。对工程中的问题的协调解决仍欠主动 D、施工队的工作作风及服务态度表现一般，与相关单位欠缺沟通。对工程中的问题的协调解决仍欠主动 E、施工队的工作作风及服务态度表现较差，与相关单位欠缺沟通	5
16、农民工工资支付情况 A、施工企业积极主动支付农民工工资，妥善协调好与农民工之间的关系，积极、主动、迅速地解决农民工工作生活中存在的问题 B、施工企业主动及时支付农民工工资，较好的协调好与农民工之间的关系，主动、迅速地协调处理农民工工作生活中存在的问题 C、施工企业支付农民工工资比较及时，基本协调好与农民工之间的关系，对协调处理农民工工作生活中存在的问题欠主动	5

续表

项目	权重
D、施工企业未及时支付农民工工资，与农民工之间的关系比较恶劣，未及时协调处理农民工工作生活中存在的问题 E、施工企业拖欠农民工工资，与农民工之间的关系很恶劣，对农民工工作生活中存在的问题不进行协调处理	
17、施工安全 A、安全制度落实到位，安全措施行之有效，综合表现良好 B、安全制度落实到位，安全措施行之有效，综合表现较好 C、安全制度能够落实到位，安全措施较为行之有效，综合表现一般 D、安全制度未完全落实到位，安全措施存在一定隐患，综合表现较差 E、安全制度落实不到位，安全措施存在隐患，综合表现差	7

说明：1. A 选项得满分；B 选项得该项目分值的 80%～99%；C 选项得该项目分值的 60%～79%；D 选项得该项目分值的 30%～59%；E 选项不得分

   2. 评分者根据 A～E 的评估档次，对施工单位的考核给出实际得分，分值可精确到小数点后 1 位，如 2.5 分

7 通信公司通信工程监理管理办法

7.1 总则

1. 为保证公司通信工程的建设安全、质量、进度和造价控制，加强通信工程监理的管理工作，规范监理公司的监理行为，保障公司通信工程监理工作的投资效益，根据原建设部《建设工程监理规范 GB50319-2000》及原信息产业部《通信建设工程监理管理规定》(信部规〔2007〕168）及国家、行业相关管理制度，结合公司实际，制订本管理办法。

2. 本办法适用于公司内各类通信建设工程施工监理的管理。

3. 通信工程监理实行总监理工程师负责制。

4. 通信工程施工监理包括准备阶段监理、施工阶段监理、竣工验收阶段监理。

5. 本办法自发布之日起执行，由省公司工程建设部负责解释和修订。

7.2 监理内容和资质要求

7.2.1 监理内容
1. 工程设备、原材料的工艺质量。
2. 施工人员资质。

3．施工程序、工艺、质量。

4．施工安全生产。

5．工程进度。

6．工程造价。

7．工程验收及竣工资料。

7.2.2 监理公司资质要求

1．通信铁塔建设工程（含基础）：国家工业和信息化部（含原信息产业部）颁发的通信铁塔（含基础）专业乙级及以上监理企业资质。

2．基站站房土建工程：国家住房和城乡建设部（含原建设部）颁发的房屋建筑工程专业丙级及以上监理企业资质。

3．其他通信工程：国家工业和信息化部（含原信息产业部）颁发的电信工程专业乙级及以上监理企业资质。

7.3 管理职责

7.3.1 省公司工程建设部门

1．制定全省通信工程监理管理办法和监理规范标准，对全省通信工程监理工作进行统一管理、监督，规范指导全省开展通信工程监理监督管理工作。

2．负责全省通信工程监理公司的资质审查和招标选择。

3．监督检查全省通信工程监理工作的执行和考核落实情况，定期检查考核，并将结果进行全省通报。

4．定期总结分析全省通信工程监理工作情况，不断提高通信工程监理监督管理水平，保证监理质量。

5．建立健全全省通信工程监理公司及人员基础信息资料。

7.3.2 分公司工程建设部门

1．贯彻落实省公司通信工程监理工作监督管理办法，组织开展本地通信工程监理的监督管理工作。

2．根据省公司招标结果和合同模板签订本地通信工程监理合同，根据执行和考核结果支付监理费用。

3．严格执行通信工程监理的日常监督管理，根据省公司要求对通信工程监理工作进行严格管理、检查和考核。

4．组织协调监理公司和施工单位工作配合，施工前组织对施工单位、监理公司进行监理工作要求交底。

5．定期总结分析本地通信工程监理工作情况，不断提高通信工程监理管理水平，保证监理质量。

6．负责对本地区监理人员的监理资格和业务技术能力进行审查，并进行技术业务培训和指导。

7．建立健全本地监理人员的基础档案信息资料，认真做好监理工作相关资料文档的收集整理与归档。

7.3.3　监理公司

1. 根据移动公司制定的监理工作规范和标准，严格按要求组织开展所负责区域内的通信工程监理工作，认真履行监理职责。

2. 根据移动公司要求和监理工作情况编制监理规划、实施细则、定期报告、总结报告和工作建议，并报移动公司。

3. 认真做好监理工作相关资料文档的收集整理与归档。

4. 做好内部监理人员业务技能培训与资质管理。

5. 严格遵守移动公司关于安全管理、信息保密和廉洁从业的相关规定。

7.4　监理公司资质

1. 根据信息产业部《通信建设工程监理管理规定》及建设部《工程监理企业资质管理规定》，获得相应专业（分为电信工程、通信铁塔（含基础）、房屋建筑）资质等级的监理公司，方可承担相应的工程监理业务：

（1）甲级资质的监理企业，可以承担所获监理专业的各种规模的监理业务。

（2）乙级资质的监理企业，可以承担所获监理专业的下列规模的监理业务：

① 电信工程专业：工程造价在 3 000 万元以内的省内有线传输、无线传输、电话交换、移动通信、卫星通信、数据通信等工程；10 000 m² 以下建筑物的综合布线工程；通信管道工程。

② 通信铁塔（含基础）专业：塔高 80m 以下的通信铁塔（含基础）工程。

③ 房屋建筑专业：单项工程建筑面积 10 000 m² ~ 30 000 m² 的一般公共建筑；单项工程 14 ~ 28 层的住宅工程。

（3）丙级资质的监理企业，可以承担所获监理专业的下列规模的监理业务：

① 电信工程专业：工程造价在 1 000 万元以内的本地网有线传输、无线传输、电话交换、移动通信、卫星通信、数据通信等工程；5 000 m² 以下建筑物的综合布线工程；48 孔以下通信管道工程。

② 房屋建筑专业：单项工程建筑面积 10 000 m² 以下的一般公共建筑；单项工程 14 层的住宅工程。

2. 工程管理部门在组织通信工程监理公司选择前，应对监理公司的资质进行认真审查，审查方法包括对相关资质证书和证明材料进行审验，必要时现场核实，资质审查主要内容如下：

（1）监理公司必须为国内注册独立法人，营业执照的经营范围应注明可从事工程监理业务，企业注册资金规模应满足通信工程监理工作的需要。

（2）监理公司的监理资质证书应符合第七条的规定要求，且有效期应至少在 1 年内有效。

（3）监理公司应具有良好稳健的经营业绩、运营经验和银行信用等级，具有完善的内部组织管理制度和流程。

（4）根据招标的监理业务规模，监理公司的企业规模和资源配置应满足要求，包括组织机构、监理人员数量、硬件资源配置等，监理人员的专业监理资质应符合监理业务要求。

（5）监理公司必须按国家相关法律法规与监理人员建立合法劳动用工关系，完善相关用工手续。

（6）监理公司与被监理工程的施工单位以及材料和设备供应商不得有隶属关系或者其他利害关系。

3. 对在提供资质证明中弄虚作假的监理公司，应对其进行严格考核，严重的取消其业务合作关系。

7.5　监理公司资源配置要求

1. 监理公司组织机构设置要求：通信工程监理工作实行属地化管理，监理公司应至少按省、市两级设立常驻组织机构，除机构负责人外，还应配置必要的内部管理所需的工作考核、安全生产、质量监督、人力资源、财务资产、业务培训、综合管理等职能的人员（可兼职）。

2. 监理人员资格及数量要求：

（1）各级监理人员必须具备国家行业主管部门颁发的相关专业监理资质证书，总监理工程师和安全监理人员必须具备《安全生产考核合格证书》，方可从事移动公司的通信工程监理工作。

（2）每个地市配置至少 1 名总监理工程师，负责行使监理合同赋予监理公司的权利和义务，全面负责管理受委托工程监理工作的监理人员。

（3）每个地市配置至少 1 名安全监理人员（可兼职），负责工程中的安全监理工作。

（4）各专业工程应根据监理内容、工程规模等实际情况确定专业监理工程师人员数量配置标准，确保满足当期工程监理工作需要。

（5）常驻监理人员未经移动公司许可不得自行调动离开常驻地，确实需要更换调动的，监理公司需报移动公司同意后方可更换调动，更换调动双方应完成工作交接后方可离开。

（6）当即时工程规模变化需增加监理人员时，建设单位应及时通知监理公司，监理公司应在接到建设单位通知后及时按要求调配补充齐全监理人员。

（7）监理公司应保证监理人员的稳定性，人员变动率应控制在一定水平上。

3. 监理公司硬件资源配置基本要求：

（1）每个地市应根据监理规模和监理人员数量配备必要的公务车辆，车辆应具有良好的机动性，适合于山区越野行驶。

（2）每个地市应根据监理业务需要和专业特点，配备必要的检测仪表、工器具。

（3）所有监理人员均配备移动手机，保证 7×24 小时开机可以随时联系，配备 500 万及以上像素的数码相机。

4. 在监理合同签订前和执行中，省公司和市分公司应参照本章要求不定期对监理公司的资源配置和人员资质情况进行审查。

7.6　监理工作流程及规范

1. 监理工作主要流程如下：

（1）签订监理合同。

（2）监理公司成立项目监理机构，配备必要的人力、硬件资源等。

（3）移动公司将工程设计等相关文档提供给监理公司。

（4）监理公司编制项目监理规划报移动公司。

（5）移动公司将监理公司名称、监理的范围和内容、项目总监理工程师的姓名以及所授予的权限，书面通知施工单位，必要时组织三方召开工程项目施工监理交底会。

（6）根据需要监理公司编制监理实施细则报移动公司。

（7）监理公司审查施工单位的施工方案，审批项目开工。

（8）监理公司按监理实施细则和监理规范要求，采取旁站、巡视、平行检验等形式对工程施工过程中的安全、质量、进度实施监理。

（9）审核工程竣工资料，参加工程验收，审查工程结算。

（10）归集整理工程监理档案资料，编制监理工作总结，并报移动公司。

2. 各专业工程项目应根据专业技术特点和施工规范要求，编制专业工程监理工作规范，明确监理工作的内容、规划、程序、方法和控制要点，可参照国家相关监理规范制定，包括但不限于：

（1）建设工程监理规范（建设部 GB50319-2000）

（2）通信设备安装工程施工监理暂行规定（原信息产业部 YD5125-2005）

（3）移动通信钢塔桅工程施工监理暂行规定（原信息产业部 YD5133-2005）

（4）电信专用房屋工程施工监理规范（原信息产业部 YD5073-2005）

（5）数字移动通信（TDMA）工程施工监理规范（原信息产业部 YD5086-2005）

（6）通信电源设备安装工程施工监理暂行规定（原信息产业部 YD5126-2005）

（7）通信管道和光（电）缆通道工程施工监理规范（原信息产业部 YD5072-2005）

7.7 准备阶段监理工作要求

1. 通信工程实施监理，工程建设单位应当在工程开工前与监理公司签订通信工程委托监理合同。有省公司招标入围规定的必须从省公司招标入围的监理公司中选择。

2. 监理合同应包括以下内容：监理范围、具体工作内容和要求、监理标准和规范、监理资源要求、双方责任和义务、价格标准、考核标准、合同期限及终止条件、违约及处罚、安全管理和信息保密要求、不可抗力、争议及仲裁、廉洁从业等内容。

3. 监理合同签订后，根据工期要求，监理公司应根据工程规模和近期建设需求，成立项目监理机构，按要求配备必要的人力、硬件资源。工程建设单位应对监理公司资源配置及人员资质情况进行审查，并建立档案。

4. 移动公司应通知工程项目监理人员参加设计会审会，将工程设计文档提供给监理公司进行设计交底，监理公司对设计文档进行熟悉审查，对存在问题提出合理化建议。

5. 监理公司应在规定时间内编制完成项目监理规划并报移动公司审查，监理规划包括的内容有：项目概况、监理工作范围、工作内容、工作目标、工作依据、监理组织机构、监理人员及硬件资源配备、岗位职责、工作程序、工作方法及措施、工作制度、内部检查与考核、安全监理等。

6. 移动公司在开工前组织监理公司、施工单位召开项目施工监理交底会，明确监理的范围、内容、要求及三方的责任、权利、义务等，并约定例会、报告、沟通、协调、仲裁等方面的监理工作制度。

7. 对中型及以上或专业性较强的工程项目，根据实际需要，可要求监理公司在开工前编制监理实施细则报移动公司审查。监理实施细则应符合监理规划的要求，应详细具体、具有可操作性。监理实施细则包括的内容有：专业工程的特点、监理工作的流程、监理工作的控制要点及目标值、监理工作的方法及措施、对施工单位安全技术措施的检查方案等。

8. 项目开工前监理公司应协助建设单位审查批准施工单位提出的人员及工器具配置、施工技术方案、质量管理、进度计划、安全措施等。

9. 开工前监理公司应根据专业工程特点和要求审查施工单位专职管理人员和特种作业人员的资格证、上岗证。

10. 开工前监理公司应审查施工单位管理及现场施工人员是否已到位，工器具及主要工程材料是否已进场，道路及水、电、通讯等是否已满足开工要求，条件具备时，由总监理工程师签发工程开工报审表，并报建设单位。

7.8 施工阶段监理工作要求

1. 监理公司应按监理规划、实施细则和专业工程监理规范要求，采取审查、旁站、巡视、平行检验等形式对工程施工过程中的安全、质量、进度、造价实施监理。

2. 监理公司应参加建设单位组织召开的工程会议，并根据职责提出相关说明和建议。监理公司应定期或不定期组织施工单位召开工地例会或专题会议，讨论工程安全、质量、进度、造价等方面存在的问题、解决措施和下阶段计划，重要事宜应签署会议纪要。

3. 监理公司应每周编制监理周报，内容包括本周工程概况、监理工作情况、进度情况、安全质量情况、工程计量、工程变更、问题和建议、下周工作重点等，由总监理工程师签认后报建设单位。

4. 工程安全控制：

（1）.在整个施工过程中要坚持安全第一、预防为主的管理方针。监理公司应督促施工单位在开工前对施工人员进行安全教育，落实各工序安全保护措施。

（2）监理公司应监督施工单位严格按施工组织设计方案中的安全技术措施及安全生产操作规程进行施工。

（3）监督施工单位在施工现场设置符合规定的安全警示标志，做好现场防护，特殊特种作业时施工现场及施工人员应配备使用必需的安全保护措施，暂停施工时应做好现场保护。

（4）施工过程中发现存在安全事故隐患时，监理公司应要求施工单位立即整改；情况严重的，应责令其暂停施工，并报建设单位。坚持"四不放过"原则。

（5）当发生安全事故后，监理公司应要求施工单位立即采取措施防止事故扩大，保护事故现场，收集保管证物，发出事故通知和工程暂停令，并及时向建设单位报告。

（6）监督检查施工单位安全生产费用使用情况。

（7）各专业工程应根据专业技术特点制定明确具体的工程监理安全控制要求。

5. 工程质量控制：

（1）监理公司应对拟进场的工程材料及其质量证明资料进行审核，对进场的实物按照规定比例采用平行检验或见证取样方式进行抽检，不合格的工程材料应如实记录，拒签使用，并报建设单位。

（2）监理公司应定期检查施工单位的直接影响工程质量的计量工器具及设备的技术状况，保证计量准确。

（3）监理公司应向施工单位明确影响施工质量的重要部位、关键工序和隐蔽工序，并采用巡视、旁站、巡旁结合、资料检查和平行检查等方式进行施工质量查验，每次查验均需如实记录，并与施工单位共同签认。

（4）监理公司对各主要工序进行验收签认，未验收或验收不合格的须要求施工单位严禁下一道工序施工。

（5）对隐蔽工程的隐蔽过程、下道工序施工完成后难以检查的重点部位、关键工序，监理人员应进行旁站。旁站监理部分必须如实记录《旁站监理记录表》，并提供现场数码照片为证（含日期时间）。

（6）对施工过程中出现的质量缺陷，监理公司应及时下达书面质量整改通知书，督促施工单位整改，并检查整改结果。重大质量隐患、可能或已经造成质量事故，下达工程暂停令，并及时向建设单位报告。

（7）各专业工程应根据专业技术特点制定明确具体的工程监理质量控制要求。

6. 工程进度控制：

（1）监理公司应熟悉掌握施工总体进度计划和阶段进度计划，掌握各工序的进度要求，对施工单位的施工进度完成情况进行跟踪审查，记录相关情况并及时反馈施工单位。

（2）当发现实际进度滞后于计划进度时应签发监理工程师通知单指令承包单位采取调整措施；当实际进度严重滞后于计划进度时应及时报建设单位，共同商定采取进一步措施。

（3）监理公司应根据工程施工进展情况，及时安排人员进行施工现场查验等配合工作，保证不影响工程进度。

（4）监理周报中应向建设单位报告工程进度和所采取进度控制措施的执行情况，并提出预防工程延期的合理建议。

7. 工程造价控制：

（1）监理公司应熟悉设计图纸及施工预算并认真审核，防止错、漏、误算，明确造价控制要点。

（2）监理公司应按设计文档及施工合同的约定审核工程量清单（包括人工及工程材料使用、余料、废料等的数量等），现场计量验证实际完工的经验收合格的工程量。

（3）对由于现场情况、环境变化等原因造成工程量和工程费用调整，监理公司必须对调整的工程量和工程费用进行签证确认，根据需要应提供现场数码照片为证（含日期时间），并对签证工程量和工程费用的真实性、准确性负责。

（4）积极协调建设单位及时提供符合要求的施工条件，如现场施工环境、建设单位负责的设备材料采购到货、周边协调等，及时协调解决施工单位提出的合理问题，以免造成违约和施工单位向建设单位提出索赔的条件。

（5）对未经监理公司质量验收合格的工程量，或不符合施工合同规定的及未签证的工程量，监理公司应拒绝签认并拒绝该部分工程款的支付申请。

7.9　竣工验收阶段监理工作要求

1. 依据实际情况在规定时间内审查完成施工单位提交的工程结算表，签认后报建设单位。

2. 督促、审查施工单位及时提交竣工资料，组织施工单位进行工程预验收，合格后签署完工报告，签署工程竣工报验单报请建设单位组织正式验收。

3. 协助建设单位组织进行竣工验收，提供相关监理资料，并签认工程验收的相关文件。

4. 对工程验收中提出的遗留问题，督促施工单位限期整改，并对施工单位的整改报告进行审核签认。

5. 工程完工验收后，监理公司应在规定时间内编制完成监理工作总结报告，内容包括工程概况、监理组织机构、监理人员及硬件资源配备、监理工作完成情况（包括安全、质量、进度、造价等内容）、主要问题和处理情况、工作建议、监理档案资料清单等，由总监理工程师签认后报建设单位。

7.10　监理档案资料管理

1. 监理档案资料应包括以下内容：
（1）施工合同文件及委托监理合同。
（2）监理规划。
（3）监理实施细则。
（4）测量核验资料。
（5）工程进度计划。
（6）工程材料、构配件等的质量证明文件。
（7）检查试验资料。
（8）工程变更资料。
（9）隐蔽工程验收资料。
（10）工程计量单和工程款支付证书。
（11）会议纪要。
（12）来往函件。
（13）各种监理表单记录。
（14）监理日记。
（15）监理周报。
（16）质量缺陷与事故的处理文件。
（17）分部工程、单位工程等验收资料。
（18）索赔文件资料。
（19）竣工结算审核意见书。
（20）工程项目施工阶段质量评估报告等专题报告。
（21）监理工作总结。

2. 监理档案资料必须及时整理、真实完整、分类有序，并编制监理档案资料清单，统计资料名称、时间、份数、页数等信息。

3. 监理档案资料应在各阶段监理工作结束后及时整理归档。

4. 监理档案资料的管理由总监理工程师负责，可指定专人具体实施。

5. 监理公司应在工程完工验收后一个月内完成监理档案资料的归集整理，并移交建设单位。监理档案资料应由建设单位、监理公司各留存一份，与施工单位相关的可交施工单位留存一份。

6. 监理档案资料作为工程项目档案的一部分，建设单位应将其随同工程其他档案一起收集归档。

7.11　对监理工作的监督管理要求

1. 各建设单位应根据本管理办法及监理规范的要求严格执行对监理公司监理行为的监督管理。省公司工程管理部门应对分公司建设单位的监理监督行为加强指导和管理。

2. 各建设单位应认真履行本管理办法及监理规范规定的职责和义务，保证监理公司和施工单位能够顺利的开展监理工作。

3. 监理工作管理的主要内容包括资质审查、招投标入围、合同签订、监督检查、组织培训考试、监理考核、监理费用支付、档案资料管理等。

4. 在日常管理中，应定期召开监理工作例会，及时发现并解决问题、总结经验、提高工作效率，保证监理工作质量。在监理业务较集中时，应至少每月组织召开一次。

5. 定期对监理人员进行必要的业务技术规范、安全生产、保密意识的教育及考评。

6. 对监理公司监理行为的监督检查包括检查监理公司及人员资质是否符合要求、资源配备是否满足、监理程序是否履行、监理行为是否规范到位、工程质量是否存在问题、监理资料是否建立完整、是否弄虚作假隐情不报、是否有吃拿卡要情况、是否与施工单位串通等。

7. 对监理公司监理行为的监督可采取定期检查、不定期抽查、接收投诉处理等方式进行，发现问题的应在核证后严格按考核办法执行考核。

8. 应向监理公司和施工单位建立渠道畅通的投诉反馈和处理机制，公开、公平、公正的及时处理投诉或反馈的问题。

9. 监督过程中发现的重大监理事故或问题应及时向省公司工程管理部门报告，根据严重程度可采取口头、书面、正式文件的形式报告。

7.12　监理考评考核要求

1. 对监理公司的考核包括项目/合同考核及省公司总体考评两部分。

2. 项目/合同考核是指建设单位按照委托监理的项目/合同，根据约定的考核细则对监理公司监理行为进行考核，考核结果体现在该合同费用的结算中。考核周期即为项目/合同周期。

3. 省公司总体考评是指省公司工程管理部门对省公司统一招标的监理公司，依据各市分公司在各项目/合同中的考核结果，对监理公司进行总体考评，总体考评结果将作为监理公司后评估、选择、份额分配的重要依据。总体考评一般每年进行一次。

4. 项目/合同考核依据日常监督管理及现场检查结果进行，考核主要内容包括：监理资源配置、监理人员资质、内部管理、工程安全控制、质量控制、进度控制、造价控制、监理资料、责任事故影响等。

5. 各专业工程监理可制定更详细具体的考核细则。

6. 因监理公司责任造成移动公司、施工单位或其他方经济损失或赔偿的，除考核扣分外，还应承担相应的经济损失和罚则。

7. 建设单位可根据考核结果要求监理公司撤换项目总监理工程师、监理工程师等要求，监理公司应无条件执行。情况严重的可要求中止监理合同。监理合同考核细则中应明确相关规定。执行考核发生上述情况应立即报省公司工程管理部门。

8. 考核执行应客观、有理、有据，每次考核单据凭证及汇总考核结果均须由双方共同签字确认。

7.13　其他

对监理行为严重违反监理工作规定的监理公司应报省通信管理局备案。

附录Ⅰ　中华人民共和国安全生产法

中华人民共和国主席令

第十三号

《全国人民代表大会常务委员会关于修改〈中华人民共和国安全生产法〉的决定》已由中华人民共和国第十二届全国人民代表大会常务委员会第十次会议于 2014 年 8 月 31 日通过，现予公布，自 2014 年 12 月 1 日起施行。

中华人民共和国主席习近平

二〇一四年八月三十一日

中华人民共和国安全生产法
第一章　总则

第一条　为了加强安全生产工作，防止和减少生产安全事故，保障人民群众生命和财产安全，促进经济社会持续健康发展，制定本法。

第二条　在中华人民共和国领域内从事生产经营活动的单位（以下统称生产经营单位）的安全生产，适用本法；有关法律、行政法规对消防安全和道路交通安全、铁路交通安全、水上交通安全、民用航空安全以及核与辐射安全、特种设备安全另有规定的，适用其规定。

第三条　安全生产工作应当以人为本，坚持安全发展，坚持安全第一、预防为主、综合治理的方针，强化和落实生产经营单位的主体责任，建立生产经营单位负责、职工参与、政府监管、行业自律和社会监督的机制。

第四条　生产经营单位必须遵守本法和其他有关安全生产的法律、法规，加强安全生产管理，建立、健全安全生产责任制和安全生产规章制度，改善安全生产条件，推进安全生产标准化建设，提高安全生产水平，确保安全生产。

第五条　生产经营单位的主要负责人对本单位的安全生产工作全面负责。

第六条　生产经营单位的从业人员有依法获得安全生产保障的权利，并应当依法履行安全生产方面的义务。

第七条　工会依法对安全生产工作进行监督。

生产经营单位的工会依法组织职工参加本单位安全生产工作的民主管理和民主监督，维护职工在安全生产方面的合法权益。生产经营单位制定或者修改有关安全生产的规章制度，应当听取工会的意见。

第八条　国务院和县级以上地方各级人民政府应当根据国民经济和社会发展规划制定安全生产规划，并组织实施。安全生产规划应当与城乡规划相衔接。

国务院和县级以上地方各级人民政府应当加强对安全生产工作的领导，支持、督促各有关部门依法履行安全生产监督管理职责，建立健全安全生产工作协调机制，及时协调、解决安全生产监督管理中存在的重大问题。

乡、镇人民政府以及街道办事处、开发区管理机构等地方人民政府的派出机关应当按照职责，加强对本行政区域内生产经营单位安全生产状况的监督检查，协助上级人民政府有关部门依法履行安全生产监督管理职责。

第九条　国务院安全生产监督管理部门依照本法，对全国安全生产工作实施综合监督管理；县级以上地方各级人民政府安全生产监督管理部门依照本法，对本行政区域内安全生产工作实施综合监督管理。

国务院有关部门依照本法和其他有关法律、行政法规的规定，在各自的职责范围内对有关行业、领域的安全生产工作实施监督管理；县级以上地方各级人民政府有关部门依照本法和其他有关法律、法规的规定，在各自的职责范围内对有关行业、领域的安全生产工作实施监督管理。

安全生产监督管理部门和对有关行业、领域的安全生产工作实施监督管理的部门，统称负有安全生产监督管理职责的部门。

第十条　国务院有关部门应当按照保障安全生产的要求，依法及时制定有关的国家标准或者行业标准，并根据科技进步和经济发展适时修订。

生产经营单位必须执行依法制定的保障安全生产的国家标准或者行业标准。

第十一条　各级人民政府及其有关部门应当采取多种形式，加强对有关安全生产的法律、法规和安全生产知识的宣传，增强全社会的安全生产意识。

第十二条　有关协会组织依照法律、行政法规和章程，为生产经营单位提供安全生产方面的信息、培训等服务，发挥自律作用，促进生产经营单位加强安全生产管理。

第十三条　依法设立的为安全生产提供技术、管理服务的机构，依照法律、行政法规和执业准则，接受生产经营单位的委托为其安全生产工作提供技术、管理服务。

生产经营单位委托前款规定的机构提供安全生产技术、管理服务的，保证安全生产的责任仍由本单位负责。

第十四条　国家实行生产安全事故责任追究制度，依照本法和有关法律、法规的规定，追究生产安全事故责任人员的法律责任。

第十五条　国家鼓励和支持安全生产科学技术研究和安全生产先进技术的推广应用，提高安全生产水平。

第十六条　国家对在改善安全生产条件、防止生产安全事故、参加抢险救护等方面取得显著成绩的单位和个人，给予奖励。

第二章　生产经营单位的安全生产保障

第十七条　生产经营单位应当具备本法和有关法律、行政法规和国家标准或者行业标准规定的安全生产条件；不具备安全生产条件的，不得从事生产经营活动。

第十八条　生产经营单位的主要负责人对本单位安全生产工作负有下列职责：

（一）建立、健全本单位安全生产责任制；

（二）组织制定本单位安全生产规章制度和操作规程；

（三）保证本单位安全生产投入的有效实施；

（四）督促、检查本单位的安全生产工作，及时消除生产安全事故隐患；

（五）组织制定并实施本单位的生产安全事故应急救援预案；

（六）及时、如实报告生产安全事故；

（七）组织制定并实施本单位安全生产教育和培训计划。

第十九条 生产经营单位的安全生产责任制应当明确各岗位的责任人员、责任范围和考核标准等内容。

生产经营单位应当建立相应的机制，加强对安全生产责任制落实情况的监督考核，保证安全生产责任制的落实。

第二十条 生产经营单位应当具备的安全生产条件所必需的资金投入，由生产经营单位的决策机构、主要负责人或者个人经营的投资人予以保证，并对由于安全生产所必需的资金投入不足导致的后果承担责任。

有关生产经营单位应当按照规定提取和使用安全生产费用，专门用于改善安全生产条件。安全生产费用在成本中据实列支。安全生产费用提取、使用和监督管理的具体办法由国务院财政部门会同国务院安全生产监督管理部门征求国务院有关部门意见后制定。

第二十一条 矿山、金属冶炼、建筑施工、道路运输单位和危险物品的生产、经营、储存单位，应当设置安全生产管理机构或者配备专职安全生产管理人员。

前款规定以外的其他生产经营单位，从业人员超过一百人的，应当设置安全生产管理机构或者配备专职安全生产管理人员；从业人员在一百人以下的，应当配备专职或者兼职的安全生产管理人员。

第二十二条 生产经营单位的安全生产管理机构以及安全生产管理人员履行下列职责：

（一）组织或者参与拟订本单位安全生产规章制度、操作规程和生产安全事故应急救援预案；

（二）组织或者参与本单位安全生产教育和培训，如实记录安全生产教育和培训情况；

（三）督促落实本单位重大危险源的安全管理措施；

（四）组织或者参与本单位应急救援演练；

（五）检查本单位的安全生产状况，及时排查生产安全事故隐患，提出改进安全生产管理的建议；

（六）制止和纠正违章指挥、强令冒险作业、违反操作规程的行为；

（七）督促落实本单位安全生产整改措施。

第二十三条 生产经营单位的安全生产管理机构以及安全生产管理人员应当恪尽职守，依法履行职责。

生产经营单位作出涉及安全生产的经营决策，应当听取安全生产管理机构以及安全生产管理人员的意见。

生产经营单位不得因安全生产管理人员依法履行职责而降低其工资、福利等待遇或者解除与其订立的劳动合同。

危险物品的生产、储存单位以及矿山、金属冶炼单位的安全生产管理人员的任免，应当告知主管的负有安全生产监督管理职责的部门。

第二十四条 生产经营单位的主要负责人和安全生产管理人员必须具备与本单位所从事的生产经营活动相应的安全生产知识和管理能力。

危险物品的生产、经营、储存单位以及矿山、金属冶炼、建筑施工、道路运输单位的主要负责人和安全生产管理人员，应当由主管的负有安全生产监督管理职责的部门对其安全生产知识和管理能力考核合格。考核不得收费。

危险物品的生产、储存单位以及矿山、金属冶炼单位应当有注册安全工程师从事安全生产管理工作。鼓励其他生产经营单位聘用注册安全工程师从事安全生产管理工作。注册安全工程师按专业分类管理，具体办法由国务院人力资源和社会保障部门、国务院安全生产监督管理部门会同国务院有关部门制定。

第二十五条　生产经营单位应当对从业人员进行安全生产教育和培训，保证从业人员具备必要的安全生产知识，熟悉有关的安全生产规章制度和安全操作规程，掌握本岗位的安全操作技能，了解事故应急处理措施，知悉自身在安全生产方面的权利和义务。未经安全生产教育和培训合格的从业人员，不得上岗作业。

生产经营单位使用被派遣劳动者的，应当将被派遣劳动者纳入本单位从业人员统一管理，对被派遣劳动者进行岗位安全操作规程和安全操作技能的教育和培训。劳务派遣单位应当对被派遣劳动者进行必要的安全生产教育和培训。

生产经营单位应当建立安全生产教育和培训档案，如实记录安全生产教育和培训的时间、内容、参加人员以及考核结果等情况。

第二十六条　生产经营单位采用新工艺、新技术、新材料或者使用新设备，必须了解、掌握其安全技术特性，采取有效的安全防护措施，并对从业人员进行专门的安全生产教育和培训。

第二十七条　生产经营单位的特种作业人员必须按照国家有关规定经专门的安全作业培训，取得相应资格，方可上岗作业。

特种作业人员的范围由国务院负安全生产监督管理部门会同国务院有关部门确定。

第二十八条　生产经营单位新建、改建、扩建工程项目（以下统称建设项目）的安全设施，必须与主体工程同时设计、同时施工、同时投入生产和使用。安全设施投资应当纳入建设项目概算。

第二十九条　矿山、金属冶炼建设项目和用于生产、储存、装卸危险物品的建设项目，应当按照国家有关规定进行安全评价。

第三十条　建设项目安全设施的设计人、设计单位应当对安全设施设计负责。

矿山、金属冶炼建设项目和用于生产、储存、装卸危险物品的建设项目的安全设施设计应当按照国家有关规定报经有关部门审查，审查部门及其负责审查的人员对审查结果负责。

第三十一条　矿山、金属冶炼建设项目和用于生产、储存、装卸危险物品的建设项目的施工单位必须按照批准的安全设施设计施工，并对安全设施的工程质量负责。

矿山、金属冶炼建设项目和用于生产、储存危险物品的建设项目竣工投入生产或者使用前，应当由建设单位负责组织对安全设施进行验收；验收合格后，方可投入生产和使用。安全生产监督管理部门应当加强对建设单位验收活动和验收结果的监督核查。

第三十二条　生产经营单位应当在有较大危险因素的生产经营场所和有关设施、设备上，设置明显的安全警示标志。

第三十三条　安全设备的设计、制造、安装、使用、检测、维修、改造和报废，应当符合国家标准或者行业标准。

生产经营单位必须对安全设备进行经常性维护、保养，并定期检测，保证正常运转。维护、保养、检测应当做好记录，并由有关人员签字。

第三十四条 生产经营单位使用的危险物品的容器、运输工具，以及涉及人身安全、危险性较大的海洋石油开采特种设备和矿山井下特种设备，必须按照国家有关规定，由专业生产单位生产，并经具有专业资质的检测、检验机构检测、检验合格，取得安全使用证或者安全标志，方可投入使用。检测、检验机构对检测、检验结果负责。

第三十五条 国家对严重危及生产安全的工艺、设备实行淘汰制度，具体目录由国务院安全生产监督管理部门会同国务院有关部门制定并公布。法律、行政法规对目录的制定另有规定的，适用其规定。

省、自治区、直辖市人民政府可以根据本地区实际情况制定并公布具体目录，对前款规定以外的危及生产安全的工艺、设备予以淘汰。

生产经营单位不得使用应当淘汰的危及生产安全的工艺、设备。

第三十六条 生产、经营、运输、储存、使用危险物品或者处置废弃危险物品的，由有关主管部门依照有关法律、法规的规定和国家标准或者行业标准审批并实施监督管理。

生产经营单位生产、经营、运输、储存、使用危险物品或者处置废弃危险物品，必须执行有关法律、法规和国家标准或者行业标准，建立专门的安全管理制度，采取可靠的安全措施，接受有关主管部门依法实施的监督管理。

第三十七条 生产经营单位对重大危险源应当登记建档，进行定期检测、评估、监控，并制定应急预案，告知从业人员和相关人员在紧急情况下应当采取的应急措施。

生产经营单位应当按照国家有关规定将本单位重大危险源及有关安全措施、应急措施报有关地方人民政府安全生产监督管理部门和有关部门备案。

第三十八条 生产经营单位应当建立健全生产安全事故隐患排查治理制度，采取技术、管理措施，及时发现并消除事故隐患。事故隐患排查治理情况应当如实记录，并向从业人员通报。

县级以上地方各级人民政府负有安全生产监督管理职责的部门应当建立健全重大事故隐患治理督办制度，督促生产经营单位消除重大事故隐患。

第三十九条 生产、经营、储存、使用危险物品的车间、商店、仓库不得与员工宿舍在同一座建筑物内，并应当与员工宿舍保持安全距离。

生产经营场所和员工宿舍应当设有符合紧急疏散要求、标志明显、保持畅通的出口。禁止锁闭、封堵生产经营场所或者员工宿舍的出口。

第四十条 生产经营单位进行爆破、吊装以及国务院安全生产监督管理部门会同国务院有关部门规定的其他危险作业，应当安排专门人员进行现场安全管理，确保操作规程的遵守和安全措施的落实。

第四十一条 生产经营单位应当教育和督促从业人员严格执行本单位的安全生产规章制度和安全操作规程；并向从业人员如实告知作业场所和工作岗位存在的危险因素、防范措施以及事故应急措施。

第四十二条 生产经营单位必须为从业人员提供符合国家标准或者行业标准的劳动防护用品，并监督、教育从业人员按照使用规则佩戴、使用。

第四十三条 生产经营单位的安全生产管理人员应当根据本单位的生产经营特点，对安全生产状况进行经常性检查；对检查中发现的安全问题，应当立即处理；不能处理的，应当及时报告本单位有关负责人，有关负责人应当及时处理。检查及处理情况应当如实记录在案。

生产经营单位的安全生产管理人员在检查中发现重大事故隐患，依照前款规定向本单位有关负责人报告，有关负责人不及时处理的，安全生产管理人员可以向主管的负有安全生产监督管理职责的部门报告，接到报告的部门应当依法及时处理。

第四十四条 生产经营单位应当安排用于配备劳动防护用品、进行安全生产培训的经费。

第四十五条 两个以上生产经营单位在同一作业区域内进行生产经营活动，可能危及对方生产安全的，应当签订安全生产管理协议，明确各自的安全生产管理职责和应当采取的安全措施，并指定专职安全生产管理人员进行安全检查与协调。

第四十六条 生产经营单位不得将生产经营项目、场所、设备发包或者出租给不具备安全生产条件或者相应资质的单位或者个人。

生产经营项目、场所发包或者出租给其他单位的，生产经营单位应当与承包单位、承租单位签订专门的安全生产管理协议，或者在承包合同、租赁合同中约定各自的安全生产管理职责；生产经营单位对承包单位、承租单位的安全生产工作统一协调、管理，定期进行安全检查，发现安全问题的，应当及时督促整改。

第四十七条 生产经营单位发生生产安全事故时，单位的主要负责人应当立即组织抢救，并不得在事故调查处理期间擅离职守。

第四十八条 生产经营单位必须依法参加工伤保险，为从业人员缴纳保险费。

国家鼓励生产经营单位投保安全生产责任保险。

第三章 从业人员的安全生产权利义务

第四十九条 生产经营单位与从业人员订立的劳动合同，应当载明有关保障从业人员劳动安全、防止职业危害的事项，以及依法为从业人员办理工伤保险的事项。

生产经营单位不得以任何形式与从业人员订立协议，免除或者减轻其对从业人员因生产安全事故伤亡依法应承担的责任。

第五十条 生产经营单位的从业人员有权了解其作业场所和工作岗位存在的危险因素、防范措施及事故应急措施，有权对本单位的安全生产工作提出建议。

第五十一条 从业人员有权对本单位安全生产工作中存在的问题提出批评、检举、控告；有权拒绝违章指挥和强令冒险作业。

生产经营单位不得因从业人员对本单位安全生产工作提出批评、检举、控告或者拒绝违章指挥、强令冒险作业而降低其工资、福利等待遇或者解除与其订立的劳动合同。

第五十二条 从业人员发现直接危及人身安全的紧急情况时，有权停止作业或者在采取可能的应急措施后撤离作业场所。

生产经营单位不得因从业人员在前款紧急情况下停止作业或者采取紧急撤离措施而降低其工资、福利等待遇或者解除与其订立的劳动合同。

第五十三条 因生产安全事故受到损害的从业人员，除依法享有工伤保险外，依照有关民事法律尚有获得赔偿的权利的，有权向本单位提出赔偿要求。

第五十四条 从业人员在作业过程中，应当严格遵守本单位的安全生产规章制度和操作规程，服从管理，正确佩戴和使用劳动防护用品。

第五十五条 从业人员应当接受安全生产教育和培训，掌握本职工作所需的安全生产知识，提高安全生产技能，增强事故预防和应急处理能力。

第五十六条 从业人员发现事故隐患或者其他不安全因素，应当立即向现场安全生产管理人员或者本单位负责人报告；接到报告的人员应当及时予以处理。

第五十七条 工会有权对建设项目的安全设施与主体工程同时设计、同时施工、同时投入生产和使用进行监督，提出意见。

工会对生产经营单位违反安全生产法律、法规，侵犯从业人员合法权益的行为，有权要求纠正；发现生产经营单位违章指挥、强令冒险作业或者发现事故隐患时，有权提出解决的建议，生产经营单位应当及时研究答复；发现危及从业人员生命安全的情况时，有权向生产经营单位建议组织从业人员撤离危险场所，生产经营单位必须立即作出处理。

工会有权依法参加事故调查，向有关部门提出处理意见，并要求追究有关人员的责任。

第五十八条 生产经营单位使用被派遣劳动者的，被派遣劳动者享有本法规定的从业人员的权利，并应当履行本法规定的从业人员的义务。

第四章　安全生产的监督管理

第五十九条 县级以上地方各级人民政府应当根据本行政区域内的安全生产状况，组织有关部门按照职责分工，对本行政区域内容易发生重大生产安全事故的生产经营单位进行严格检查。

安全生产监督管理部门应当按照分类分级监督管理的要求，制定安全生产年度监督检查计划，并按照年度监督检查计划进行监督检查，发现事故隐患，应当及时处理。

第六十条 负有安全生产监督管理职责的部门依照有关法律、法规的规定，对涉及安全生产的事项需要审查批准（包括批准、核准、许可、注册、认证、颁发证照等，下同）或者验收的，必须严格依照有关法律、法规和国家标准或者行业标准规定的安全生产条件和程序进行审查；不符合有关法律、法规和国家标准或者行业标准规定的安全生产条件的，不得批准或者验收通过。对未依法取得批准或者验收合格的单位擅自从事有关活动的，负责行政审批的部门发现或者接到举报后应当立即予以取缔，并依法予以处理。对已经依法取得批准的单位，负责行政审批的部门发现其不再具备安全生产条件的，应当撤销原批准。

第六十一条 负有安全生产监督管理职责的部门对涉及安全生产的事项进行审查、验收，不得收取费用；不得要求接受审查、验收的单位购买其指定品牌或者指定生产、销售单位的安全设备、器材或者其他产品。

第六十二条 安全生产监督管理部门和其他负有安全生产监督管理职责的部门依法开展安全生产行政执法工作，对生产经营单位执行有关安全生产的法律、法规和国家标准或者行业标准的情况进行监督检查，行使以下职权：

（一）进入生产经营单位进行检查，调阅有关资料，向有关单位和人员了解情况；

（二）对检查中发现的安全生产违法行为，当场予以纠正或者要求限期改正；对依法应当给予行政处罚的行为，依照本法和其他有关法律、行政法规的规定作出行政处罚决定；

（三）对检查中发现的事故隐患，应当责令立即排除；重大事故隐患排除前或者排除过程中无法保证安全的，应当责令从危险区域内撤出作业人员，责令暂时停产停业或者停止使用相关设施、设备；重大事故隐患排除后，经审查同意，方可恢复生产经营和使用；

（四）对有根据认为不符合保障安全生产的国家标准或者行业标准的设施、设备、器材以及违法生产、储存、使用、经营、运输的危险物品予以查封或者扣押，对违法生产、储存、使用、经营危险物品的作业场所予以查封，并依法作出处理决定。

监督检查不得影响被检查单位的正常生产经营活动。

第六十三条 生产经营单位对负有安全生产监督管理职责的部门的监督检查人员（以下统称安全生产监督检查人员）依法履行监督检查职责，应当予以配合，不得拒绝、阻挠。

第六十四条 安全生产监督检查人员应当忠于职守，坚持原则，秉公执法。

安全生产监督检查人员执行监督检查任务时，必须出示有效的监督执法证件；对涉及被检查单位的技术秘密和业务秘密，应当为其保密。

第六十五条 安全生产监督检查人员应当将检查的时间、地点、内容、发现的问题及其处理情况，做出书面记录，并由检查人员和被检查单位的负责人签字；被检查单位的负责人拒绝签字的，检查人员应当将情况记录在案，并向负有安全生产监督管理职责的部门报告。

第六十六条 负有安全生产监督管理职责的部门在监督检查中，应当互相配合，实行联合检查；确需分别进行检查的，应当互通情况，发现存在的安全问题应当由其他有关部门进行处理的，应当及时移送其他有关部门并形成记录备查，接受移送的部门应当及时进行处理。

第六十七条 负有安全生产监督管理职责的部门依法对存在重大事故隐患的生产经营单位做出停产停业、停止施工、停止使用相关设施或者设备的决定，生产经营单位应当依法执行，及时消除事故隐患。生产经营单位拒不执行，有发生生产安全事故的现实危险的，在保证安全的前提下，经本部门主要负责人批准，负有安全生产监督管理职责的部门可以采取通知有关单位停止供电、停止供应民用爆炸物品等措施，强制生产经营单位履行决定。通知应当采用书面形式，有关单位应当予以配合。

负有安全生产监督管理职责的部门依照前款规定采取停止供电措施，除有危及生产安全的紧急情形外，应当提前二十四小时通知生产经营单位。生产经营单位依法履行行政决定、采取相应措施消除事故隐患的，负有安全生产监督管理职责的部门应当及时解除前款规定的措施。

第六十八条 监察机关依照行政监察法的规定，对负有安全生产监督管理职责的部门及其工作人员履行安全生产监督管理职责实施监察。

第六十九条 承担安全评价、认证、检测、检验的机构应当具备国家规定的资质条件，并对其做出的安全评价、认证、检测、检验的结果负责。

第七十条 负有安全生产监督管理职责的部门应当建立举报制度，公开举报电话、信箱或者电子邮件地址，受理有关安全生产的举报；受理的举报事项经调查核实后，应当形成书面材料；需要落实整改措施的，报经有关负责人签字并督促落实。

第七十一条 任何单位或者个人对事故隐患或者安全生产违法行为，均有权向负有安全生产监督管理职责的部门报告或者举报。

第七十二条 居民委员会、村民委员会发现其所在区域内的生产经营单位存在事故隐患或者安全生产违法行为时，应当向当地人民政府或者有关部门报告。

第七十三条 县级以上各级人民政府及其有关部门对报告重大事故隐患或者举报安全生产违法行为的有功人员，给予奖励。具体奖励办法由国务院安全生产监督管理部门会同国务院财政部门制定。

第七十四条 新闻、出版、广播、电影、电视等单位有进行安全生产公益宣传教育的义务，有对违反安全生产法律、法规的行为进行舆论监督的权利。

第七十五条 负有安全生产监督管理职责的部门应当建立安全生产违法行为信息库，如实记录生产经营单位的安全生产违法行为信息；对违法行为情节严重的生产经营单位，应当向社会公告，并通报行业主管部门、投资主管部门、国土资源主管部门、证券监督管理机构以及有关金融机构。

第五章 生产安全事故的应急救援与调查处理

第七十六条 国家加强生产安全事故应急能力建设，在重点行业、领域建立应急救援基地和应急救援队伍，鼓励生产经营单位和其他社会力量建立应急救援队伍，配备相应的应急救援装备和物资，提高应急救援的专业化水平。

国务院安全生产监督管理部门建立全国统一的生产安全事故应急救援信息系统，国务院有关部门建立健全相关行业、领域的生产安全事故应急救援信息系统。

第七十七条 县级以上地方各级人民政府应当组织有关部门制定本行政区域内特大生产安全事故应急救援预案，建立应急救援体系。

第七十八条 生产经营单位应当制定本单位生产安全事故应急救援预案，与所在地县级以上地方人民政府组织制定的生产安全事故应急救援预案相衔接，并定期组织演练。

第七十九条 危险物品的生产、经营、储存单位以及矿山、金属冶炼、城市轨道交通运营、建筑施工单位应当建立应急救援组织；生产经营规模较小的，可以不建立应急救援组织，但应当指定兼职的应急救援人员。

危险物品的生产、经营、储存、运输单位以及矿山、金属冶炼、城市轨道交通运营、建筑施工单位应当配备必要的应急救援器材、设备和物资，并进行经常性维护、保养，保证正常运转。

第八十条 生产经营单位发生生产安全事故后，事故现场有关人员应当立即报告本单位负责人。

单位负责人接到事故报告后，应当迅速采取有效措施，组织抢救，防止事故扩大，减少人员伤亡和财产损失，并按照国家有关规定立即如实报告当地负有安全生产监督管理职责的部门，不得隐瞒不报、谎报或者迟报，不得故意破坏事故现场、毁灭有关证据。

第八十一条 负有安全生产监督管理职责的部门接到事故报告后，应当立即按照国家有关规定上报事故情况。负有安全生产监督管理职责的部门和有关地方人民政府对事故情况不得隐瞒不报、谎报或者迟报。

第八十二条 有关地方人民政府和负有安全生产监督管理职责的部门的负责人接到生产安全事故报告后，应当按照生产安全事故应急救援预案的要求立即赶到事故现场，组织事故抢救。

参与事故抢救的部门和单位应当服从统一指挥，加强协同联动，采取有效的应急救援措施，并根据事故救援的需要采取警戒、疏散等措施，防止事故扩大和次生灾害的发生，减少人员伤亡和财产损失。

事故抢救过程中应当采取必要措施，避免或者减少对环境造成的危害。

任何单位和个人都应当支持、配合事故抢救，并提供一切便利条件。

第八十三条 事故调查处理应当按照科学严谨、依法依规、实事求是、注重实效的原则，及时、准确地查清事故原因，查明事故性质和责任，总结事故教训，提出整改措施，并对事故责任者提出处理意见。事故调查报告应当依法及时向社会公布。事故调查和处理的具体办法由国务院制定。

事故发生单位应当及时全面落实整改措施，负有安全生产监督管理职责的部门应当加强监督检查。

第八十四条 生产经营单位发生生产安全事故，经调查确定为责任事故的，除了应当查明事故单位的责任并依法予以追究外，还应当查明对安全生产的有关事项负有审查批准和监督职责的行政部门的责任，对有失职、渎职行为的，依照本法第七十七条的规定追究法律责任。

第八十五条 任何单位和个人不得阻挠和干涉对事故的依法调查处理。

第八十六条 县级以上地方各级人民政府安全生产监督管理部门应当定期统计分析本行政区域内发生生产安全事故的情况，并定期向社会公布。

第六章 法律责任

第八十七条 负有安全生产监督管理职责的部门的工作人员，有下列行为之一的，给予降级或者撤职的处分；构成犯罪的，依照刑法有关规定追究刑事责任：

（一）对不符合法定安全生产条件的涉及安全生产的事项予以批准或者验收通过的；

（二）发现未依法取得批准、验收的单位擅自从事有关活动或者接到举报后不予取缔或者不依法予以处理的；

（三）对已经依法取得批准的单位不履行监督管理职责，发现其不再具备安全生产条件而不撤销原批准或者发现安全生产违法行为不予查处的；

（四）在监督检查中发现重大事故隐患，不依法及时处理的。

负有安全生产监督管理职责的部门的工作人员有前款规定以外的滥用职权、玩忽职守、徇私舞弊行为的，依法给予处分；构成犯罪的，依照刑法有关规定追究刑事责任。

第八十八条 负有安全生产监督管理职责的部门，要求被审查、验收的单位购买其指定的安全设备、器材或者其他产品的，在对安全生产事项的审查、验收中收取费用的，由其上级机关或者监察机关责令改正，责令退还收取的费用；情节严重的，对直接负责的主管人员和其他直接责任人员依法给予处分。

第八十九条 承担安全评价、认证、检测、检验工作的机构，出具虚假证明的，没收违法所得；违法所得在十万元以上的，并处违法所得二倍以上五倍以下的罚款；没有违法所得或者违法所得不足十万元的，单处或者并处十万元以上二十万元以下的罚款；对其直接负责的主管人员和其他直接责任人员处二万元以上五万元以下的罚款；给他人造成损害的，与生产经营单位承担连带赔偿责任；构成犯罪的，依照刑法有关规定追究刑事责任。

对有前款违法行为的机构，吊销其相应资质。

第九十条 生产经营单位的决策机构、主要负责人或者个人经营的投资人不依照本法规定保证安全生产所必需的资金投入，致使生产经营单位不具备安全生产条件的，责令限期改正，提供必需的资金；逾期未改正的，责令生产经营单位停产停业整顿。

有前款违法行为，导致发生生产安全事故的，对生产经营单位的主要负责人给予撤职处分，对个人经营的投资人处二万元以上二十万元以下的罚款；构成犯罪的，依照刑法有关规定追究刑事责任。

第九十一条 生产经营单位的主要负责人未履行本法规定的安全生产管理职责的，责令限期改正；逾期未改正的，处二万元以上五万元以下的罚款，责令生产经营单位停产停业整顿。

生产经营单位的主要负责人有前款违法行为，导致发生生产安全事故的，给予撤职处分；构成犯罪的，依照刑法有关规定追究刑事责任。

生产经营单位的主要负责人依照前款规定受刑事处罚或者撤职处分的，自刑罚执行完毕或者受处分之日起，五年内不得担任任何生产经营单位的主要负责人；对重大、特别重大生产安全事故负有责任的，终身不得担任本行业生产经营单位的主要负责人。

第九十二条　生产经营单位的主要负责人未履行本法规定的安全生产管理职责，导致发生生产安全事故的，由安全生产监督管理部门依照下列规定处以罚款：

（一）发生一般事故的，处上一年年收入百分之三十的罚款；

（二）发生较大事故的，处上一年年收入百分之四十的罚款；

（三）发生重大事故的，处上一年年收入百分之六十的罚款；

（四）发生特别重大事故的，处上一年年收入百分之八十的罚款。

第九十三条　生产经营单位的安全生产管理人员未履行本法规定的安全生产管理职责的，责令限期改正；导致发生生产安全事故的，暂停或者撤销其与安全生产有关的资格；构成犯罪的，依照刑法有关规定追究刑事责任。

第九十四条　生产经营单位有下列行为之一的，责令限期改正，可以处五万元以下的罚款；逾期未改正的，责令停产停业整顿，并处五万元以上十万元以下的罚款，对其直接负责的主管人员和其他直接责任人员处一万元以上二万元以下的罚款：

（一）未按照规定设置安全生产管理机构或者配备安全生产管理人员的；

（二）危险物品的生产、经营、储存单位以及矿山、金属冶炼、建筑施工、道路运输单位的主要负责人和安全生产管理人员未按照规定经考核合格的；

（三）未按照规定对从业人员、被派遣劳动者、实习学生进行安全生产教育和培训，或者未按照规定如实告知有关的安全生产事项的；

（四）未如实记录安全生产教育和培训情况的；

（五）未将事故隐患排查治理情况如实记录或者未向从业人员通报的；

（六）未按照规定制定生产安全事故应急救援预案或者未定期组织演练的；

（七）特种作业人员未按照规定经专门的安全作业培训并取得相应资格，上岗作业的。

第九十五条　生产经营单位有下列行为之一的，责令停止建设或者停产停业整顿，限期改正；逾期未改正的，处五十万元以上一百万元以下的罚款，对其直接负责的主管人员和其他直接责任人员处二万元以上五万元以下的罚款；构成犯罪的，依照刑法有关规定追究刑事责任：

（一）未按照规定对矿山、金属冶炼建设项目或者用于生产、储存、装卸危险物品的建设项目进行安全评价的；

（二）矿山、金属冶炼建设项目或者用于生产、储存、装卸危险物品的建设项目没有安全设施设计或者安全设施设计未按照规定报经有关部门审查同意的；

（三）矿山、金属冶炼建设项目或者用于生产、储存、装卸危险物品的建设项目的施工单位未按照批准的安全设施设计施工的；

（四）矿山、金属冶炼建设项目或者用于生产、储存危险物品的建设项目竣工投入生产或者使用前，安全设施未经验收合格的。

第九十六条　生产经营单位有下列行为之一的，责令限期改正，可以处五万元以下的罚款；逾期未改正的，处五万元以上二十万元以下的罚款，对其直接负责的主管人员和其他直接责任人员处一万元以上二万元以下的罚款；情节严重的，责令停产停业整顿；构成犯罪的，依照刑法有关规定追究刑事责任：

（一）未在有较大危险因素的生产经营场所和有关设施、设备上设置明显的安全警示标志的；

（二）安全设备的安装、使用、检测、改造和报废不符合国家标准或者行业标准的；

（三）未对安全设备进行经常性维护、保养和定期检测的；

（四）未为从业人员提供符合国家标准或者行业标准的劳动防护用品的；

（五）危险物品的容器、运输工具，以及涉及人身安全、危险性较大的海洋石油开采特种设备和矿山井下特种设备未经具有专业资质的机构检测、检验合格，取得安全使用证或者安全标志，投入使用的；

（六）使用应当淘汰的危及生产安全的工艺、设备的。

第九十七条 未经依法批准，擅自生产、经营、运输、储存、使用危险物品或者处置废弃危险物品的，依照有关危险物品安全管理的法律、行政法规的规定予以处罚；构成犯罪的，依照刑法有关规定追究刑事责任。

第九十八条 生产经营单位有下列行为之一的，责令限期改正，可以处十万元以下的罚款；逾期未改正的，责令停产停业整顿，并处十万元以上二十万元以下的罚款，对其直接负责的主管人员和其他直接责任人员处二万元以上五万元以下的罚款；构成犯罪的，依照刑法有关规定追究刑事责任：

（一）生产、经营、运输、储存、使用危险物品或者处置废弃危险物品，未建立专门安全管理制度、未采取可靠的安全措施的；

（二）对重大危险源未登记建档，或者未进行评估、监控，或者未制定应急预案的；

（三）进行爆破、吊装以及国务院安全生产监督管理部门会同国务院有关部门规定的其他危险作业，未安排专门人员进行现场安全管理的；

（四）未建立事故隐患排查治理制度的。

第九十九条 生产经营单位未采取措施消除事故隐患的，责令立即消除或者限期消除；生产经营单位拒不执行的，责令停产停业整顿，并处十万元以上五十万元以下的罚款，对其直接负责的主管人员和其他直接责任人员处二万元以上五万元以下的罚款。

第一百条 生产经营单位将生产经营项目、场所、设备发包或者出租给不具备安全生产条件或者相应资质的单位或者个人的，责令限期改正，没收违法所得；违法所得十万元以上的，并处违法所得二倍以上五倍以下的罚款；没有违法所得或者违法所得不足十万元的，单处或者并处十万元以上二十万元以下的罚款；对其直接负责的主管人员和其他直接责任人员处一万元以上二万元以下的罚款；导致发生生产安全事故给他人造成损害的，与承包方、承租方承担连带赔偿责任。

生产经营单位未与承包单位、承租单位签订专门的安全生产管理协议或者未在承包合同、租赁合同中明确各自的安全生产管理职责，或者未对承包单位、承租单位的安全生产统一协调、管理的，责令限期改正，可以处五万元以下的罚款，对其直接负责的主管人员和其他直接责任人员可以处一万元以下的罚款；逾期未改正的，责令停产停业整顿。

第一百零一条 两个以上生产经营单位在同一作业区域内进行可能危及对方安全生产的生产经营活动，未签订安全生产管理协议或者未指定专职安全生产管理人员进行安全检查与协调的，责令限期改正，可以处五万元以下的罚款，对其直接负责的主管人员和其他直接责任人员可以处一万元以下的罚款；逾期未改正的，责令停产停业。

第一百零二条 生产经营单位有下列行为之一的，责令限期改正，可以处五万元以下的罚款，对其直接负责的主管人员和其他直接责任人员可以处一万元以下的罚款；逾期未改正的，责令停产停业整顿；构成犯罪的，依照刑法有关规定追究刑事责任：

（一）生产、经营、储存、使用危险物品的车间、商店、仓库与员工宿舍在同一座建筑内，或者与员工宿舍的距离不符合安全要求的；

（二）生产经营场所和员工宿舍未设有符合紧急疏散需要、标志明显、保持畅通的出口，或者锁闭、封堵生产经营场所或者员工宿舍出口的。

第一百零三条 生产经营单位与从业人员订立协议，免除或者减轻其对从业人员因生产安全事故伤亡依法应承担的责任的，该协议无效；对生产经营单位的主要负责人、个人经营的投资人处二万元以上十万元以下的罚款。

第一百零四条 生产经营单位的从业人员不服从管理，违反安全生产规章制度或者操作规程的，由生产经营单位给予批评教育，依照有关规章制度给予处分；构成犯罪的，依照刑法有关规定追究刑事责任。

第一百零五条 违反本法规定，生产经营单位拒绝、阻碍负有安全生产监督管理职责的部门依法实施监督检查的，责令改正；拒不改正的，处二万元以上二十万元以下的罚款；对其直接负责的主管人员和其他直接责任人员处一万元以上二万元以下的罚款；构成犯罪的，依照刑法有关规定追究刑事责任。

第一百零六条 生产经营单位的主要负责人在本单位发生生产安全事故时，不立即组织抢救或者在事故调查处理期间擅离职守或者逃匿的，给予降级、撤职的处分，并由安全生产监督管理部门处上一年年收入百分之六十至百分之一百的罚款；对逃匿的处十五日以下拘留；构成犯罪的，依照刑法有关规定追究刑事责任。

生产经营单位的主要负责人对生产安全事故隐瞒不报、谎报或者迟报的，依照前款规定处罚。

第一百零七条 有关地方人民政府、负有安全生产监督管理职责的部门，对生产安全事故隐瞒不报、谎报或者迟报的，对直接负责的主管人员和其他直接责任人员依法给予处分；构成犯罪的，依照刑法有关规定追究刑事责任。

第一百零八条 生产经营单位不具备本法和其他有关法律、行政法规和国家标准或者行业标准规定的安全生产条件，经停产停业整顿仍不具备安全生产条件的，予以关闭；有关部门应当依法吊销其有关证照。

第一百零九条 发生生产安全事故，对负有责任的生产经营单位除要求其依法承担相应的赔偿等责任外，由安全生产监督管理部门依照下列规定处以罚款：

（一）发生一般事故的，处二十万元以上五十万元以下的罚款；

（二）发生较大事故的，处五十万元以上一百万元以下的罚款；

（三）发生重大事故的，处一百万元以上五百万元以下的罚款；

（四）发生特别重大事故的，处五百万元以上一千万元以下的罚款；情节特别严重的，处一千万元以上二千万元以下的罚款。

第一百一十条 本法规定的行政处罚，由安全生产监督管理部门和其他负有安全生产监督管理职责的部门按照职责分工决定。予以关闭的行政处罚由负有安全生产监督管理职责的部门报请县级以上人民政府按照国务院规定的权限决定；给予拘留的行政处罚由公安机关依照治安管理处罚法的规定决定。

第一百一十一条　生产经营单位发生生产安全事故造成人员伤亡、他人财产损失的，应当依法承担赔偿责任；拒不承担或者其负责人逃匿的，由人民法院依法强制执行。

生产安全事故的责任人未依法承担赔偿责任，经人民法院依法采取执行措施后，仍不能对受害人给予足额赔偿的，应当继续履行赔偿义务；受害人发现责任人有其他财产的，可以随时请求人民法院执行。

第七章　附则

第一百一十二条　本法下列用语的含义：

危险物品，是指易燃易爆物品、危险化学品、放射性物品等能够危及人身安全和财产安全的物品。

重大危险源，是指长期地或者临时地生产、搬运、使用或者储存危险物品，且危险物品的数量等于或者超过临界量的单元（包括场所和设施）。

第一百一十三条　本法规定的生产安全一般事故、较大事故、重大事故、特别重大事故的划分标准由国务院规定。

国务院安全生产监督管理部门和其他负有安全生产监督管理职责的部门应当根据各自的职责分工，制定相关行业、领域重大事故隐患的判定标准。

第一百一十四条　本法自 2014 年 12 月 21 日起施行。

附录Ⅱ 建设工程安全生产管理条例

中华人民共和国国务院令

第 393 号

经 2003 年 11 月 12 日国务院第 28 次常务会议通过，2003 年 11 月 24 日公布，自 2004 年 2 月 1 日起施行。

总理 温家宝

二〇〇三年十一月二十四日

建设工程安全生产管理条例

第一章 总则

第一条 为了加强建设工程安全生产监督管理，保障人民群众生命和财产安全，根据《中华人民共和国建筑法》、《中华人民共和国安全生产法》，制定本条例。

第二条 在中华人民共和国境内从事建设工程的新建、扩建、改建和拆除等有关活动及实施对建设工程安全生产的监督管理，必须遵守本条例。

本条例所称建设工程，是指土木工程、建筑工程、线路管道和设备安装工程及装修工程。

第三条 建设工程安全生产管理，坚持安全第一、预防为主的方针。

第四条 建设单位、勘察单位、设计单位、施工单位、工程监理单位及其他与建设工程安全生产有关的单位，必须遵守安全生产法律、法规的规定，保证建设工程安全生产，依法承担建设工程安全生产责任。

第五条 国家鼓励建设工程安全生产的科学技术研究和先进技术的推广应用，推进建设工程安全生产的科学管理。

第二章 建设单位的安全责任

第六条 建设单位应当向施工单位提供施工现场及毗邻区域内供水、排水、供电、供气、供热、通信、广播电视等地下管线资料，气象和水文观测资料，相邻建筑物和构筑物、地下工程的有关资料，并保证资料的真实、准确、完整。

建设单位因建设工程需要，向有关部门或者单位查询前款规定的资料时，有关部门或者单位应当及时提供。

第七条 建设单位不得对勘察、设计、施工、工程监理等单位提出不符合建设工程安全生产法律、法规和强制性标准规定的要求，不得压缩合同约定的工期。

第八条 建设单位在编制工程概算时，应当确定建设工程安全作业环境及安全施工措施所需费用。

第九条 建设单位不得明示或者暗示施工单位购买、租赁、使用不符合安全施工要求的安全防护用具、机械设备、施工机具及配件、消防设施和器材。

第十条　建设单位在申请领取施工许可证时，应当提供建设工程有关安全施工措施的资料。

依法批准开工报告的建设工程，建设单位应当自开工报告批准之日起15日内，将保证安全施工的措施报送建设工程所在地的县级以上地方人民政府建设行政主管部门或者其他有关部门备案。

第十一条　建设单位应当将拆除工程发包给具有相应资质等级的施工单位。

建设单位应当在拆除工程施工15日前，将下列资料报送建设工程所在地的县级以上地方人民政府建设行政主管部门或者其他有关部门备案：

（一）施工单位资质等级证明；

（二）拟拆除建筑物、构筑物及可能危及毗邻建筑的说明；

（三）拆除施工组织方案；

（四）堆放、清除废弃物的措施。

实施爆破作业的，应当遵守国家有关民用爆炸物品管理的规定。

第三章　勘察设计监理及有关单位的安全责任

第十二条　勘察单位应当按照法律、法规和工程建设强制性标准进行勘察，提供的勘察文件应当真实、准确，满足建设工程安全生产的需要。

勘察单位在勘察作业时，应当严格执行操作规程，采取措施保证各类管线、设施和周边建筑物、构筑物的安全。

第十三条　设计单位应当按照法律、法规和工程建设强制性标准进行设计，防止因设计不合理导致生产安全事故的发生。

设计单位应当考虑施工安全操作和防护的需要，对涉及施工安全的重点部位和环节在设计文件中注明，并对防范生产安全事故提出指导意见。

采用新结构、新材料、新工艺的建设工程和特殊结构的建设工程，设计单位应当在设计中提出保障施工作业人员安全和预防生产安全事故的措施建议。

设计单位和注册建筑师等注册执业人员应当对其设计负责。

第十四条　工程监理单位应当审查施工组织设计中的安全技术措施或者专项施工方案是否符合工程建设强制性标准。

工程监理单位在实施监理过程中，发现存在安全事故隐患的，应当要求施工单位整改；情况严重的，应当要求施工单位暂时停止施工，并及时报告建设单位。施工单位拒不整改或者不停止施工的，工程监理单位应当及时向有关主管部门报告。

工程监理单位和监理工程师应当按照法律、法规和工程建设强制性标准实施监理，并对建设工程安全生产承担监理责任。

第十五条　为建设工程提供机械设备和配件的单位，应当按照安全施工的要求配备齐全有效的保险、限位等安全设施和装置。

第十六条　出租的机械设备和施工机具及配件，应当具有生产（制造）许可证、产品合格证。

出租单位应当对出租的机械设备和施工机具及配件的安全性能进行检测，在签订租赁协议时，应当出具检测合格证明。

禁止出租检测不合格的机械设备和施工机具及配件。

第十七条 在施工现场安装、拆卸施工起重机械和整体提升脚手架、模板等自升式架设设施，必须由具有相应资质的单位承担。

安装、拆卸施工起重机械和整体提升脚手架、模板等自升式架设设施，应当编制拆装方案、制定安全施工措施，并由专业技术人员现场监督。

施工起重机械和整体提升脚手架、模板等自升式架设设施安装完毕后，安装单位应当自检，出具自检合格证明，并向施工单位进行安全使用说明，办理验收手续并签字。

第十八条 施工起重机械和整体提升脚手架、模板等自升式架设设施的使用达到国家规定的检验检测期限的，必须经具有专业资质的检验检测机构检测。经检测不合格的，不得继续使用。

第十九条 检验检测机构对检测合格的施工起重机械和整体提升脚手架、模板等自升式架设设施，应当出具安全合格证明文件，并对检测结果负责。

第四章 施工单位的安全责任

第二十条 施工单位从事建设工程的新建、扩建、改建和拆除等活动，应当具备国家规定的注册资本、专业技术人员、技术装备和安全生产等条件，依法取得相应等级的资质证书，并在其资质等级许可的范围内承揽工程。

第二十一条 施工单位主要负责人依法对本单位的安全生产工作全面负责。施工单位应当建立健全安全生产责任制度和安全生产教育培训制度，制定安全生产规章制度和操作规程，保证本单位安全生产条件所需资金的投入，对所承担的建设工程进行定期和专项安全检查，并做好安全检查记录。

施工单位的项目负责人应当由取得相应执业资格的人员担任，对建设工程项目的安全施工负责，落实安全生产责任制度、安全生产规章制度和操作规程，确保安全生产费用的有效使用，并根据工程的特点组织制定安全施工措施，消除安全事故隐患，及时、如实报告生产安全事故。

第二十二条 施工单位对列入建设工程概算的安全作业环境及安全施工措施所需费用，应当用于施工安全防护用具及设施的采购和更新、安全施工措施的落实、安全生产条件的改善，不得挪作他用。

第二十三条 施工单位应当设立安全生产管理机构，配备专职安全生产管理人员。

专职安全生产管理人员负责对安全生产进行现场监督检查。发现安全事故隐患，应当及时向项目负责人和安全生产管理机构报告；对违章指挥、违章操作的，应当立即制止。

专职安全生产管理人员的配备办法由国务院建设行政主管部门会同国务院其他有关部门制定。

第二十四条 建设工程实行施工总承包的，由总承包单位对施工现场的安全生产负总责。

总承包单位应当自行完成建设工程主体结构的施工。

总承包单位依法将建设工程分包给其他单位的，分包合同中应当明确各自的安全生产方面的权利、义务。总承包单位和分包单位对分包工程的安全生产承担连带责任。

分包单位应当服从总承包单位的安全生产管理，分包单位不服从管理导致生产安全事故的，由分包单位承担主要责任。

第二十五条 垂直运输机械作业人员、安装拆卸工、爆破作业人员、起重信号工、登高架设作业人员等特种作业人员，必须按照国家有关规定经过专门的安全作业培训，并取得特种作业操作资格证书后，方可上岗作业。

第二十六条　施工单位应当在施工组织设计中编制安全技术措施和施工现场临时用电方案，对下列达到一定规模的危险性较大的分部分项工程编制专项施工方案，并附具安全验算结果，经施工单位技术负责人、总监理工程师签字后实施，由专职安全生产管理人员进行现场监督：

（一）基坑支护与降水工程；

（二）土方开挖工程；

（三）模板工程；

（四）起重吊装工程；

（五）脚手架工程；

（六）拆除、爆破工程；

（七）国务院建设行政主管部门或者其他有关部门规定的其他危险性较大的工程。

对前款所列工程中涉及深基坑、地下暗挖工程、高大模板工程的专项施工方案，施工单位还应当组织专家进行论证、审查。

本条第一款规定的达到一定规模的危险性较大工程的标准，由国务院建设行政主管部门会同国务院其他有关部门制定。

第二十七条　建设工程施工前，施工单位负责项目管理的技术人员应当对有关安全施工的技术要求向施工作业班组、作业人员做出详细说明，并由双方签字确认。

第二十八条　施工单位应当在施工现场入口处、施工起重机械、临时用电设施、脚手架、出入通道口、楼梯口、电梯井口、孔洞口、桥梁口、隧道口、基坑边沿、爆破物及有害危险气体和液体存放处等危险部位，设置明显的安全警示标志。安全警示标志必须符合国家标准。

施工单位应当根据不同施工阶段和周围环境及季节、气候的变化，在施工现场采取相应的安全施工措施。施工现场暂时停止施工的，施工单位应当做好现场防护，所需费用由责任方承担，或者按照合同约定执行。

第二十九条　施工单位应当将施工现场的办公、生活区与作业区分开设置，并保持安全距离；办公、生活区的选址应当符合安全性要求。职工的膳食、饮水、休息场所等应当符合卫生标准。施工单位不得在尚未竣工的建筑物内设置员工集体宿舍。

施工现场临时搭建的建筑物应当符合安全使用要求。施工现场使用的装配式活动房屋应当具有产品合格证。

第三十条　施工单位对因建设工程施工可能造成损害的毗邻建筑物、构筑物和地下管线等，应当采取专项防护措施。

施工单位应当遵守有关环境保护法律、法规的规定，在施工现场采取措施，防止或者减少粉尘、废气、废水、固体废物、噪声、振动和施工照明对人和环境的危害和污染。

在城市市区内的建设工程，施工单位应当对施工现场实行封闭围挡。

第三十一条　施工单位应当在施工现场建立消防安全责任制度，确定消防安全责任人，制定用火、用电、使用易燃易爆材料等各项消防安全管理制度和操作规程，设置消防通道、消防水源，配备消防设施和灭火器材，并在施工现场入口处设置明显标志。

第三十二条　施工单位应当向作业人员提供安全防护用具和安全防护服装，并书面告知危险岗位的操作规程和违章操作的危害。

作业人员有权对施工现场的作业条件、作业程序和作业方式中存在的安全问题提出批评、检举和控告，有权拒绝违章指挥和强令冒险作业。

在施工中发生危及人身安全的紧急情况时，作业人员有权立即停止作业或者在采取必要的应急措施后撤离危险区域。

第三十三条 作业人员应当遵守安全施工的强制性标准、规章制度和操作规程，正确使用安全防护用具、机械设备等。

第三十四条 施工单位采购、租赁的安全防护用具、机械设备、施工机具及配件，应当具有生产（制造）许可证、产品合格证，并在进入施工现场前进行查验。

施工现场的安全防护用具、机械设备、施工机具及配件必须由专人管理，定期进行检查、维修和保养，建立相应的资料档案，并按照国家有关规定及时报废。

第三十五条 施工单位在使用施工起重机械和整体提升脚手架、模板等自升式架设设施前，应当组织有关单位进行验收，也可以委托具有相应资质的检验检测机构进行验收；使用承租的机械设备和施工机具及配件的，由施工总承包单位、分包单位、出租单位和安装单位共同进行验收。验收合格的方可使用。

《特种设备安全监察条例》规定的施工起重机械，在验收前应当经有相应资质的检验检测机构监督检验合格。

施工单位应当起重机械自施工和整体提升脚手架、模板等自升式架设设施验收合格之日起30日内，向建设行政主管部门或者其他有关部门登记。登记标志应当置于或者附着于该设备的显著位置。

第三十六条 施工单位的主要负责人、项目负责人、专职安全生产管理人员应当经建设行政主管部门或者其他有关部门考核合格后方可任职。

施工单位应当对管理人员和作业人员每年至少进行一次安全生产教育培训，其教育培训情况记入个人工作档案。安全生产教育培训考核不合格的人员，不得上岗。

第三十七条 作业人员进入新的岗位或者新的施工现场前，应当接受安全生产教育培训。未经教育培训或者教育培训考核不合格的人员，不得上岗作业。

施工单位在采用新技术、新工艺、新设备、新材料时，应当对作业人员进行相应的安全生产教育培训。

第三十八条 施工单位应当为施工现场从事危险作业的人员办理意外伤害保险。

意外伤害保险费由施工单位支付。实行施工总承包的，由总承包单位支付意外伤害保险费。意外伤害保险期限自建设工程开工之日起至竣工验收合格止。

第五章　监督管理

第三十九条 国务院负责安全生产监督管理的部门依照《中华人民共和国安全生产法》的规定，对全国建设工程安全生产工作实施综合监督管理。

县级以上地方人民政府负责安全生产监督管理的部门依照《中华人民共和国安全生产法》的规定，对本行政区域内建设工程安全生产工作实施综合监督管理。

第四十条 国务院建设行政主管部门对全国的建设工程安全生产实施监督管理。国务院铁路、交通、水利等有关部门按照国务院规定的职责分工，负责有关专业建设工程安全生产的监督管理。

县级以上地方人民政府建设行政主管部门对本行政区域内的建设工程安全生产实施监督管理。县级以上地方人民政府交通、水利等有关部门在各自的职责范围内，负责本行政区域内的专业建设工程安全生产的监督管理。

第四十一条 建设行政主管部门和其他有关部门应当将本条例第十条、第十一条规定的有关资料的主要内容抄送同级责任安全生产监督管理的部门。

第四十二条 建设行政主管部门在审核发放施工许可证时，应当对建设工程是否有安全施工措施进行审查，对没有安全施工措施的，不得颁发施工许可证。

建设行政主管部门或者其他有关部门对建设工程是否有安全施工措施进行审查时，不得收取费用。

第四十三条 县级以上人民政府负有建设工程安全生产监督管理职责的部门在各自的职责范围内履行安全监督检查职责时，有权采取下列措施：

（一）要求被检查单位提供有关建设工程安全生产的文件和资料；

（二）进入被检查单位施工现场进行检查；

（三）纠正施工中违反安全生产要求的行为；

（四）对检查中发现的安全事故隐患，责令立即排除；重大安全事故隐患排除前或者排除过程中无法保证安全的，责令从危险区域内撤出作业人员或者暂时停止施工。

第四十四条 建设行政主管部门或者其他有关部门可以将施工现场的监督检查委托给建设工程安全监督机构具体实施。

第四十五条 国家对严重危及施工安全的工艺、设备、材料实行淘汰制度。具体目录由国务院建设行政主管部门会同国务院其他有关部门制定并公布。

第四十六条 县级以上人民政府建设行政主管部门和其他有关部门应当及时受理对建设工程生产安全事故及安全事故隐患的检举、控告和投诉。

第六章 生产安全事故的应急救援和调查处理

第四十七条 县级以上地方人民政府建设行政主管部门应当根据本级人民政府的要求，制定本行政区域内建设工程特大生产安全事故应急救援预案。

第四十八条 施工单位应当制定本单位生产安全事故应急救援预案，建立应急救援组织或者配备应急救援人员，配备必要的应急救援器材、设备，并定期组织演练。

第四十九条 施工单位应当根据建设工程施工的特点、范围，对施工现场易发生重大事故的部位、环节进行监控，制定施工现场生产安全事故应急救援预案。实行施工总承包的，由总承包单位统一组织编制建设工程生产安全事故应急救援预案，工程总承包单位和分包单位按照应急救援预案，各自建立应急救援组织或者配备应急救援人员，配备救援器材、设备，并定期组织演练。

第五十条 施工单位发生生产安全事故，应当按照国家有关伤亡事故报告和调查处理的规定，及时、如实地向负责安全生产监督管理的部门、建设行政主管部门或者其他有关部门报告；特种设备发生事故的，还应当同时向特种设备安全监督管理部门报告。接到报告的部门应当按照国家有关规定，如实上报。

实行施工总承包的建设工程，由总承包单位负责上报事故。

第五十一条 发生生产安全事故后，施工单位应当采取措施防止事故扩大，保护事故现场。需要移动现场物品时，应当做出标记和书面记录，妥善保管有关证物。

第五十二条 建设工程生产安全事故的调查、对事故责任单位和责任人的处罚与处理，按照有关法律、法规的规定执行。

第七章 法律责任

第五十三条 违反本条例的规定，县级以上人民政府建设行政主管部门或者其他有关行政管理部门的工作人员，有下列行为之一的，给予降级或者撤职的行政处分；构成犯罪的，依照刑法有关规定追究刑事责任：

（一）对不具备安全生产条件的施工单位颁发资质证书的；

（二）对没有安全施工措施的建设工程颁发施工许可证的；

（三）发现违法行为不予查处的；

（四）不依法履行监督管理职责的其他行为。

第五十四条 违反本条例的规定，建设单位未提供建设工程安全生产作业环境及安全施工措施所需费用的，责令限期改正；逾期未改正的，责令该建设工程停止施工。

建设单位未将保证安全施工的措施或者拆除工程的有关资料报送有关部门备案的，责令限期改正，给予警告。

第五十五条 违反本条例的规定，建设单位有下列行为之一的，责令限期改正，处 20 万元以上 50 万元以下的罚款；造成重大安全事故，构成犯罪的，对直接责任人员，依照刑法有关规定追究刑事责任；造成损失的，依法承担赔偿责任：

（一）对勘察、设计、施工、工程监理等单位提出不符合安全生产法律、法规和强制性标准规定的要求的；

（二）要求施工单位压缩合同约定的工期的；

（三）将拆除工程发包给不具有相应资质等级的施工单位的。

第五十六条 违反本条例的规定，勘察单位、设计单位有下列行为之一的，责令限期改正，处 10 万元以上 30 万元以下的罚款；情节严重的，责令停业整顿，降低资质等级，直至吊销资质证书；造成重大安全事故，构成犯罪的，对直接责任人员，依照刑法有关规定追究刑事责任；造成损失的，依法承担赔偿责任：

（一）未按照法律、法规和工程建设强制性标准进行勘察、设计的；

（二）采用新结构、新材料、新工艺的建设工程和特殊结构的建设工程，设计单位未在设计中提出保障施工作业人员安全和预防生产安全事故的措施建议的。

第五十七条 违反本条例的规定，工程监理单位有下列行为之一的，责令限期改正；逾期未改正的，责令停业整顿，并处 10 万元以上 30 万元以下的罚款；情节严重的，降低资质等级，直至吊销资质证书；造成重大安全事故，构成犯罪的，对直接责任人员，依照刑法有关规定追究刑事责任；造成损失的，依法承担赔偿责任：

（一）未对施工组织设计中的安全技术措施或者专项施工方案进行审查的；

（二）发现安全事故隐患未及时要求施工单位整改或者暂时停止施工的；

（三）施工单位拒不整改或者不停止施工，未及时向有关主管部门报告的；

（四）未依照法律、法规和工程建设强制性标准实施监理的。

第五十八条 注册执业人员未执行法律、法规和工程建设强制性标准的，责令停止执业 3 个月以上 1 年以下；情节严重的，吊销执业资格证书，5 年内不予注册；造成重大安全事故的，终身不予注册；构成犯罪的，依照刑法有关规定追究刑事责任。

第五十九条　违反本条例的规定，为建设工程提供机械设备和配件的单位，未按照安全施工的要求配备齐全有效的保险、限位等安全设施和装置的，责令限期改正，处合同价款 1 倍以上 3 倍以下的罚款；造成损失的，依法承担赔偿责任。

第六十条　违反本条例的规定，出租单位出租未经安全性能检测或者经检测不合格的机械设备和施工机具及配件的，责令停业整顿，并处 5 万元以上 10 万元以下的罚款；造成损失的，依法承担赔偿责任。

第六十一条　违反本条例的规定，施工起重机械和整体提升脚手架、模板等自升式架设设施安装、拆卸单位有下列行为之一的，责令限期改正，处 5 万元以上 10 万元以下的罚款；情节严重的，责令停业整顿，降低资质等级，直至吊销资质证书；造成损失的，依法承担赔偿责任：

（一）未编制拆装方案、制定安全施工措施的；

（二）未由专业技术人员现场监督的；

（三）未出具自检合格证明或者出具虚假证明的；

（四）未向施工单位进行安全使用说明，办理移交手续的。

施工起重机械和整体提升脚手架、模板等自升式架设设施安装、拆卸单位有前款规定的第（一）项、第（三）项行为，经有关部门或者单位职工提出后，对事故隐患仍不采取措施，因而发生重大伤亡事故或者造成其他严重后果，构成犯罪的，对直接责任人员，依照刑法有关规定追究刑事责任。

第六十二条　违反本条例的规定，施工单位有下列行为之一的，责令限期改正；逾期未改正的，责令停业整顿，依照《中华人民共和国安全生产法》的有关规定处以罚款；造成重大安全事故，构成犯罪的，对直接责任人员，依照刑法有关规定追究刑事责任：

（一）未设立安全生产管理机构、配备专职安全生产管理人员或者分部分项工程施工时无专职安全生产管理人员现场监督的；

（二）施工单位的主要负责人、项目负责人、专职安全生产管理人员、作业人员或者特种作业人员，未经安全教育培训或者经考核不合格即从事相关工作的；

（三）未在施工现场的危险部位设置明显的安全警示标志，或者未按照国家有关规定在施工现场设置消防通道、消防水源、配备消防设施和灭火器材的；

（四）未向作业人员提供安全防护用具和安全防护服装的；

（五）未按照规定在施工起重机械和整体提升脚手架、模板等自升式架设设施验收合格后登记的；

（六）使用国家明令淘汰、禁止使用的危及施工安全的工艺、设备、材料的。

第六十三条　违反本条例的规定，施工单位挪用列入建设工程概算的安全生产作业环境及安全施工措施所需费用的，责令限期改正，处挪用费用 20%以上 50%以下的罚款；造成损失的，依法承担赔偿责任。

第六十四条　违反本条例的规定，施工单位有下列行为之一的，责令限期改正；逾期未改正的，责令停业整顿，并处 5 万元以上 10 万元以下的罚款；造成重大安全事故，构成犯罪的，对直接责任人员，依照刑法有关规定追究刑事责任：

（一）施工前未对有关安全施工的技术要求做出详细说明的；

（二）未根据不同施工阶段和周围环境及季节、气候的变化，在施工现场采取相应的安全施工措施，或者在城市市区内的建设工程的施工现场未实行封闭围挡的；

（三）在尚未竣工的建筑物内设置员工集体宿舍的；

（四）施工现场临时搭建的建筑物不符合安全使用要求的；

（五）未对因建设工程施工可能造成损害的毗邻建筑物、构筑物和地下管线等采取专项防护措施的。

施工单位有前款规定第（四）项、第（五）项行为，造成损失的，依法承担赔偿责任。

第六十五条 违反本条例的规定，施工单位有下列行为之一的，责令限期改正；逾期未改正的，责令停业整顿，并处 10 万元以上 30 万元以下的罚款；情节严重的，降低资质等级，直至吊销资质证书；造成重大安全事故，构成犯罪的，对直接责任人员，依照刑法有关规定追究刑事责任；造成损失的，依法承担赔偿责任：

（一）安全防护用具、机械设备、施工机具及配件在进入施工现场前未经查验或者查验不合格即投入使用的；

（二）使用未经验收或者验收不合格的施工起重机械和整体提升脚手架、模板等自升式架设设施的；

（三）委托不具有相应资质的单位承担施工现场安装、拆卸施工起重机械和整体提升脚手架、模板等自升式架设设施的；

（四）在施工组织设计中未编制安全技术措施、施工现场临时用电方案或者专项施工方案的。

第六十六条 违反本条例的规定，施工单位的主要负责人、项目负责人未履行安全生产管理职责的，责令限期改正；逾期未改正的，责令施工单位停业整顿；造成重大安全事故、重大伤亡事故或者其他严重后果，构成犯罪的，依照刑法有关规定追究刑事责任。

作业人员不服管理、违反规章制度和操作规程冒险作业造成重大伤亡事故或者其他严重后果，构成犯罪的，依照刑法有关规定追究刑事责任。

施工单位的主要负责人、项目负责人有前款违法行为，尚不够刑事处罚的，处 2 万元以上 20 万元以下的罚款或者按照管理权限给予撤职处分；自刑罚执行完毕或者受处分之日起，5 年内不得担任任何施工单位的主要负责人、项目负责人。

第六十七条 施工单位取得资质证书后，降低安全生产条件的，责令限期改正；经整改仍未达到与其资质等级相适应的安全生产条件的，责令停业整顿，降低其资质等级直至吊销资质证书。

第六十八条 本条例规定的行政处罚，由建设行政主管部门或者其他有关部门依照法定职权决定。

违反消防安全管理规定的行为，由公安消防机构依法处罚。

有关法律、行政法规对建设工程安全生产违法行为的行政处罚决定机关另有规定的，从其规定。

第八章 附则

第六十九条 抢险救灾和农民自建低层住宅的安全生产管理，不适用本条例。

第七十条 军事建设工程的安全生产管理，按照中央军事委员会的有关规定执行。

第七十一条 本条例自 2004 年 2 月 1 日起施行。

附录Ⅲ　安全生产许可证条例

中华人民共和国国务院令

第 653 号

《国务院关于修改部分行政法规的决定》已经 2014 年 7 月 9 日国务院第 54 次常务会议通过，现予公布，自公布之日起施行。

总理　李克强

二○一四年七月二十九日

安全生产许可证条例

第一条　为了严格规范安全生产条件，进一步加强安全生产监督管理，防止和减少生产安全事故，根据《中华人民共和国安全生产法》的有关规定，制定本条例。

第二条　国家对矿山企业、建筑施工企业和危险化学品、烟花爆竹、民用爆炸物品生产企业（以下统称企业）实行安全生产许可制度。

企业未取得安全生产许可证的，不得从事生产活动。

第三条　国务院安全生产监督管理部门负责中央管理的非煤矿矿山企业和危险化学品、烟花爆竹生产企业安全生产许可证的颁发和管理。

省、自治区、直辖市人民政府安全生产监督管理部门负责前款规定以外的非煤矿矿山企业和危险化学品、烟花爆竹生产企业安全生产许可证的颁发和管理，并接受国务院安全生产监督管理部门的指导和监督。

国家煤矿安全监察机构负责中央管理的煤矿企业安全生产许可证的颁发和管理。

在省、自治区、直辖市设立的煤矿安全监察机构负责前款规定以外的其他煤矿企业安全生产许可证的颁发和管理，并接受国家煤矿安全监察机构的指导和监督。

第四条　省、自治区、直辖市人民政府建设主管部门负责建筑施工企业安全生产许可证的颁发和管理，并接受国务院建设主管部门的指导和监督。

第五条　省、自治区、直辖市人民政府民用爆炸物品行业主管部门负责民用爆炸物品生产企业安全生产许可证的颁发和管理，并接受国务院民用爆炸物品行业主管部门的指导和监督。

第六条　企业取得安全生产许可证，应当具备下列安全生产条件：

（一）建立、健全安全生产责任制，制定完备的安全生产规章制度和操作规程；

（二）安全投入符合安全生产要求；

（三）设置安全生产管理机构，配备专职安全生产管理人员；

（四）主要负责人和安全生产管理人员经考核合格；

（五）特种作业人员经有关业务主管部门考核合格，取得特种作业操作资格证书；

（六）从业人员经安全生产教育和培训合格；

（七）依法参加工伤保险，为从业人员缴纳保险费；

（八）厂房、作业场所和安全设施、设备、工艺符合有关安全生产法律、法规、标准和规程的要求；

（九）有职业危害防治措施，并为从业人员配备符合国家标准或者行业标准的劳动防护用品；

（十）依法进行安全评价；

（十一）有重大危险源检测、评估、监控措施和应急预案；

（十二）有生产安全事故应急救援预案、应急救援组织或者应急救援人员，配备必要的应急救援器材、设备；

（十三）法律、法规规定的其他条件。

第七条 企业进行生产前，应当依照本条例的规定向安全生产许可证颁发管理机关申请领取安全生产许可证，并提供本条例第六条规定的相关文件、资料。安全生产许可证颁发管理机关应当自收到申请之日起 45 日内审查完毕，经审查符合本条例规定的安全生产条件的，颁发安全生产许可证；不符合本条例规定的安全生产条件的，不予颁发安全生产许可证，书面通知企业并说明理由。

煤矿企业应当以矿（井）为单位，在申请领取煤炭生产许可证前，依照本条例的规定取得安全生产许可证。

第八条 安全生产许可证由国务院安全生产监督管理部门规定统一的式样。

第九条 安全生产许可证的有效期为 3 年。安全生产许可证有效期满需要延期的，企业应当于期满前 3 个月向原安全生产许可证颁发管理机关办理延期手续。

企业在安全生产许可证有效期内，严格遵守有关安全生产的法律法规，未发生死亡事故的，安全生产许可证有效期届满时，经原安全生产许可证颁发管理机关同意，不再审查，安全生产许可证有效期延期 3 年。

第十条 安全生产许可证颁发管理机关应当建立、健全安全生产许可证档案管理制度，并定期向社会公布企业取得安全生产许可证的情况。

第十一条 煤矿企业安全生产许可证颁发管理机关、建筑施工企业安全生产许可证颁发管理机关、民用爆炸物品生产企业安全生产许可证颁发管理机关，应当每年向同级安全生产监督管理部门通报其安全生产许可证颁发和管理情况。

第十二条 国务院安全生产监督管理部门和省、自治区、直辖市人民政府安全生产监督管理部门对建筑施工企业、民用爆炸物品生产企业、煤矿企业取得安全生产许可证的情况进行监督。

第十三条 企业不得转让、冒用安全生产许可证或者使用伪造的安全生产许可证。

第十四条 企业取得安全生产许可证后，不得降低安全生产条件，并应当加强日常安全生产管理，接受安全生产许可证颁发管理机关的监督检查。

安全生产许可证颁发管理机关应当加强对取得安全生产许可证的企业的监督检查，发现其不再具备本条例规定的安全生产条件的，应当暂扣或者吊销安全生产许可证。

第十五条 安全生产许可证颁发管理机关工作人员在安全生产许可证颁发、管理和监督检查工作中，不得索取或者接受企业的财物，不得谋取其他利益。

第十六条　监察机关依照《中华人民共和国行政监察法》的规定，对安全生产许可证颁发管理机关及其工作人员履行本条例规定的职责实施监察。

第十七条　任何单位或者个人对违反本条例规定的行为，有权向安全生产许可证颁发管理机关或者监察机关等有关部门举报。

第十八条　安全生产许可证颁发管理机关工作人员有下列行为之一的，给予降级或者撤职的行政处分；构成犯罪的，依法追究刑事责任：

（一）向不符合本条例规定的安全生产条件的企业颁发安全生产许可证的；

（二）发现企业未依法取得安全生产许可证擅自从事生产活动，不依法处理的；

（三）发现取得安全生产许可证的企业不再具备本条例规定的安全生产条件，不依法处理的；

（四）接到对违反本条例规定行为的举报后，不及时处理的；

（五）在安全生产许可证颁发、管理和监督检查工作中，索取或者接受企业的财物，或者谋取其他利益的。

第十九条　违反本条例规定，未取得安全生产许可证擅自进行生产的，责令停止生产，没收违法所得，并处 10 万元以上 50 万元以下的罚款；造成重大事故或者其他严重后果，构成犯罪的，依法追究刑事责任。

第二十条　违反本条例规定，安全生产许可证有效期满未办理延期手续，继续进行生产的，责令停止生产，限期补办延期手续，没收违法所得，并处 5 万元以上 10 万元以下的罚款；逾期仍不办理延期手续，继续进行生产的，依照本条例第十九条的规定处罚。

第二十一条　违反本条例规定，转让安全生产许可证的，没收违法所得，处 10 万元以上 50 万元以下的罚款，并吊销其安全生产许可证；构成犯罪的，依法追究刑事责任；接受转让的，依照本条例第十九条的规定处罚。

冒用安全生产许可证或者使用伪造的安全生产许可证的，依照本条例第十九条的规定处罚。

第二十二条　本条例施行前已经进行生产的企业，应当自本条例施行之日起 1 年内，依照本条例的规定向安全生产许可证颁发管理机关申请办理安全生产许可证；逾期不办理安全生产许可证，或者经审查不符合本条例规定的安全生产条件，未取得安全生产许可证，继续进行生产的，依照本条例第十九条的规定处罚。

第二十三条　本条例规定的行政处罚，由安全生产许可证颁发管理机关决定。

第二十四条　本条例自公布之日起施行。

附录Ⅳ 生产安全事故报告和调查处理条例

中华人民共和国国务院令
第 493 号

经 2007 年 3 月 28 日国务院第 172 次常务会议通过，2007 年 4 月 9 日公布，自 2007 年 6 月 1 日起施行。

总理 温家宝
二〇〇七年四月九日

生产安全事故报告和调查处理条例
第一章 总则

第一条 为了规范生产安全事故的报告和调查处理，落实生产安全事故责任追究制度，防止和减少生产安全事故，根据《中华人民共和国安全生产法》和有关法律，制定本条例。

第二条 生产经营活动中发生的造成人身伤亡或者直接经济损失的生产安全事故的报告和调查处理，适用本条例；环境污染事故、核设施事故、国防科研生产事故的报告和调查处理不适用本条例。

第三条 根据生产安全事故（以下简称事故）造成的人员伤亡或者直接经济损失，事故一般分为以下等级：

（一）特别重大事故，是指 30 人以上死亡，或者 100 人以上重伤（包括急性工业中毒造成，下同），或者 1 亿元以上直接经济损失的事故；

（二）重大事故，是指造成 10 人以上 30 人以下死亡，或者 50 人以上 100 人以下重伤，或者 5000 万元以上 1 亿元以下直接经济损失的事故；

（三）较大事故，是指造成 3 人以上 10 人以下死亡，或者 10 人以上 50 人以下重伤，或者 1000 万元以上 5000 万元以下直接经济损失的事故；

（四）一般事故，是指造成 3 人以下死亡，或者 10 人以下重伤，或者 1000 万元以下直接经济损失的事故。

国务院安全生产监督管理部门可以会同国务院有关部门，制定事故等级划分的补充性规定。

本条第一款所称的"以上"包括本数，所称的"以下"不包括本数。

第四条 事故报告应当及时、准确、完整，任何单位和个人对事故不得迟报、漏报、谎报或者瞒报。

事故调查处理应当坚持实事求是、尊重科学的原则，及时、准确地查清事故经过、事故原因和事故损失，查明事故性质，认定事故责任，总结事故教训，提出整改措施，并对事故

186

责任者依法追究责任。

第五条　县级以上人民政府应当依照本条例的规定，严格履行职责，及时、准确地完成事故调查处理工作。

事故发生地有关地方人民政府应当支持、配合上级人民政府或者有关部门的事故调查处理工作，并提供必要的便利条件。

参加事故调查处理的部门和单位应当互相配合，提高事故调查处理工作的效率。

第六条　工会依法参加事故调查处理，有权向有关部门提出处理意见。

第七条　任何单位和个人不得阻挠和干涉对事故的报告和依法调查处理。

第八条　对事故报告和调查处理中的违法行为，任何单位和个人有权向安全生产监督管理部门、监察机关或者其他有关部门举报，接到举报的部门应当依法及时处理。

第二章　事故报告

第九条　事故发生后，事故现场有关人员应当立即向本单位负责人报告；单位负责人接到报告后，应当于 1 小时内向事故发生地县级以上人民政府安全生产监督管理部门和负有安全生产监督管理职责的有关部门报告。

情况紧急时，事故现场有关人员可以直接向事故发生地县级以上人民政府安全生产监督管理部门和负有安全生产监督管理职责的有关部门报告。

第十条　安全生产监督管理部门和负有安全生产监督管理职责的有关部门接到事故报告后，应当依照下列规定上报事故情况，并通知公安机关、劳动保障行政部门、工会和人民检察院：

（一）特别重大事故、重大事故逐级上报至国务院安全生产监督管理部门和负有安全生产监督管理职责的有关部门；

（二）较大事故逐级上报至省、自治区、直辖市人民政府安全生产监督管理部门和负有安全生产监督管理职责的有关部门；

（三）一般事故上报至设区的市级人民政府安全生产监督管理部门和负有安全生产监督管理职责的有关部门。

安全生产监督管理部门和负有安全生产监督管理职责的有关部门依照前款规定上报事故情况，应当同时报告本级人民政府。国务院安全生产监督管理部门和负有安全生产监督管理职责的有关部门以及省级人民政府接到发生特别重大事故、重大事故的报告后，应当立即报告国务院。

必要时，安全生产监督管理部门和负有安全生产监督管理职责的有关部门可以越级上报事故情况。

第十一条　安全生产监督管理部门和负有安全生产监督管理职责的有关部门逐级上报事故情况，每级上报的时间不得超过 2 小时。

第十二条　报告事故应当包括下列内容：

（一）事故发生单位概况；

（二）事故发生的时间、地点以及事故现场情况；

（三）事故的简要经过；

（四）事故已经造成或者可能造成的伤亡人数（包括下落不明的人数）和初步估计的直接经济损失；

（五）已经采取的措施；

（六）其他应当报告的情况。

第十三条　事故报告后出现新情况的，应当及时补报。

自事故发生之日起 30 日内，事故造成的伤亡人数发生变化的，应当及时补报。道路交通事故、火灾事故自发生之日起 7 日内，事故造成的伤亡人数发生变化的，应当及时补报。

第十四条　事故发生单位负责人接到事故报告后，应当立即启动事故相应应急预案，或者采取有效措施，组织抢救，防止事故扩大，减少人员伤亡和财产损失。

第十五条　事故发生地有关地方人民政府、安全生产监督管理部门和负有安全生产监督管理职责的有关部门接到事故报告后，其负责人应当立即赶赴事故现场，组织事故救援。

第十六条　事故发生后，有关单位和人员应当妥善保护事故现场以及相关证据，任何单位和个人不得破坏事故现场、毁灭相关证据。

因抢救人员、防止事故扩大以及疏通交通等原因，需要移动事故现场物件的，应当做出标志，绘制现场简图并做出书面记录，妥善保存现场重要痕迹、物证。

第十七条　事故发生地公安机关根据事故的情况，对涉嫌犯罪的，应当依法立案侦查，采取强制措施和侦查措施。犯罪嫌疑人逃匿的，公安机关应当迅速追捕归案。

第十八条　安全生产监督管理部门和负有安全生产监督管理职责的有关部门应当建立值班制度，并向社会公布值班电话，受理事故报告和举报。

第三章　事故调查

第十九条　特别重大事故由国务院或者国务院授权有关部门组织事故调查组进行调查。

重大事故、较大事故、一般事故分别由事故发生地省级人民政府、设区的市级人民政府、县级人民政府负责调查。省级人民政府、设区的市级人民政府、县级人民政府可以直接组织事故调查组进行调查，也可以授权或者委托有关部门组织事故调查组进行调查。

未造成人员伤亡的一般事故，县级人民政府也可以委托事故发生单位组织事故调查组进行调查。

第二十条　上级人民政府认为必要时，可以调查由下级人民政府负责调查的事故。

自事故发生之日起 30 日内（道路交通事故、火灾事故自发生之日起 7 日内），因事故伤亡人数变化导致事故等级发生变化，依照本条例规定应当由上级人民政府负责调查的，上级人民政府可以另行组织事故调查组进行调查。

第二十一条　特别重大事故以下等级事故，事故发生地与事故发生单位不在同一个县级以上行政区域的，由事故发生地人民政府负责调查，事故发生单位所在地人民政府应当派人参加。

第二十二条　事故调查组的组成应当遵循精简、效能的原则。

根据事故的具体情况，事故调查组由有关人民政府、安全生产监督管理部门、负有安全生产监督管理职责的有关部门、监察机关、公安机关以及工会派人组成，并应当邀请人民检察院派人参加。

事故调查组可以聘请有关专家参与调查。

第二十三条　事故调查组成员应当具有事故调查所需要的知识和专长，并与所调查的事故没有直接利害关系。

第二十四条　事故调查组组长由负责事故调查的人民政府指定。事故调查组组长主持事故调查组的工作。

第二十五条　事故调查组履行下列职责：

（一）查明事故发生的经过、原因、人员伤亡情况及直接经济损失；

（二）认定事故的性质和事故责任；

（三）提出对事故责任者的处理建议；

（四）总结事故教训，提出防范和整改措施；

（五）提交事故调查报告。

第二十六条　事故调查组有权向有关单位和个人了解与事故有关的情况，并要求其提供相关文件、资料，有关单位和个人不得拒绝。

事故发生单位的负责人和有关人员在事故调查期间不得擅离职守，并应当随时接受事故调查组的询问，如实提供有关情况。

事故调查中发现涉嫌犯罪的，事故调查组应当及时将有关材料或者其复印件移交司法机关处理。

第二十七条　事故调查中需要进行技术鉴定的，事故调查组应当委托具有国家规定资质的单位进行技术鉴定。必要时，事故调查组可以直接组织专家进行技术鉴定。技术鉴定所需时间不计入事故调查期限。

第二十八条　事故调查组成员在事故调查工作中应当诚信公正、恪尽职守，遵守事故调查组的纪律，保守事故调查的秘密。

未经事故调查组组长允许，事故调查组成员不得擅自发布有关事故的信息。

第二十九条　事故调查组应当自事故发生之日起60日内提交事故调查报告；特殊情况下，经负责事故调查的人民政府批准，提交事故调查报告的期限可以适当延长，但延长的期限最长不超过60日。

第三十条　事故调查报告应当包括下列内容：

（一）事故发生单位概况；

（二）事故发生经过和事故救援情况；

（三）事故造成的人员伤亡和直接经济损失；

（四）事故发生的原因和事故性质；

（五）事故责任的认定以及对事故责任者的处理建议；

（六）事故防范和整改措施。

事故调查报告应当附具有关证据材料。事故调查组成员应当在事故调查报告上签名。

第三十一条　事故调查报告报送负责事故调查的人民政府后，事故调查工作即告结束。事故调查的有关资料应当归档保存。

第四章　事故处理

第三十二条　重大事故、较大事故、一般事故，负责事故调查的人民政府应当自收到事故调查报告之日起15日内做出批复；特别重大事故，30日内做出批复，特殊情况下，批复时间可以适当延长，但延长的时间最长不超过30日。

有关机关应当按照人民政府的批复，依照法律、行政法规规定的权限和程序，对事故发生单位和有关人员进行行政处罚，对负有事故责任的国家工作人员进行处分。

事故发生单位应当按照负责事故调查的人民政府的批复，对本单位负有事故责任的人员进行处理。

负有事故责任的人员涉嫌犯罪的,依法追究刑事责任。

第三十三条 事故发生单位应当认真吸取事故教训,落实防范和整改措施,防止事故再次发生。防范和整改措施的落实情况应当接受工会和职工的监督。

安全生产监督管理部门和负有安全生产监督管理职责的有关部门应当对事故发生单位落实防范和整改措施的情况进行监督检查。

第三十四条 事故处理的情况由负责事故调查的人民政府或者其授权的有关部门、机构向社会公布,依法应当保密的除外。

第五章 法律责任

第三十五条 事故发生单位主要负责人有下列行为之一的,处上一年年收入40%至80%的罚款;属于国家工作人员的,并依法给予处分;构成犯罪的,依法追究刑事责任:

(一)不立即组织事故抢救的;

(二)迟报或者漏报事故的;

(三)在事故调查处理期间擅离职守的。

第三十六条 事故发生单位及其有关人员有下列行为之一的,对事故发生单位处100万元以上500万元以下的罚款;对主要负责人、直接负责的主管人员和其他直接责任人员处上一年年收入60%至100%的罚款;属于国家工作人员的,并依法给予处分;构成违反治安管理行为的,由公安机关依法给予治安管理处罚;构成犯罪的,依法追究刑事责任:

(一)谎报或者瞒报事故的;

(二)伪造或者故意破坏事故现场的;

(三)转移、隐匿资金、财产,或者销毁有关证据、资料的;

(四)拒绝接受调查或者拒绝提供有关情况和资料的;

(五)在事故调查中作伪证或者指使他人作伪证的;

(六)事故发生后逃匿的。

第三十七条 事故发生单位对事故发生负有责任的,依照下列规定处以罚款:

(一)发生一般事故的,处10万元以上20万元以下的罚款;

(二)发生较大事故的,处20万元以上50万元以下的罚款;

(三)发生重大事故的,处50万元以上200万元以下的罚款;

(四)发生特别重大事故的,处200万元以上500万元以下的罚款。

第三十八条 事故发生单位主要负责人未依法履行安全生产管理职责,导致事故发生的,依照下列规定处以罚款;属于国家工作人员的,并依法给予处分;构成犯罪的,依法追究刑事责任:

(一)发生一般事故的,处上一年年收入30%的罚款;

(二)发生较大事故的,处上一年年收入40%的罚款;

(三)发生重大事故的,处上一年年收入60%的罚款;

(四)发生特别重大事故的,处上一年年收入80%的罚款。

第三十九条 有关地方人民政府、安全生产监督管理部门和负有安全生产监督管理职责的有关部门有下列行为之一的,对直接负责的主管人员和其他直接责任人员依法给予处分;构成犯罪的,依法追究刑事责任:

（一）不立即组织事故抢救的；

（二）迟报、漏报、谎报或者瞒报事故的；

（三）阻碍、干涉事故调查工作的；

（四）在事故调查中作伪证或者指使他人作伪证的。

第四十条　事故发生单位对事故发生负有责任的，由有关部门依法暂扣或者吊销其有关证照；对事故发生单位负有事故责任的有关人员，依法暂停或者撤销其与安全生产有关的执业资格、岗位证书；事故发生单位主要负责人受到刑事处罚或者撤职处分的，自刑罚执行完毕或者受处分之日起，5 年内不得担任任何生产经营单位的主要负责人。

为发生事故的单位提供虚假证明的中介机构，由有关部门依法暂扣或者吊销其有关证照及其相关人员的执业资格；构成犯罪的，依法追究刑事责任。

第四十一条　参与事故调查的人员在事故调查中有下列行为之一的，依法给予处分；构成犯罪的，依法追究刑事责任：

（一）对事故调查工作不负责任，致使事故调查工作有重大疏漏的；

（二）包庇、袒护负有事故责任的人员或者借机打击报复的。

第四十二条　违反本条例规定，有关地方人民政府或者有关部门故意拖延或者拒绝落实经批复的对事故责任人的处理意见的，由监察机关对有关责任人员依法给予处分。

第四十三条　本条例规定的罚款的行政处罚，由安全生产监督管理部门决定。

法律、行政法规对行政处罚的种类、幅度和决定机关另有规定的，依照其规定。

第六章　附　则

第四十四条　没有造成人员伤亡，但是社会影响恶劣的事故，国务院或者有关地方人民政府认为需要调查处理的，依照本条例的有关规定执行。

国家机关、事业单位、人民团体发生的事故的报告和调查处理，参照本条例的规定执行。

第四十五条　特别重大事故以下等级事故的报告和调查处理，有关法律、行政法规或者国务院另有规定的，依照其规定。

第四十六条　本条例自 2007 年 6 月 1 日起施行。国务院 1989 年 3 月 29 日公布的《特别重大事故调查程序暂行规定》和 1991 年 2 月 22 日公布的《企业职工伤亡事故报告和处理规定》同时废止。

附录Ⅴ 建设工程施工现场供用电安全规范

GB 50194- 2014

1 总 则

1.0.1 为在建设工程施工现场供用电中贯彻执行"安全第一、预防为主、综合治理"的方针，确保在施工现场供用电过程中的人身安全和设备安全，并使施工现场供用电设施的设计、施工、运行、维护及拆除做到安全可靠，确保质量，经济合理，制定本规范。

1.0.2 本规范适用于一般工业与民用建设工程，施工现场电压在 10 kV 及以下的供用电设施的设计、施工、运行、维护及拆除，不适用于水下、井下和矿井等工程。

1.0.3 施工现场供用电应符合下列原则：

1. 对危及施工现场人员的电击危险应进行防护；

2. 施工现场供用电设施和电动机具应符合国家现行有关标准的规定，线路绝缘应良好。

1.0.4 建设工程施工现场供用电设施的设计、施工、运行、维护及拆除，除应符合本规范的规定外，尚应符合国家现行有关标准的规定。

2 术 语

2.0.1 电击 electric shock 电流通过人体或动物躯体而引起的生理效应。

2.0.2 直接接触 direct contact 人或动物与带电部分的接触。

2.0.3 间接接触 indirect contact 人或动物与故障情况下变为带电的外露导电部分的接触。

2.0.4 预装箱式变电站 prefabricated cubical substation 由 高压开关设备、电力变压器、低压开关设备、电能计量设备、无功补偿设备、辅助设备和联结件等元件组成的成套配电设备，这些元件在工厂内被预先组装在一个或几个箱壳内，用来从高压系统向低压系统输送电能。

2.0.5 防护等级 degree of protection 按标准规定的检验方法，外壳对接近危险部件、防止固体异物进人或水进入所提供的保护程度。

2.0.6 IP 代码 IP code 表明外壳对人接近危险部位、防止固体异物进入或水进入的防护等级以及与这些防护有关的附加信息的代码系统。

2.0.7 中性导体（N）neutral conductor 电气上与中性点连接并能用于配电的导体。

2.0.8 保护导体（PE）protective conductor 为了安全目的，用于电击防护所设置的导体。

2.0.9 保护接地中性导体（PEN）PEN conductor 兼有保护导体（PE）和中性导体（N）功能的导体。

2.0.10 外电线路 external line 施工现场供用电线路以外的电力线路。

2.0.11 外露可导电部分 exposed conductive part 设备上能触及的可导电部分，它在正常状况下不带电，但在基本绝缘损坏时会带电。

2.0.12 接地装置 earth-termination system 接地体和接地线的总和。

2.0.13 保护接地 protective earthing 为了电气安全，将系统、装置或设备的一点或多点接地。

2.0.14 接地电阻 earth resistance 接地体或自然接地体的对地电阻和接地线电阻的总和。接地电阻的数值等于接地装置对地电压与通过接地体流如地中电流的比值。

2.0.15 接地极 earth electrode 埋人土壤或特定的导电介质中、与大地有电接触的可导电部分。

2.0.16 自然接地体 natural earthing electrode 可作为接地用的直接与大地接触的各种金属构件、金属井管、钢筋混凝土建筑的基础、金属管道和设备等。

2.0.17 安全隔离变压器 safety isolation transformer 设计成提供 SELV（安全特低电压）的隔离变压器。

2.0.18 特低电压 extra-low voltage 不超过现行国家标准《建筑物电气装置的电压区段》GB/T 18379（IEC 60449）规定的有关 I 类电压限值的电压。

2.0.19 安全特低电压系统 SELV system 由隔离变压器或发电机、蓄电池等隔离电源、供电的交流或直流特低电压回路。其回路导体不接地，电气设备外壳不有意连接保护导体（PE）接地，但可与地接触。

2.0.20 特殊环境 special environment 本规范中将高原，易燃、易爆，腐蚀性和潮湿环境列为特殊环境。

2.0.21 高原 plateau 按照地理学概念，海拔超过 1000 m 的地域。

2.0.22 腐蚀环境 corrosive environment 由于化学腐蚀性物质和大气中水分的存在而使得设备或材料产生破坏或变质的地点或处所，称为化学腐蚀环境，可简称为腐蚀环境。

2.0.23 潮湿环境 damp environment 本规范仅指相对湿度大于 95% 的空气环境、场地积水环境、泥泞的环境。

3　供用电设施的设计、施工、验收

3.1　供用电设施的设计

3.1.1 供用电设计应按照工程规模、场地特点、负荷性质、用电容量、地区供用电条件，合理确定设计方案。

3.1.2 供用电设计应经审核、批准后实施。

3.1.3 供用电设计至少应包括下列内容：

1. 设计说明；

2. 施工现场用电容量统计；

3. 负荷计算；

4. 变压器选择；

5. 配电线路；

6. 配电装置；

7. 接地装置及防雷装置；

8. 供用电系统图、平面布置图。

3.2　供用电设施的施工

3.2.1 供用电施工方案或施工组织设计应经审核、批准后实施。

3.2.2 供用电施工方案或施工组织设计应包括下列内容：

1. 工程概况；

2. 编制依据；

3. 供用电施工管理组织机构；

4. 配电装置安装、防雷接地装置安装、线路敷设等施工内容的技术要求；

5. 安全用电及防火措施。

3.2.3 供用电设施的施工应按照已批准的供用电施工方案进行施工。

3.3 供用电设施的验收

3.3.1 供用电工程施工完毕，电气设备应按现行国家标准《电气装置安装工程电气设备交接试验标准》GB 50150 的规定试验合格。

3.3.2 供用电工程施工完毕后，应有完整的平面布置图、系统图、隐蔽工程记录、试验记录，经验收合格后方可投入使用。

4 发电设施

4.0.1 施工现场发电设施的选址应根据负荷位置、交通运输、线路布置、污染源频率风向、周边环境等因素综合考虑。发电设施不应设在地势低洼和可能积水的场所。

4.0.2 发电机组的安装和使用应符合下列规定：

1. 供电系统接地形式和接地电阻应与施工现场原有供用电系统保持一致。

2. 发电机组应设置短路保护、过负荷保护。

3. 当两台或两台以上发电机组并列运行时，应采取限制中性点环流的措施。

4. 发电机组周围不得有明火，不得存放易燃、易爆物。发电场所应设置可在带电场所使用的消防设施，并应标识清晰、醒目，便于取用。

4.0.3 移动式发电机的使用应符合下列规定：

1. 发电机停放的地点应平坦，发电机底部距地面不应小于 0.3 m；

2. 发电机金属外壳和拖车应有可靠的接地措施；

3. 发电机应固定牢固；

4. 发电机应随车配备消防灭火器材；

5. 发电机上部应设防雨棚，防雨棚应牢固、可靠。

4.0.4 发电机组电源必须与其他电源互相闭锁，严禁并列运行。

5 变电设施

5.0.1 变电所的设计应符合现行国家标准《10 kV 及以下变电所设计规范》GB 50053 的有关规定。

5.0.2 变电所位置的选择应符合下列规定：

1. 应方便日常巡检和维护；

2. 不应设在易受施工干扰、地势低洼易积水的场所。

5.0.3 变电所对于其他专业的要求应符合下列规定：

1. 面积与高度应满足变配电装置的维护与操作所需的安全距离；

2. 变配电室内应配置适用于电气火灾的灭火器材；

3. 变配电室应设置应急照明；

4. 变电所外醒目位置应标识维护运行机构、人员、联系方式等信息；

5. 变电所应设置排水设施。

5.0.4 变电所变配电装置的选择和布置应符合下列规定：

1. 当采用箱式变电站时，其外壳防护等级不应低于本规范附录 A 外壳防护等级（IP 代码）IP23D，且应满足施工现场环境状况要求；

2. 户外安装的箱式变电站，其底部距地面的高度不应小于 0.5 m；

3. 露天或半露天布置的变压器应设置不低于 1.7 m 高的固定围栏或围墙，并应在明显位置悬挂警示标识；

4. 变压器或箱式变电站外廓与围栏或围墙周围应留有不小于 1 m 的巡视或检修通道。

5.0.5　变电所变配电装置的安装应符合下列规定：

1. 油浸电力变压器的现场安装及验收应符合现行国家标准《电气装置安装工程电力变压器、油浸电抗器、互感器施工及验收规范》GB 50148 的有关规定。

2. 箱式变电站外壳应有可靠的保护接地。装有成套仪表和继电器的屏柜、箱门，应与壳体进行可靠电气连接。

3. 户外箱式变电站的进出线应采用电缆，所有的进出线电缆孔应封堵。

4. 箱式变电站基础所留设通风孔应能防止小动物进入。

5.0.6　变电所变配电装置的投运应符合下列规定：

1. 变电所变配电装置安装完毕或检修后，投入运行前应对其内部的电气设备进行检查和电气试验，合格后方可投入运行。

2. 变压器第一次投运时，应进行 5 次空载全电压冲击合闸，并应无异常情况；第一次受电后持续时间不应少于 10 min。

6　配电设施

6.1　一般规定

6.1.1　低压配电系统宜采用三级配电，宜设置总配电箱、分配电箱、末级配电箱。

6.1.2　低压配电系统不宜采用链式配电。当部分用电设备距离供电点较远，而彼此相距很近、容量小的次要用电设备，可采用链式配电，但每一回路环链设备不宜超过 5 台，其总容量不宜超过 10 kW。

6.1.3　消防等重要负荷应由总配电箱专用回路直接供电，并不得接入过负荷保护和剩余电流保护器。

6.1. 消防泵、施工升降机、塔式起重机、混凝土输送泵等大型设备应设专用配电箱。

6.1.5　低压配电系统的三相负荷宜保持平衡，最大相负荷不宜超过三相负荷平均值的115%，最小相负荷不宜小于三相负荷平均值的 85% 。

6.1.6　用电设备端的电压偏差允许值宜符合下列规定：

1. 一般照明：宜为+5%、-10%额定电压；

2. 一般用途电机：宜为±5%额定电压；

3. 其他用电设备：当无特殊规定时宜为±5%额定电压。

6.2　配电室

6.2.1　配电室的选址及对其他专业的要求应符合本规范第 5.0.1 条、第 5.02 条的有关规定。

6.2.2　配电室配电装置的布置应符合下列规定：

1. 成排布置的配电柜，其柜前、柜后的操作和维护通道净宽不宜小于表 6.2.2 的规定；

表 6.2.2　成排布置配电柜的柜前、柜后的操作和维护通道净宽/m

布置方式	单排布置		双排对面布置		双排背对背布置	
	柜前	柜后	柜前	柜后	柜前	柜后
配电柜	1.5	1.0	2.0	1.0	1.5	1.5

2. 当成排布置的配电柜长度大于 6 m 时，柜后的通道应设置两个出口；

3. 配电装置的上端距棚顶距离不宜小于 0.5 m；

4. 配电装置的正上方不应安装照明灯具。

6.2.3 配电柜电源进线回路应装设具有电源隔离、短路保护和过负荷保护功能的电器。

6.2.4 配电柜的安装应符合下列规定：

1. 配电柜应安装在高于地面的型钢或混凝土基础上，且应平正、牢固。

2. 配电柜的金属框架及基础型钢应可靠接地。门和框架的接地端子间应采用软铜线进行跨接，配电柜门和框架间跨接接地线的最小截面积应符合表 6.2.4 的规定。

表 6.2.4　配电柜门和框架间跨接接地线的最小截面积/mm²

额定工作电流 Ie（A）	接地线的最小截面积
Ie≤25	2.5
25＜Ie≤32	4
32＜Ie≤63	6
63＜Ie	10

注：Ie 为配电柜（箱）内主断路器的额定电流。

3. 配电柜内应分别设置中性导体（N）和保护导体（PE）汇流排，并有标识。保护导体（PE）汇流排上的端子数量不应少于进线和出线回路的数量。

4. 导线压接应可靠，且防松垫圈等零件应齐全，不伤线芯，不断股。

6.3 配电箱

6.3.1 总配电箱以下可设若干分配电箱；分配电箱以下可设若干末级配电箱。分配电箱以下可根据需要，再设分配电箱。总配电箱应设在靠近电源的区域，分配电箱应设在用电设备或负荷相对集中的区域，分配电箱与末级配电箱的距离不宜超过 30 m。

6.3.2 动力配电箱与照明配电箱宜分别设置。当合并设置为同一配电箱时，动力和照明应分路供电；动力末级配电箱与照明末级配电箱应分别设置。

6.3.3 用电设备或插座的电源宜引自末级配电箱，当一个末级配电箱直接控制多台用电设备或插座时，每台用电设备或插座应有各自独立的保护电器。

6.3.4 当分配电箱直接控制用电设备或插座时，每台用电设备或插座应有各自独立的保护电器。

6.3.5 户外安装的配电箱应使用户外型，其防护等级不应低于本规范附录 A 外壳防护等级（IP 代码）IP44，门内操作面的防护等级不应低于 IP21。

6.3.6 固定式配电箱的中心与地面的垂直距离宜为 1.4 m～1.6 m，安装应平正、牢固。户外落地安装的配电箱、柜，其底部离地面不应小于 0.2 m。

6.3.7 总配电箱、分配电箱内应分别设置中性导体（N）、保护导体（PE）汇流排，并有标识；保护导体（PE）汇流排上的端子数量不应少于进线和出线回路的数量。

6.3.8 配电箱内断路器相间绝缘隔板应配置齐全；防电击护板应阻燃且安装牢固。

6.3.9 配电箱内连接线绝缘层的标识色应符合下列规定：

1. 相导体 L1、L2、L3 应依次为黄色、绿色、红色；

2. 中性导体（N）应为淡蓝色；

3. 保护导体（PE）应为绿 – 黄双色；

4. 上述标识色不应混用。

6.3.10 配电箱内的连接线应采用铜排或铜芯绝缘导线，当采用铜排时应有防护措施；连接导线不应有接头、线芯损伤及断股。

6.3.11 配电箱内的导线与电器元件的连接应牢固、可靠。导线端子规格与芯线截面适配，接线端子应完整，不应减小截面积。

6.3.12 配电箱的金属箱体、金属电器安装板以及电器正常不带电的金属底座、外壳等应通过保护导体（PE）汇流排可靠接地。金属箱门与金属箱体间的跨接接地线应符合本规范表6.2.4 的有关规定。

6.3.13 配电箱电缆的进线口和出线口应设在箱体的底面，当采用工业连接器时可在箱体侧面设置。工业连接器配套的插头插座、电缆耦合器、器具耦合器等应符合现行国家标准《工业用插头插座和耦合器第 1 部分：通用要求》GB/T 11918 及《工业用插头插座和锅合器第 2 部分：带插销和插套的电器附件的尺寸互换性要求》GB/T 11919 的有关规定。

6.3.14 当分配电箱直接供电给末级配电箱时，可采用分配电箱设置插座方式供电，并应采用工业用插座，且每个插座应有各自独立的保护电器。

6.3.15 移动式配电箱的进线和出线应采用橡套软电缆。

6.3.16 配电箱的进线和出线不应承受外力，与金属尖锐断口接触时应有保护措施。

6.3.17 配电箱应按下列顺序操作：

1. 送电操作顺序为：总配电箱→分配电箱→末级配电箱；

2. 停电操作顺序为：末级配电箱→分配电箱→总配电箱。

6.3.18 配电箱应有名称、编号、系统图及分路标记。

6.4 开关电器的选择

6.4.1 配电箱内的电器应完好，不应使用破损及不合格的电器。

6.4.2 总配电箱、分配电箱的电器应具备正常接通与分断电路，以及短路、过负荷、接地故障保护功能。电器设置应符合下列规定：

1. 总配电箱、分配电箱进线应设置隔离开关、总断路器，当采用带隔离功能的断路器时，可不设置隔离开关。各分支回路应设置具有短路、过负荷、接地故障保护功能的电器；

2. 总断路器的额定值应与分路断路器的额定值相匹配。

6.4.3 总配电箱宜装设电压表、总电流表、电度表。

6.4.4 末级配电箱进线应设置总断路器，各分支回路应设置具有短路、过负荷、剩余电流动作保护功能的电器。

6.4.5 末级配电箱中各种开关电器的额定值和动作整定值应与其控制用电设备的额定值和特性相适应。

6.4.6 剩余电流保护器的选择、安装和运行应符合现行国家标准《剩余电流动作保护电器的一般要求》GB/Z 6829 和《剩余电流动作保护装置安装和运行》GB 13955 的有关规定。

6.4.7 当配电系统设置多级剩余电流动作保护时，每两级之间应有保护性配合，并应符合下列规定：

1. 末级配电箱中的剩余电流保护器的额定动作电流不应大于 30 mA，分断时间不应大于0.1 s；

2. 当分配电箱中装设剩余电流保护器时，其额定动作电流不应小于末级配电箱剩余电流保护值的 3 倍，分断时间不应大于 0.3 s；

3. 当总配电箱中装设剩余电流保护器时，其额定动作电流不应小于分配电箱中剩余电流保护值的 3 倍，分断时间不应大于 0.5 s。

6.4.8 剩余电流保护器应用专用仪器检测其特性，且每月不应少于 1 次，发现问题应及时修理或更换。

6.4.9 剩余电流保护器每天使用前应启动试验按钮试跳一次，试跳不正常时不得继续使用。

7　配电线路

7.1　一般规定

7.1.1 施工现场配电线路路径选择应符合下列规定：

1. 应结合施工现场规划及布局，在满足安舍要求的条件下，方便线路敷设、接引及维护；

2. 应避开过热、腐蚀以及储存易燃、易爆物的仓库等影响线路安全运行的区域；

3. 宜避开易遭受机械性外力的交通、吊装、挖掘作业频繁场所，以及河道、低洼、易受雨水冲刷的地段；

4. 不应跨越在建工程、脚手架、临时建筑物。

7.1.2 配电线路的敷设方式应符合下列规定：

1. 应根据施工现场环境特点，以满足线路安全运行、便于维护和拆除的原则来选择，敷设方式应能够避免受到机械性损伤或其他损伤；

2. 供用电电缆可采用架空、直埋、沿支架等方式进行敷设；

3. 不应敷设在树木上或直接绑挂在金属构架和金属脚手架上；

4. 不应接触潮湿地面或接近热源。

7.1.3 电缆选型应符合下列规定：

1. 应根据敷设方式、施工现场环境条件、用电设备负荷功率及距离等因素进行选择；

2. 低压配电系统的接地形式采用 TN-S 系统时，单根电缆应包含全部工作芯线和用作中性导体（N）或保护导体（PE）的芯线；

3. 低压配电系统的接地形式采用 TT 系统时，单根电缆应包含全部工作芯线和用作中性导体（N）的芯线。

7.1.4 低压配电线路截面的选择和保护应符合现行国家标准《低压配电设计规范》GB 50054 的有关规定。

7.2　架空线路

7.2.1 架空线路采用的器材应符合下列规定：

1. 施工现场架空线路宜采用绝缘导线，架空绝缘导线应符合现行国家标准《额定电压 1 kV 及以下架空绝缘电缆》GB/T 12527、《额定电庒 10 kV 架空绝缘电缆》GB/T 14049 的有关规定；

2. 架空线路宜采用钢筋混凝土杆，钢筋混凝土杆不得有露筋、掉块等明显缺陷。

7.2.2 电杆埋设应符合下列规定：

1. 当电杆埋设在土质松软、流沙、地下水位较高的地带时，应采取加固杆基措施，遇有水流冲刷地带宜加围桩或围台；

2. 电杆组立后，回填土时应将土块打碎，每回填 500 mm 应夯实一次，水坑回填前，应将坑内积水淘净；回填土后的电杆基坑应有防沉土台，培土高度应超出地面 300 mm。

7.2.3 施工现场架空线路的档距不宜大于 40 m，空旷区域可根据现场情况适当加大档距，但最大不应大于 50 m。

7.2.4 拉线的设置应符合下列规定：

1. 拉线应采用镀铸钢绞线，最小规格不应小于 35 mm^2；

2. 拉线坑的深度不应小于 1.2 m，拉线坑的拉线使 j 应有斜坡 5°；

3. 拉线应根据电杆的受力情况装设，拉线与电杆的夹角不宜小于 45°，当受到地形限制时不得小于 30°；

4. 拉线从导线之间穿过时应装设拉线绝缘子，在拉线断开时，绝缘子对地距离不得小于 2.5 m。

7.2.5 架空线路导线相序排列应符合下列规定：

1. 1 kV ~ 10 kV 线路：面向负荷从左侧起，导线排列相序应为 L1、L2、L3；

2. 1 kV 以下线路：面向负荷从左侧起，导线排列相序应为 L1、N、L2、L3、PE；

3. 电杆上的中性导体（N）应靠近电杆。若导线垂直排列时，中性导体（N）应在下方。中性导体（N）的位置不应高于同一回路的相导体。同一地区内，中性导体（N）的排列应统一。

7.2.6 施工现场供用电架空线路与道路等设施的最小距离应符合表 7.2.6 的规定，否则应采取防护措施。

表 7.2.6 施工现场供用电架空线路与道路等设施的最小距离/m

类别	距离		供用电绝缘线路电压等级	
			1 kV 及以下	10 kV 及以下
与施工现场道路	沿道路边敷设时距离道路边沿最小水平距离		0.5	1.0
	跨越道路时距路面最小垂直距离		6.0	7.0
与在建工程，包含脚手架工程	最小水平距离		7.0	8.0
与临时建（构）筑物	最小水平距离		1.0	2.0
与外电电力线路	最小垂直距离	与 10 kV 及以下	2.0	
		与 220 kV 及以下	4.0	
		与 500 kV 及以下	6.0	
	最小水平距离	与 10 kV 及以下	3.0	
		与 220 kV 及以下	7.0	
		与 500 kV 及以下	13.0	

7.2.7 架空线路穿越道路处应在醒目位置设置最大允许通过高度警示标识。

7.2.8 架空线路在跨越道路、河流、电力线路档距内不应有接头。

7.3 直埋线路

7.3.1 直埋线路宜采用有外护层的铠装电缆，芯线绝缘层标识应符合本规范第 6.3.9 条规定。

7.3.2 直埋敷设的电缆线路应符合下列规定：

1. 在地下管网较多、有较频繁开挖的地段不宜直埋。

2. 直埋电缆应沿道路或建筑物边缘埋设，并宜沿直线敷设，直线段每隔 20 m 处、转弯处和中间接头处应设电缆走向标识桩。

3. 电缆直埋时，其表面距地面的距离不宜小于 0.7 m；电缆上、下、左、右侧应铺以软土或砂土，其厚度及宽度不得小于 100 mm，上部应覆盖硬质保护层。直埋敷设于冻土地区时，电缆宜埋入冻土层以下，当无法深埋时可在土壤排水性好的干燥冻土层或回填土中埋设。

4. 直埋电缆的中间接头宜采用热缩或冷缩工艺，接头处应采取防水措施，并应绝缘良好。中间接头不得浸泡在水中。

5. 直埋电缆在穿越建筑物、构筑物、道路，易受机械损伤、腐蚀介质场所及引出地面 2.0 m 高至地下 0.2 m 处，应加设防护套管。防护套管应固定牢固，端口应有防止电缆损伤的措施，其内径不应小于电缆外径的 1.5 倍。

6. 直埋电缆与外电线路电缆、其他管道、道路、建筑物等之间平行和交叉时的最小距离应符合表 7.3.2 的规定，当距离不能满足表 7.3.2 的要求时，应采取穿管、隔离等防护措施。

表 7.3.2　电缆之间，电缆与管道、道路、建筑物之间平行和交叉时的最小距离/m

电缆直埋敷设时的配置情况		平行	交叉
施工现场电缆与外电线路电缆		0.5	0.5
电缆与地下管沟	热力管沟	2.0	0.5
	油管或易〈可〉燃气管道	1.0	0.5
	其他管道	0.5	0.5
电缆与建筑物基础		躲开散水宽度	—
电缆与道路边、树木主干、1 kV 以下架空线电杆		1.0	—
电缆与 1 kV 以上架空线杆塔基础		4.0	—

7. 直埋电缆回填土应分层夯实。

7.4 其他方式敷设线路

7.4.1 以支架方式敷设的电缆线路应符合下列规定：

1. 当电缆敷设在金属支架上时，金属支架应可靠接地；

2. 固定点间距应保证电缆能承受自重及风雪等带来的荷载；

3. 电缆线路应固定牢固，绑扎线应使用绝缘材料；

4. 沿构、建筑物水平敷设的电缆线路，距地面高度不宜小于 2.5 m；

5. 垂直引上敷设的电缆线路，固定点每楼层不得少于 1 处。

7.4.2 沿墙面或地面敷设电缆线路应符合下列规定：

1. 电缆线路宜敷设在人不易触及的地方；

2. 电缆线路敷设路径应有醒目的警告标识；

3. 沿地面明敷的电缆线路应沿建筑物墙体根部敷设，穿越道路或其他易受机械损伤的区域，应采取防机械损伤的措施，周围环境应保持干燥；

4. 在电缆敷设路径附近，当有产生明火的作业时，应采取防止火花损伤电缆的措施。

7.4.3 电缆沟内敷设电缆线路应符合下列规定：

1. 电缆沟沟壁、盖板及其材质构成，应满足承受荷载和适合现场环境耐久的要求；

2. 电缆沟应有排水措施。

7.4.4 临时设施的室内配线应符合下列规定：

1. 室内配线在穿过楼板或墙壁时应用绝缘保护管保护；

2. 明敷线路应采用护套绝缘电缆或导线,且应固定牢固,塑料护套线不应直接埋入抹灰层内敷设;

3. 当采用无护套绝缘导线时应穿管或线槽敷设。

7.5 外电线路的防护

7.5.1 在建工程不得在外电架空线路保护区内搭设生产、生活等临时设施或堆放构件、架具、材料及其他杂物等。

7.5.2 当需在外电架空线路保护区内施工或作业时,应在采取安全措施后进行。

7.5.3 施工现场道路设施等与外电架空线路的最小距离应符合表 7.5.3 的规定。

表 7.5.3 施工现场道路设施等与外电架空线路的最小距离/m

类别	距离	外电线路电压等级		
		10 kV 及以下	220 kV 及以下	500 kV 及以
施工道路与外电架空线路	跨越道路时距路面最小垂直距离	7.0	8.0	14.0
	沿道路边敷设时距离路沿最小水平距离	0.5	5.0	8.0
临时建筑物与外电架空线路	最小垂直距离	5.0	8.0	14.0
	最小水平距离	4.0	5.0	8.0
在建工程脚手架与外电架空线路	最小水平距离	7.0	10.0	15.0
各类施工机械外缘与外电架空线路最小距离		2.0	6.0	8.5

7.5.4 当施工现场道路设施等与外电架空线路的最小距离达不到本规范第 7.5.3 条中的规定时,应采取隔离防护措施,防护设施的搭设和拆除应符合下列规定:

1. 架设防护设施时,应采用线路暂时停电或其他可靠的安全技术措施,并应有电气专业技术人员和专职安全人员监护;

2. 防护设施与外电架空线路之间的安全距离不应小于表 7.5.4 所列数值;

表 7.5.4 防护设施与外电架空线路之间的最小安全距离/m

外电架空线路电压等级(kV)	10	35	110	220	330	500
防护设施与外电架空线路之间的最小安全距离	2.0	3.5	4.0	5.0	6.0	7.0

3. 防护设施应坚固、稳定,且对外电架空线路的隔离防护等级不应低于本规范附录 A 外壳防护等级(IP 代码)IP2X;

4. 应悬挂醒目的警告标识。

7.5.5 当本规范第 7.5.4 条规定的防护措施无法实现时,应采取停电、迁移外电架空线路或改变工程位置等措施,未采取上述措施的不得施工。

7.5.6 在外电架空线路附近开挖沟槽时,应采取加固措施,防止外电架空线路电杆倾斜、悬倒。

8 接地与防雷

8.1 接地

8.1.1 当施工现场设有专供施工用的低压侧为 220/380 V 中性点直接接地的变压器时,其低压配电系统的接地型式宜采用 TN-S 系统（图 8.1.1-1）或 TN-C-S 系统（图 8.1.1-2）、TT 系统（图 8.1.1-3）。符号说明应符合表 8.1.1 的规定。

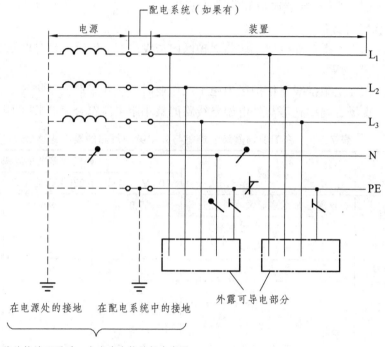

图 8.1.1-1　全系统将中性导体（N）与保护导体（PE）分开的 TN-S 系统

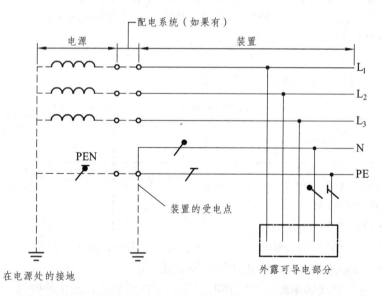

**图 8.1.1-2　在装置的受电点将保护接地中性导体（PEN）分离成离成保护导体（PE）和
中性导体（N）的三相四线制的 TN-C-S 系统**

注：对配电系统的保护接地中性导体（PEN）和装置的保护导体（PE）可另外增设接地。

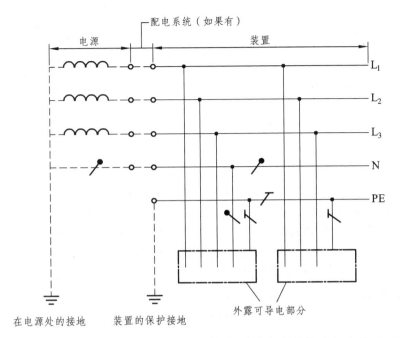

图 8.1.1-3　全部装置都采用分开的中性导体（N）和保护导体（PE）的 TT 系统

注：对装置的保护导体（PE）可提供附加的接地。

表 8.1.1　符号说明

	中性导体（N）
	保护导体（PE）
	合并的保护和中性导体（PEN）

8.1.2　TN-S 系统应符合下列规定：

1. 总配电箱、分配电箱及架空线路终端，其保护导体（PE）应做重复接地，接地电阻不宜大于 10 Ω；

2. 保护导体（PE）和相导体的材质应相同，保护导体（PE）的最小截面积应符合表 8.1.2 的规定。

表 8.1.2　保护导体（PE）的最小截面积/mm²

相导体截面积	保护导体（PE）最小截面积
S≤16	S
16<S≤35	16
S>35	S/2

8.1.3 TN-C-S 系统应符合下列规定：

1 在总配电箱处应将保护接地中性导体（PEN）分离成中性导体（N）和保护导体（PE）；

2. 在总配电箱处保护导体（PE）汇流排应与接地装置直接连接；保护接地中性导体（PEN）应先接至保护导体（PE）汇流排，保护导体（PE）汇流排和中性线汇流排应跨接；跨接线的截面积不应小于保护导体（PE）汇流排的截面积。

8.1.4 TT 系统应符合下列规定：

1. 电气设备外露可导电部分应单独设置接地极，且不应与变压器中性点的接地极相连接；

2. 每一回路应装设剩余电流保护器；

3. 中性线不得做重复接地；

4. 接地电阻值应符合下式的规定：$Ia \times R_A \leqslant 25$ V　　　　　　　　　　（8.1.4）

式中：Ia——使保护电器自动动作的电流（A）；

　　　R_A——接地极和外露可导电部分的保护导体（PE）电阻值和（Ω）。

8.1.5 当高压设备的保护接地与变压器的中性点接地分开设置时，变压器中性点接地的接地电阻不应大于 4 Ω；当受条件限制高压设备的保护接地与变压器的中性点接地无法分开设置时，变压器中性点的接地电阻不应大于 1 Ω。

8.1.6 下列电气装置的外露可导电部分和装置外可导电部分地应接地：

1. 电机、变压器、照明灯具等 I 类电气设备的金属外壳、基础型钢、与该电气设备连接的金属构架及靠近带电部分的金属围栏；

2. 电缆的金属外皮和电力线路的金属保护管、接线盒。

8.1.7 当采用隔离变压器供电时，二次回路不得接地。

8.1.8 接地装置的敷设应符合下列要求：

1. 人工接地体的顶面埋设深不宜小于 0.6 m；

2. 人工垂直接地体宜采用热浸镀锌圆钢、角钢、钢管，长度宜为 2.5 m；人工水平接地体宜采用热浸镀锌的扁钢或圆钢；圆钢直径不应小于 12 mm；扁钢、角钢等型钢截面不应小于 90 mm²，其厚度不应小于 3 mm；钢管壁厚不应小于 2 mm；人工接地体不得采用螺纹钢筋；

3. 人工垂直接地体的埋设间距不宜小于 5 m；

4. 接地装置的焊接应采用搭接焊接，搭接长度等应符合下列要求：

1）扁钢与扁钢搭接为其宽度的 2 倍，不应少于三面施焊；

2）圆钢与圆钢搭接为其直径的 6 倍，应双面施焊；

3）圆钢与扁钢搭接为圆钢直径的 6 倍，应双面施焊；

4）扁钢与钢管，扁钢与角钢焊接，应紧贴 3/4 钢管表面或角钢外侧两面，上下两侧施焊；

5）除埋设在混凝土中的焊接接头以外，焊接部位应做防腐处理。

5. 当利用自然接地体接地时，应保证其有完好的电气通路。

6. 接地线应直接接至配电箱保护导体（PE）汇流排；接地线的截面应与水平接地体的截面相同。

8.1.9 接地装置的设置应考虑土壤受干燥、冻结等季节因素的影响，并应使接地电阻在各季节均能保证达到所要求的值。

8.1.10 保护导体（PE）上严禁装设开关或熔断器。

8.1.11 用电设备的保护导体（PE）不应串联连接，应采用焊接、压接、螺栓连接或其他可靠方法连接。

8.1.12 严禁利用输送可燃液体、可燃气体或爆炸性气体的金属管道作为电气设备的接地保护导体（PE）。

8.1.13 发电机中性点应接地，且接地电阻不应大于 4 Ω；发电机组的金属外壳及部件应可靠接地。

8.2 防雷

8.2.1　位于山区或多雷地区的变电所、箱式变电站、配电室应装设防雷装置；高压架空线路及变压器高压侧应装设避雷器；自室外引入有重要电气设备的办公室的低压线路宜装设电涌保护器。

8.2.2　施工现场和临时生活区的高度在 20 m 及以上的钢脚手架、幕墙金属龙骨、正在施工的建筑物以及塔式起重机、井子架、施工升降机、机具、烟囱、水塔等设施，均应设有防雷保护措施；当以上设施在其他建筑物或设施的防雷保护范围之内时，可不再设置。

8.2.3　设有防雷保护措施的机械设备，其上的金属管路应与设备的金属结构体做电气连接；机械设备的防雷接地与电气设备的保护接地可共用同一接地体。

9　电动施工机具

9.1　一般规定

9.1.1　施工现场所使用的电动施工机具应符合国家强制认证标准规定。

9.1.2　施工现场所使用的电动施工机具的防护等级应与施工现场的环境相适应。

9.1.3　施工现场所使用的电动施工机具应根据其类别设置相应的间接接触电击防护措施。

9.1.4　应对电动施工机具的使用、保管、维修人员进行安全技术教育和培训。

9.1.5　应根据电动施工机具产品的要求及实际使用条件，制订相应的安全操作规程。

9.2　可移式和手持式电动工具

9.2.1　施工现场使用手持式电动工具应符合现行国家标准《手持式电动工具的管理、使用、检查和维修安全技术规程》GB/T 3787 的有关规定。

9.2.2　施工现场电动工具的选用应符合下列规定：

1. 一般施工场所可选用 I 类或 E 类电动工具。

2. 潮湿、泥泞、导电良好的地面，狭窄的导电场所应选用 E 类或Ⅲ类电动工具。

3. 当选用 I 类或 E 类电动工具时，I 类电动工具金属外壳与保护导体（PE）应可靠连接；为其供电的末级配电箱中剩余电流保护器的额定剩余电流动作值不应大于 30 mA，额定剩余电流动作时间不应大于 0.1 s。

4. 导电良好的地面、狭窄的导电场所使用的 E 类电动工具的剩余电流动作保护器、E 类电动工具的安全隔离变压器及其配电箱应设置在作业场所外面。

5. 在狭窄的导电场所作业时应有人在外面监护。

9.2.3　1 台剩余电流动作保护器不得控制 2 台及以上电动工具。

9.2.4　电动工具的电源线，应采用橡皮绝缘橡皮护套铜芯软电缆。电缆应避开热源，并应采取防止机械损伤的措施；

9.2.5　电动工具需要移动时，不得手提电源线或工具的可旋转部分。

9.2.6　电动工具使用完毕、暂停工作、遇突然停电时应及时切断电源。

9.3　起重机械

9.3.1　起重机械电气设备的安装，应符合现行国家标准《电气装置安装工程起重机电气装置施工及验收规范》GB 50256 的有关规定。

9.3.2　起重机械的电源电缆应经常检查，定期维护。轨道式起重机电源电缆收放通道附近不得堆放其他设备、材料和杂物。

9.3.3　塔式起重机电源进线的保护导体（PE）应做重复接地，塔身应做防雷接地。轨道式塔式起重机接地装置的设置应符合下列规定：

1. 轨道两端头应各设置一组接地装置；

2. 轨道的接头处做电气搭接，两头轨道端部应做环形电气连接；

3. 较长轨道每隔 20 m 应加一组接地装置。

9.3.4　在强电磁场源附近工作的塔式起重机，操作人员应戴绝缘手套和穿绝缘鞋，并应在吊钩与吊物间采取绝缘隔离措施，或在吊钩吊装地面物体时，应在吊钩上挂接临时接地线。

9.3.5　起重机上的电气设备和接线方式不得随意改动。

9.3.6　起重机上的电气设备应定期检查，发现缺陷应及时处理。在运行过程中不得进行电气检修工作。

9.4　焊接机械

9.4.1　电焊机应放置在防雨、干燥和通风良好的地方。焊接现场不得有易燃、易爆物品。

9.4.2　电焊机的外壳应可靠接地，不得串联接地。

9.4.3　电焊机的裸露导电部分应装设安全保护罩。

9.4.4　电焊机的电源开关应单独设置。发电机式直流电焊机械的电源应采用启动器控制。

9.4.5　电焊把钳绝缘应良好。

9.4.6　施工现场使用交流电焊机时宜装配防触电保护器。

9.4.7　电焊机一次侧的电源电缆应绝缘良好，其长度不宜大于 5 m。

9.4.8　电焊机的二次线应采用橡皮绝缘橡皮护套铜芯软电缆，电缆长度不宜大于 30 m，不得采用金属构件或结构钢筋代替二次线的地线。

9.4.9　使用电焊机焊接时应穿戴防护用品。不得冒雨从事电焊作业。

9.5　其他电动施工机具

9.5.1　夯土机械的电源线应采用橡皮绝缘橡皮护套铜芯软电缆。

9.5.2　使用夯土机械应按规定穿戴绝缘用品，使用过程应有专人调整电缆，电缆长度不宜超过 50 m。电缆不应缠绕、扭结和被夯土机械跨越。

9.5.3　夯土机械的操作扶手应绝缘可靠。

9.5.4　潜水泵电机的电源线应采用具有防水性能的橡皮绝缘橡皮护套铜芯软电缆，且不得承受外力。电缆在水中不得有中间接头。

9.5.5　混凝土搅拌机、插入式振动器平板振动器、地面抹光机、水磨石机、钢筋加工机械、木工机械等设备的电源线应采用耐气候型橡皮护套铜芯软电缆，并不得有任何破损和接头。

10　办公、生活用电及现场照明

10.1　办公、生活用电

10.1.1　办公、生活用电器具应符合国家产品认证标准。

10.1.2　办公、生活设施用水的水泵电源宜采用单独回路供电。

10.1.3　生活、办公场所不得使用电炉等产生明火的电气装置。

10.1.4　自建浴室的供用电设施应符合现行行业标准《民用建筑电气设计规范》JGJ 16 关于特殊场所的安全防护的有关规定。

10.1.5　办公、生活场所供用电系统应装设剩余电流动作保护器。

10.2　现场照明

10.2.1　照明方式的选择应符合下列规定：

1. 需要夜间施工、无自然采光或自然采光差的场所，办公、生活、生产辅助设施，道路等应设置一般照明；

2. 同一工作场所内的不同区域有不同照度要求时，应分区采用一般照明或混合照明，不应只采用局部照明。

10.2.2　照明种类的选择应符合下列规定：

1. 工作场所均应设置正常照明；

2. 在坑井、沟道、沉箱内及高层构筑物内的走道、拐弯处、安全出入口、楼梯间、操作区域等部位，应设置应急照明；

3. 在危及航行安全的建筑物、构筑物上，应根据航行要求设置障碍照明。

10.2.3　照明灯具的选择应符合下列规定：

1. 照明灯具应根据施工现场环境条件设计并应选用防水型、防尘型、防爆型灯具；

2. 行灯应采用 III 类灯具，采用安全特低电压系统（SELV），其额定电压值不应超过 24 V；

3. 行灯灯体及手柄绝缘应良好、坚固、耐热、耐潮湿，灯头与灯体应结合紧固，灯泡外部应有金属保护网、反光罩及悬吊挂钩，挂钩应固定在灯具的绝缘手柄上。

10.2.4　严禁利用额定电压 220 V 的临时照明灯具作为行灯使用。

10.2.5　下列特殊场所应使用安全特低电压系统（SELV）供电的照明装置，且电源电压应符合下列规定：

1. 下列特殊场所的安全特低电压系统照明电源电压不应大于 24 V：

1）金属结构构架场所；

2）隧道、人防等地下空间；

3）有导电粉尘、腐蚀介质、蒸汽及高温炎热的场所。

2. 下列特殊场所的特低电压系统照明电源电压不应大于 12 V：

1）相对湿度长期处于 95% 以上的潮湿场所；

2）导电良好的地面、狭窄的导电场所。

10.2.6　为特低电压照明装置供电的变压器应符合下列规定：

1. 应采用双绕组型安全隔离变压器；不得使用自耦变压器。

2. 安全隔离变压器二次回路不应接地。

10.2.7　行灯变压器严禁带入金属容器或金属管道内使用。

10.2.8　照明灯具的使用应符合下列规定：

1. 照明开关应控制相导体。当采用螺口灯头时，相导体应接在中心触头上；

2. 照明灯具与易燃物之间，应保持一定的安全距离，普通灯具不宜小于 300 mm；聚光灯、碘钨灯等高热灯具不宜小于 500 mm，且不得直接照射易燃物。当间距不够时，应采取隔热措施。

11　特殊环境

11.1　高原环境

11.1.1　在高原地区施工现场使用的供配电设备的防护等级及性能应能满足高原环境特点。

11.1.2　架空线路的设计应综合考虑海拔、气压、雪、冰、风、温差变化大等因素的影响。

11.1.3　电缆的选用及敷设应符合下列规定：

1. 应根据使用环境的温度情况，选用耐热型或耐低温型电缆；

2. 电缆直埋敷设于冻土地区时应符合本规范第 7.3.2 条的规定：

3. 除架空绝缘型电缆外的非户外型电缆在户外使用时，应采取罩、盖等遮阳措施。

11.2　易燃、易爆环境

11.2.1　在易燃、易爆环境中使用的电气设备应采用隔爆型，其电气控制设备应安装在安全的隔离墙外或与该区域有一定安全距离的配电箱中。

11.2.2　在易燃、易爆区域内，应采用阻燃电缆。

11.2.3　在易燃、易爆区域内进行用电设备检修或更换工作时，必须断开电源，严禁带电作业。

11.2.4　易燃、易爆区域内的金属构件应可靠接地。当区域内装有用电设备时，接地电阻不应大于 4 Ω；当区域内无用电设备时，接地电阻不应大于 30 Ω。活动的金属门应和门框用铜质软导线进行可靠电气连接。

11.2.5　施工现场配置的施工用氧气、乙炔管道，应在其始端、末端、分支处以及直线段每隔 50 m 处安装防静电接地装置，相邻平行管道之间，应每隔 20 m 用金属线相互连接。管道接地电阻不得大于 30 Ω。

11.2.6　易燃、易爆环境施工现场的电气设施除应符合本规范外，尚应符合现行国家标准《爆炸和火灾危险环境电力装置设计规范》GB 50058 以及《电气装置安装工程爆炸和火灾危险环境电气装置施工及验收规范》GB 50257 的有关规定。

11.3　腐蚀环境

11.3.1　在腐蚀环境中使用的电工产品应采用防腐型产品。

11.3.2　在腐蚀环境中户内使用的配电线路宜采用全塑电缆明敷。

11.3.3　在腐蚀环境中户外使用的电缆采用直埋时，宜采用塑料护套电缆在土沟内埋设，土沟内应回填中性土壤，敷设时应避开可能遭受化学液体侵蚀的地带。

11.3.4　在有积水、有腐蚀性液体的地方，在腐蚀性气体比重大于空气的地方，不宜采用穿钢管埋地或电缆沟敷设方式。

11.3.5　腐蚀环境的电缆线路应尽量避免中间接头。电缆端部裸露部分宜采用塑套管保护。

11.3.6　腐蚀环境的密封式动力配电箱、照明配电箱、控制箱、电动机接线盒等电缆进出口处应采用金属或塑料的带橡胶密封圈的密封防腐措施，电缆管口应封堵。

11.4　潮湿环境

11.4.1　户外安装使用的电气设备均应有良好的防雨性能，其安装位置地面处应能防止积水。在潮湿环境下使用的配电箱宜采取防潮措施。

11.4.2　在潮湿环境中严禁带电进行设备检修工作。

11.4.3　在潮湿环境中使用电气设备时，操作人员应按规定穿戴绝缘防护用品和站在绝缘台上，所操作的电气设备的绝缘水平应符合要求，设备的金属外壳、环境中的金属构架和管道均应良好接地，电源回路中应有可靠的防电击保护装置，连接的导线或电缆不应有接头和破损。

11.4.4　在潮湿环境中不应使用 0 类和 I 类手持式电动工具，应选用 II 类或由安全隔离变压器供电的 III 类手持式电动工具。

11.4.5　在潮湿环境中所使用的照明设备应选用密闭式防水防潮型，其防护等级应满足潮湿环境的安全使用要求。

11.4.6　潮湿环境中使用的行灯电压不应超过 12 V。其电源线应使用橡皮绝缘橡皮护套铜芯软电缆。

12　供用电设施的管理、运行及维护

12.0.1　供用电设施的管理应符合下列规定：

1. 供用电设施投入运行前，应建立、健全供用电管理机构，设立运行、维修专业班组并明确职责及管理范围。

2. 应根据用电情况制订用电、运行、维修等管理制度以及安全操作规程。运行、维护专业人员应熟悉有关规章制度。

3. 应建立用电安全岗位责任制，明确各级用电安全负责人。

12.0.2　供用电设施的运行、维护工器具配置应符合下列规定：

1. 变配电所内应配备合格的安全工具及防护设施；

2. 供用电设施的运行及维护，应按有关规定配备安全工器具及防护设施，并定期检验。电气绝缘工具不得挪作他用。

12.0.3　供用电设施的日常运行、维护应符合下列规定：

1. 变配电所运行人员单独值班时，不得从事检修工作；

2. 应建立供用电设施巡视制度及巡视记录台账；

3. 配电装置和变压器，每班应巡视检查 1 次；

4. 配电线路的巡视和检查，每周不应少于 1 次；

5. 配电设施的接地装置应每半年检测 1 次；

6. 剩余电流动作保护器应每月检测 1 次；

7. 保护导体（PE）的导通情况应每月检测 1 次；

8. 根据线路负荷情况进行调整，宜使线路三相保持平衡；

9. 施工现场室外供用电设施除经常维护外，遇大风、暴雨、冰雹、雪、霜、雾等恶劣天气时，应加强巡视和检查；巡视和检查时，应穿绝缘靴且不得靠近避雷器和避雷针；

10. 新投入运行或大修后投入运行的电气设备，在 72 h 内应加强巡视，无异常情况后，方可按正常周期进行巡视；

11. 供用电设施的清扫和检修，每年不宜少于 2 次，其时间应安排在雨季和冬季到来之前；

12. 施工现场大型用电设备应有专人进行维护和管理。

12.0.4　在全部停电和部分停电的电气设备上工作时，应完成下列技术措施且符合相关规定：

1. 一次设备应完全停电，并应切断变压器和电压互感器二次侧开关或熔断器；

2. 应在设备或线路切断电源，并经验电确无电压后装设接地线，进行工作；

3. 工作地点应悬挂"在此工作"标示牌，并应采取安全措施。

12.0.5　在靠近带电部分工作时，应设专人监护。工作人员在工作中正常活动范围与设备带电部位的最小安全距离不得小于 0.7 m。

12.0.6　接引、拆除电源工作雪应由维护电工进行，并应设专人进行监护。

12.0.7　配电箱柜的箱柜门上应设警示标识。

12.0.8　施工现场供用电文件资料在施工期间应由专人妥善保管。

13 供用电设施的拆除

13.0.1 施工现场供用电设施的拆除应按已批准的拆除方案进行。

13.0.2 在拆除前，被拆除部分应与带电部分在电气上进行可靠断开、隔离，应悬挂警示牌，并应在被拆除侧挂临时接地线或投接地刀闸。

13.0.3 拆除前应确保电容器已进行有效放电。

13.0.4 在拆除临近带电部分的供用电设施时，应有专人监护，并应设隔离防护设施。

13.0.5 拆除工作应从电源侧开始。

13.0.6 在临近带电部分的应拆除设备拆除后，应立即对拆除处带电设备外露的带电部分进行电气安全防护。

13.0.7 在拆除容易与运行线路混淆的电力线路时，应在转弯处和直线段分段进行标识。

13.0.8 拆除过程中，应避免对设备造成损伤。

附录 A　外壳防护等级（IP 代码）

A.0.1 外壳防护等级第一位数字所表示的对防止固体异物进入的要求应符合表 A.0.1 的规定。

表 A.0.1　第一位数字所表示的对防止固体异物进入的要求

数字	防护范围	说明
0	无防护	对外界的人或物无特殊的防护
1	防止大于 50 mm 的固体外物侵入	防止手掌等因意外而接触到电器内部的零件，防止直径大于 50 mm 尺寸的外物侵入
2	防止大于 12.5 mm 的固体外物侵入	防止人的手指接触到电器内部的零件，防止直径大于 12.5 mm 尺寸的外物侵入
3	防止大于 2.5 mm 的固体外物侵入	防止直径或厚度大于 2.5 mm 的工具、电线及类似的小型外物侵入而接触到电器内部的零件
4	防止大于 1.0 mm 的固体外物侵入	防止直径或厚度大于 1.0 mm 的工具、电线及类似的小型外物侵入而接触到电器内部的零件
5	防止外物及灰尘	完全防止外物侵入，虽不能完全防止防止外物及灰尘侵入，但灰尘的侵入量不会影响电器的正常运作
6	防止外物及灰尘	完全防止外物及灰尘侵入

A.0.2 第二位数字所表示的对防止水进入的要求应符合表 A.0.2 的规定。

表 A.0.2　第二位数字所表示的对防止水进入的要求

数字	防护范围	说明
0	无防护	对水或湿气无特殊的防护
1	防止水滴侵入	垂直落下的水滴不会对电器造成损坏
2	倾斜 15° 时，仍可防止水滴侵入	当电器由垂直倾斜至 15° 时，滴水不会对电器造成损坏
3	防止喷洒的水侵入	防雨或防止与垂直方向的夹角小于 60° 方向所喷洒的水侵入电器而造成损坏
4	防止飞溅的水侵入	防止各个方向飞溅而来的水侵入电器

5	防止喷射的水侵入	防止来自各个方向自喷嘴射出的水侵入电器而造成损坏
6	防止大浪侵入	装设于甲板上的电器，可防止因大浪的侵袭而造成的损坏
7	防止浸水时水的侵入	电器浸在水中一定时间或水压在一定的标准以下，可确保不因浸水而造成损坏
8	防止沉没时水的侵入	电器无限期沉没在指定的水压下，可确保不因浸水而造成损坏

A.0.3 附加和补充字母所表示的含义应符合表 A.0.3 的规定。

表 A.0.3 附加和补壳字母所表示的含义

附加字母		补充字母	
字母	对人身保护的含义	字母	对设备保护的含义
	防止人体直接或间接触及带电部分		专门补充的信息
A	手背	H	高压设备
B	手指	M	做防水试验时试样运行
C	工具	S	做防水试验时试样静止
D	金属线	W	气候条件

本规范用词说明

1. 为便于在执行本规范条文时区别对待，对要求严格程度不同的用词说明如下：

（1）表示很严格，非这样做不可的：正面词采用"必须"，反面词采用"严禁"；

（2）表示严格，在正常情况下均应这样做的：正面词采用"应"，反面词采用"不应"或"不得"；

（3）表示允许稍有选择，在条件许可时首先应这样做的：正面词采用"宜"，反面词采用"不宜"；

（4）表示有选择，在一定条件下可以这样做的，采用"可"。

2. 条文中指明应按其他有关标准执行的写法为："应符合……的规定"或"应按……执行"。